Günter Mader
Laila Neubert-Mader

Bäume

Günter Mader
Laila Neubert-Mader

Bäume

Gestaltungsmittel
in Garten, Landschaft
und Städtebau

KOMET

Genehmigte Lizenzausgabe für Komet Verlag GmbH, Köln 2004
www.komet-verlag.de

Gesamtherstellung: Komet Verlag GmbH, Köln

ISBN 3-89836-343-0

Inhaltsverzeichnis

Vorwort und Dank

Schon bei der Beschäftigung mit den Themen unserer beiden vorausgegangenen Bücher *Italienische Gärten* und *Der Architektonische Garten in England* wurde uns immer wieder bewußt, wie wichtig Bäume für die Gestaltung der Gärten sind. Aber nicht nur dafür. Was wären die Städte, die wir besuchten, was wären die Landschaften, durch die wir wanderten und fuhren, ohne die Bäume? Sie beschäftigten uns auf all unseren Reisen. Es ist erstaunlich, daß wir die Bedeutung der Bäume für die Gestaltung von Gärten, Landschaften und Städten in einem recht baum- und waldlosen Land, und zwar den Niederlanden, zum ersten Mal erkannten. Hier begann sich unser Blick für das gelungene Zusammenspiel von Architektur und Natur zu schärfen. Das Thema konnte dann über gut zwei Jahrzehnte wachsen, langsam, aber stetig – wie ein Baum. Erst in den letzten drei bis vier Jahren nahm der Gedanke, die vielfältigen Eindrücke und Dokumente in einem Buch zusammenzufassen, konkrete Formen an.
Viele Leser werden bedauern, daß das eine oder andere ihm bekannte, herausragend schöne Beispiel fehlt. Sie mögen sich damit trösten, daß Ähnliches und Vergleichbares vorgestellt wird. Da eine vollständige Dokumentation undenkbar ist, kann unsere Auswahl nur begrenzt und subjektiv sein. Dennoch sind wir der Auffassung, daß wir eine Typologie entwickelt haben, die im Grundsatz alle denkbaren Gestaltungsformen erfaßt und dokumentiert.
Das vorliegende Werk deckt geographisch einen Bereich von Sevilla bis Stockholm und von der Toskana bis Yorkshire ab. Diese sehr weit gefaßte Spanne erklärt sich aus der Entstehungsgeschichte des Buches, das die Auswertung von zwanzig Jahren intensiven Reisens ist. Bereits seit Studententagen photographieren wir nicht nur systematisch, sondern führen auch ein Reisetagebuch und, wo es wichtig erschien, fertigten wir Skizzen und Aufmaße, beschafften Luftaufnahmen und Katasterpläne. Ohne diese Aufzeichnungen wären viele Recherchen gar nicht möglich gewesen.
Der Rückblick zeigt, daß das Thema Bäume für uns auch weit zurückreichende architekturtheoretische Wurzeln hat. Schon während des Studiums gaben uns die Schriften des Wiener Architekten Roland Rainer wichtige Anstöße. Vor allem sein Buch *Lebensgerechte Außenräume* (1972), in dem er so entschieden für das Einbeziehen der Natur in die städtebaulichen Konzepte plädiert, wurde von uns immer wieder zur Hand genommen. Auch die Bücher *Der Architektonische Baum* (1980) von Johann Kräftner und *Streets for People* (1969) von Bernard Rudofskys waren für uns eine wichtige Anregung. Nicht zuletzt war es der Einfluß von Gunnar Martinsson, der durch seinen Lehrstuhl für Garten und Landschaft eine ganze Generation von Karlsruher Architekturstudenten prägte. Sein Bekenntnis zum architektonischen, raumbildenden Umgang mit Bäumen und Sträuchern, sein Suchen nach klaren und einfachen Lösungen war uns eine wichtige Lehre. Auch ihm ging es stets um das Zusammenspiel von Natur und Architektur.
Bereits ein erstes Durchblättern des vorliegenden Buches wird klar zum Ausdruck bringen, daß es weder aus der Perspektive des Dendrologen noch aus der des Gartenhistorikers und Landespflegers verfaßt ist. Im Vordergrund steht immer die Sicht eines Planers und Gestalters, der bei seinen Reisen nach exemplarischen Lösungen, Vorbildern und Anregungen für die eigene Arbeit sucht.

Die Pflanzung eines Obstbaums ist das Thema dieses mittelalterlichen Holzschnittes.

Zur Klärung technischer Details und zur Fertigung der verschiedenen Lagepläne bezogen wir von den örtlichen Behörden Informationen und Planunterlagen. Hier danken wir den Kataster-, Garten- und Stadtplanungsämtern für bereitwillige Unterstützung, namentlich den Ämtern in Amsterdam, Baden-Baden, Bordeaux, Düsseldorf, Holzkirchen, München, Paris, Sevilla, Sindelfingen und Wien.
Mit Informationen und Planunterlagen halfen uns auch verschiedene Organisationen, zum Beispiel die Unesco-Institution Icomos in Paris, der National Trust in London, das Royal Institute of British Architects in London, der Rijksdienst voor de Monumentenzorg in Zeist, Niederlande, und die Verwaltung des Englischen Gartens in München. Dokumentationsmaterial stellten uns ferner zur Verfügung: das Karl Ernst Osthaus-Museum in Hagen, die Münchener Olympiapark GmbH, das Institut für Baugeschichte an der Universität Karlsruhe, der Verlag am Eschbach in Eschbach, Dipl.-Ing. Stephan Braunfels in München, Dipl.-Ing. Léon Krier in Claviers, Dieter Lappen in Nettetal-Kaldenkirchen, Büro Prof. Hans Luz in Stuttgart, Dr. Rainer Metzendorf in Mainz und Prof. Klaus Staeck in Heidelberg.

Für die Anteilnahme an unserem Thema, organisatorische Hilfe, Tips und Hinweise danken wir:
Dorothée Antes und Prof. Horst Antes, Karlsruhe, Berlin
Richard Ayres, Anglesey Abbey, Großbritannien
Dipl.-Ing. Karl Bauer, Karlsruhe
Karl-Dietrich Bühler, Genua
Dr. Hubertus von Gemmingen, Villars-sur-Glâne, Schweiz
Christopher Hagon, Derby, Großbritannien
Dipl.-Ing. Uwe Isterling, Hamburg
Dr. Alfonso Jiménez Martín, Sevilla
Hannah Mader, Ettlingen
Dipl.-Ing. Johannes Manderscheid, Rottweil
Prof. Gunnar Martinsson, Malmö, Ven, Schweden
Reverend M.R. Miles, Painswick, Großbritannien
Dipl.-Ing. Wolfram Müller, Karlsruhe
Jaap Niewenhuis, Welsum, Niederlande
Dr. Friedrich Ohr, Karlsruhe
Prof.Dr. Andreas Paul, Mainz
Dr. Volker Pitzer, Ettlingen
Prof.Dr. Ruprecht Rümler, Essen, Köln
Dr. Monika Sackmauer, Wien
Prof. Bernd Schubert, Rapperswil, Schweiz
Prof. Emil Sieß, Ettlingen
Dipl.-Ing. Thomas Speer, Sindelfingen
Prof.Dipl.-Ing. Jörg Stötzer, Sindelfingen, Berlin
Dipl.-Ing. Cornelie Stoll, Karlsruhe
Dipl.-Ing. Gerhard Wallner, Darmstadt
Dipl.-Ing. Bernd Weigel, Baden-Baden
Jacques Wirtz und Peter Wirtz, Schoten, Belgien
Rose und Gustav Wörner, Wuppertal

Bei den Aufmaßen halfen uns:
Caspar Hoffmann, Berlin
Florian Mader, Ettlingen
Heinrich Mader, Wuppertal
Arno und Felix Rieger, Karlsbad

Nicht zuletzt danken wir der Deutschen Verlags-Anstalt, Stuttgart, für die ausgezeichnete Zusammenarbeit, Nora von Mühlendahl für die erste Befürwortung dieses Buchprojektes, Renate Jostmann für das Lektorat und Günter Saur für Layout und Herstellung.

Ettlingen im August 1995
Günter Mader · Laila Neubert-Mader

Ein um 1470 v. Chr. datiertes Wandrelief zeigt den Transport von Weihrauchbäumen, die man aus dem 4000 Kilometer entfernten Land Punt nach Ägypten importierte.

Stanton bei Broadway in der englischen Grafschaft Gloucestershire.

Einführung

Mensch und Baum sind seit den Uranfängen der Kultur eng miteinander verknüpft. Von alters her wurden Bäume nicht allein als nutzbringendes Werk der Natur gewertet, sondern darüber hinaus auch als faszinierend schönes Schöpfungswerk erlebt und als Gleichnis begriffen. Sowohl in der Welt der Mythen und Märchen als auch in der religiösen Bildersprache begegnet man immer wieder dem Baumsymbol. Zu allen Zeiten wurden Bäume verehrt, geliebt und sogar heilig gehalten. Sie wurden besungen und von Poesie umrankt. Der von Naturgewalt oder von Menschenhand zerstörte, der kranke, sterbende Baum dagegen erfüllte immer mit Sorge, Schmerz und Trauer – nicht erst in unseren Tagen, da Waldsterben und das Abholzen des Regenwaldes sich dauerhaft als Medienthema etablieren.

Glücklicherweise gibt es neben den Lob- und Klageliedern noch einen dritten Weg in der Beziehung zwischen Mensch und Baum. Man kann Bäume pflanzen, und der Mensch tut dies seit Jahrtausenden. Antike Schriften und Wandbilder belegen, daß es schon im Altertum üblich war, Bäume heranzuziehen, zu versetzen und gezielt neu anzupflanzen.[1] Dabei stellte sich neben technischen und wirtschaftlichen Überlegungen von Anfang an auch die Frage, wie aus gestalterischer Sicht mit Bäumen umzugehen ist. Die Bäume mußten vernünftig und planvoll angeordnet werden. Sie waren in möglichst schöner Form mit Wasserläufen, Straßen oder Gebäuden in Einklang zu bringen. So sind sie auch heute für denjenigen, der sie pflanzt, für Landschafts- und Gartengestalter, Stadtplaner und Architekten nicht nur planerische Größe, sondern Gestaltungsmittel ersten Ranges.

Hier liegt der zentrale Ansatzpunkt des vorliegenden Buches.

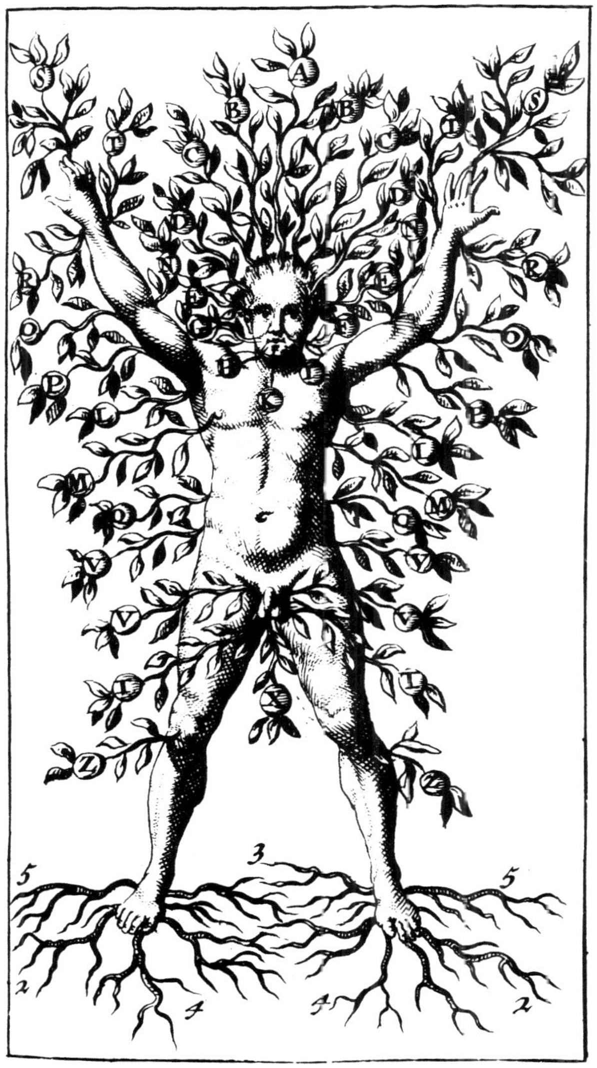

Der Mensch gleicht einem Baum. Die Zweige schaffen die Verbindung zum Kosmos, die Wurzeln die Verbindung zur Erde. Kupferstich aus dem *Compendium Anatomicum nova methodo institutum*, Amsterdam 1696.

Bei aller tief empfundenen Liebe zu den Bäumen geht es uns nicht darum, der schier unübersehbaren Zahl poesievoller Baumbetrachtungen eine weitere hinzuzufügen. Trotz der Sorge um den Wald und die Bäume ist es nicht unser Anliegen, die zahllosen ökologischen Auswertungen und Schreckensbilanzen um neue Aspekte zu erweitern. Uns beschäftigt der Baum in seinem landschaftlichen, städtebaulichen oder gartenarchitektonischen Zusammenhang. Wir betrachten ihn als Element im Gefüge künstlerischer Konzeptionen. Aus ganz Europa haben wir eine Fülle vorbildlicher Lösungen zusammengetragen und diese nach systematisch-typologischen Gesichtspunkten analysiert. Dabei wird jeweils der konzeptionelle Grundgedanke herausgeschält. Es ist ein Phänomen der Garten- und Landschaftsgestaltung, daß sich in der großen Vielfalt der Gesamtkonzepte immer wieder die gleichen, zahlenmäßig recht begrenzten Grundformen erkennen lassen. Das kompositorische Spiel mit Solitärbäumen, Baumpaaren, Baumreihen, Alleen, Baumgruppen, Rasterpflanzungen und Streupflanzungen erschließt dem Gestalter eine unerschöpfliche Quelle von Ausdrucksmöglichkeiten. Die botanische Mannigfaltigkeit der Bäume zeigt im Zusammenspiel mit den architektonischen und städtebaulichen, gärtnerischen und landschaftlichen Strukturen einen Reichtum ohnegleichen. Für den Gestalter ist die Freude an diesen Schätzen immer verbunden mit der Frage nach der jeweils vorliegenden Gestaltungsidee. Sie herauszufinden und als Grundtyp offenzulegen ist ein besonderes Anliegen dieses Buches. In der Aneinanderreihung dieser modellhaften Reduzierungen soll eine anregende Entwurfslehre vorgestellt und damit der Boden für neue Gestaltungen mit Bäumen bereitet werden.

Da ein von Zuversicht getragenes Pflanzen neuer Bäume immer noch eines der wirkungsvollsten Mittel gegen das Baumsterben ist, möchten wir unser Buch nicht nur als engagierten Aufruf zum Handeln verstehen, sondern wir möchten die unerhörte Lust wecken, Bäume zu pflanzen.

Die Schönheit des Baumes

»Und Gott der Herr ließ aufwachsen aus der Erde vielerlei Bäume, schön anzusehen und gut zu essen davon.« 1. Mose 2,9 ca. 950 v.Chr.

Die Schönheit des Baumes ist ebenso schwer in Worte zu fassen wie der Wohlklang von Musik oder der Geschmack einer guten Speise. Man muß die Schönheit der Bäume erleben. Dieses Erleben gehört zu den elementarsten Schönheitsempfindungen überhaupt. Der kulturgeschichtliche Rückblick zeigt, daß es bereits im Altertum eine hochentwickelte Sensibilität für die Formen der Bäume und Pflanzen gab. Man denke an ägyptische Wandmalereien, assyrische Reliefs und an die zahlreichen, von der Natur inspirierten Gestaltungen der antiken Baukunst.[2] Die enge Beziehung des Menschen zum Formenschatz der Pflanzenwelt läßt sich nicht nur in der Kunstgeschichte nachweisen, sondern auch in der Entwicklungsgeschichte des einzelnen Menschen. Bei Kindern kreisen die ersten Versuche bildnerischen Schaffens neben den Motiven Haus und Mensch immer wieder um die Themen Baum und Blume. Für deren Schönheit besitzen sie offenbar ein sehr lebendiges Gespür.
Derjenige, der mit Bäumen gestaltet, wird trotz der Schwierigkeit, ihre Schönheit in Worte zu fassen, nicht auf den Versuch verzichten wollen, sie näher zu beschreiben und zu analysieren. Drei Aspekte erscheinen uns besonders wichtig: Schönheit der Form, der Struktur und der Farbe.
Die Schönheit der Form liegt zunächst einmal in der Gesamtgestalt des Baumes. Die Vertikale des Stammes geht über in die raumgreifenden Äste und schließt sich zur Krone. Die Bäume besitzen immer einen charakteristischen Habitus – entweder mit einer locker malerischen oder einer festen formgebundenen Kontur. Der Umriß einer Trauerweide mit ihren im Wind schwingenden Astschnüren ist ebenso unverwechselbar wie die strenge Form der Zypresse oder die geschlossene Herzform der Linde. Kugel-, Säulen-, Wipfel-, Schirm- und Trichterform sind die gängigen Bezeichnungen für Baumgestalten.
Zusammenstehende Bäume entwickeln eine andere Form als die in Solitärstellung. Wenn sie, wie im Wald, dicht nebeneinander wachsen, können sie keinen typischen Umriß ausbilden. Werden jedoch mehrere Bäume gleicher Art in kleinen Gruppen angeordnet, bilden sie gemeinschaftlich den artspezifischen Umriß. Die Formentwicklung der Bäume ist einerseits artbedingt, andererseits abhängig von Alter und Standort. Die meisten der uns vertrauten Bäume, wie Platanen, Buchen, Kastanien oder Linden, entwickeln freistehend und ohne Eingriff des Gärtners ihr Astwerk fast bis zum Boden. Aus gestalterischer Sicht ist dies nur in seltenen Fällen erwünscht. Deswegen wird die Form durch züchterische Bemühungen, Pfropfungen und Erziehungsschnitte bereits in den Baumschulen kontrolliert und »domestiziert«. Insbesondere die Höhe des Kronenansatzes wird gezielt herausgearbeitet und von den Baumschulen listenmäßig nach unterschiedlichen Abmessungen angeboten.
Bei den Blättern kommen die formschaffenden Kräfte der Bäume ebenfalls zum Ausdruck, und hier vielleicht am klarsten. Das fünffingrige Blatt der Kastanie ist ebenso charakteristisch wie das herzförmige, gezahnte der Linde oder das lanzettförmige der Weide. Die Blätter des Trompetenbaumes und der Paulownia beeindrucken allein schon durch ihre Größe. Das feinverzweigte Linienspiel der Blattrippen, das oft im kleinen noch einmal die Gesamtstruktur des Baumes widerspiegelt, besitzt ebenfalls großen Reiz. Die wunderbare Vielfalt und Schönheit der Blattformen ist eine elementare Erfahrung, und so schulen Pädagogen bereits im frühen Kindesalter daran das Differenzierungsvermögen.
Auch im winterlich entlaubten Zustand sind Bäume schön, denn das Astwerk zeichnet lebendige graphische Strukturen. Schon aus der Ferne vermag das geübte Auge die Art zu bestimmen: die perfekte, weich fließende Lineatur der Linde, das sich harmonisch verzweigende Astwerk des Walnußbaumes oder das ungezähmte, knorrige Geäst der Eiche.
Die Rinde des Baumstammes erfreut das Auge ebenfalls: das lebhafte Fleckenmosaik der Platanen, das rätselhafte, einem Flechtwerk gleichende Rautenmuster auf den Stämmen alter Robinien oder die gescheckte Rinde der Birken. Jede Art besitzt auch hier ihre unverkennbaren Eigenheiten.
Neben Form und Struktur ist es die Farbe, die zur Schönheit der Bäume beiträgt: die Farbe der Rinde, der Blüten, der Früchte und vor allem der Blätter. Wenn sich binnen weniger Tage die Blätter entfalten, ist es »der grüne Jubel des lebendigen Laubes«, wie Hans Hilger es sagt.[3] Die ganze Farbskala aller nur denkbaren Nuancen zwischen Gelb und Grün, Weiß und Grün, Silbergrau und Grün entfaltet sich ebenso wie eine kleine Palette dunkler Rottöne bei Blutbuche, Blutpflaume und Blutahorn. Wenn im Frühjahr das schwarze Holz der Obstbäume von einer lichten Blütenwolke umhüllt wird und sich im Mai die frischausgetriebenen Kastanien mit unzähligen Blütenkerzen schmücken, ist dies wie ein Wunder. Das größte Fest der Farben stellt sich im Herbst ein. Wer könnte sich nicht an das freudige Gefühl erinnern angesichts einer strahlend gelben Linde oder der glutroten Färbung eines japanischen Ahorns. Auch die farbigen Früchte der Obstbäume, die schwarzen Perlen der Holunderdolden und die roten Ebereschen gehören zum Herbstschmuck der Bäume.
Eindrucksvolle Zeugnisse von der großen Schönheit der Bäume geben uns die Maler. Baumdarstellungen finden sich in der Kunst aller Völker und Epochen. In der europäischen Kunstgeschichte gibt es bereits bei mittelalterlichen Altarbildern wunderbare Baumdarstellungen. Allerdings stehen sie hier noch im Hintergrund, sind stilisiert und dendrologisch kaum einzuordnen. Im 17. und 18. Jahrhundert werden die Bilder realistischer und bezeugen, daß die Maler sich intensiven Naturstudien gewidmet hatten. In der Malerei des 19. Jahrhunderts – etwa bei Caspar David Friedrich oder bei Gustave Courbet – wird der Baum oft sogar zum Hauptmotiv. Auch im Impressionismus und Expressionismus widmeten sich die Maler den Bäumen; Claude Monet malte Pappeln, Trauerweiden und Fliederbäume; Vincent van Gogh Zypressen, Oliven, blühende Obstbäume und Kopfweiden. Selbst im 20. Jahrhundert – zum Beispiel im Werk von Piet Mondrian – spielen Baumdarstellungen eine bedeutende Rolle.[4]

oben: Bavaria-Buche bei Pondorf auf der Fränkischen Alb. Diese freistehende Rotbuche zählt zu den ehrwürdigsten Bäumen Bayerns.

unten: Platane in Südfrankreich. Die Rinde der Platanen ist je nach Standort und Klima auffallend schön gemustert. Die in Europa meist verbreitete Sorte *Platanus hispanica* (nach älterer Nomenklatur *Platanus x acerifolia*), ist eine Kreuzung von *Platanus orientalis* und der aus Amerika stammenden *Platanus occidentalis*.

Der Baum als ökologisches Element

»Die Baumkrankheit des 20. Jahrhunderts ist zurückzuführen auf eine Mangelerscheinung des Menschen an Ehrfurcht und Einsicht.«
Robert Matzek 1981[5]

»Daß man Menschen, die einen goldenen Ahorn im Herbst gesehen haben oder eine Birke im Rauhreif, vorrechnen muß, was Bäume als Staubfänger, Sauerstofflieferanten und Schallschlucker leisten, ist ein Thema für Psychiater und Anthropologen.«[6]
Trotz dieser polemischen Anmerkung ist es uns wichtig, den Baum auch in seinen vielfältigen ökologischen Zusammenhängen zu betrachten. Wir fühlen uns zwar in erster Linie von den ästhetischen Werten und gestalterischen Möglichkeiten der Bäume angesprochen, doch reicht diese Perspektive allein nicht aus. Genauso wie wir die augenfällige Schönheit der Bäume lieben und bewundern, sollten wir sie auch als Lebewesen verstehen und uns der vielfältigen ökolgischen Zusammenhänge bewußt sein.
Der Baum bildet mit den Mikroorganismen und Pilzmyzelen des Bodens, den Moosen und Flechten der Borke, den unzähligen kleinen Tieren im Geäst und den Pflanzen in seinem Schatten einen vollendeten Biotop. Doch das Wirken eines Baumes geht über diese mehr oder weniger sichtbaren Zusammenhänge weit hinaus. Die Naturwissenschaft hat nachgewiesen, daß die Bäume und Pflanzen mit ihren Blättern »atmen« und dabei Kohlendioxid aufnehmen. Durch die im Blattgrün mit Hilfe des Sonnenlichts vollzogene Photosynthese wird dieses Kohlendioxid in Traubenzucker, Stärke und Zellulose umgewandelt. Die gewaltigen Stoffmengen, die durch die Photosynthese von der Pflanzenwelt umgesetzt werden, betragen jährlich etwa 250 Milliarden Tonnen. Im Vergleich dazu nimmt sich die mit 4 Milliarden Tonnen angegebene Weltjahresproduktion an Kohle und Erdöl geradezu bescheiden aus.[7]
Das wichtigste Phänomen bei der Photosynthese ist das Freiwerden von Sauerstoff, denn mit ihrer

Postkarte von Klaus Staeck, 1983.

Sauerstoffproduktion liefern die Pflanzen eine der elementaren Grundlagen tierischen und menschlichen Lebens. Neben den Algen der Weltmeere sind die Bäume der Wälder die Hauptlieferanten des Sauerstoffs. Ohne Bäume wäre die Erde unbewohnbar. Ein gesunder hundertfünfzigjähriger Laubbaum der Kategorie Naturdenkmal erzeugt mit nahezu einer Million Blätter pro Stunde etwa 6 Kilogramm Sauerstoff. Das entspricht einem Volumen von 4500 Litern und deckt den stündlichen Bedarf von 300 Menschen. Etwa die gleiche Menge Sauerstoff wird von einem einzigen Auto verbraucht, wenn es bei einstündiger Autobahnfahrt 6 Liter Benzin verbrennt. Ein Verkehrsflugzeug verbraucht pro Stunde etwa 6 Tonnen, das heißt 450 Kubikmeter Sauerstoff, ist also auf die Sauerstoffproduktion von 1000 Baumriesen angewiesen.[8] Die technischen Verbrennungsprozesse verzehren heute weltweit fast vierhundertmal mehr Sauerstoff als die Menschen und Tiere.
Die Bedeutung der Wälder im Gesamtökosystem der Erde ist noch weit vielfältiger und erstaunlicher als der Nutzen des einzelnen Baumes. Aus der Sicht des Biologen heißt es: »Der Wald ist der komplizierteste und vielschichtigste Lebensraum der Erde. Kein anderes Ökosystem der Biosphäre erreicht einen solchen Komplexitätsgrad.«[9] Die Wälder sind Lebensraum unzähliger Tier- und Pflanzenarten. Die Biologen geben für die mitteleuropäischen Buchenwälder über 10 000 Pflanzen- und Tierarten an, darunter 400 Arten von Moosen und Flechten, 200 verschiedene Blütenpflanzen, 1500 Käferarten, 560 Spinnentiere, 70 Vogel- und ebenso viele Schneckenarten.[10] Der tropische Regenwald ist noch weit artenreicher.
Die Wälder beeinflussen das Klima – sowohl global als auch im kleineren geographischen Rahmen. Die Wälder sind maßgeblich am Wasserkreislauf beteiligt; durch ihre Verdunstung entstehen Regenwolken, die über weite Entfernungen ziehen und dann abregnen. Im engeren Rahmen können wir feststellen, daß waldreiche Landschaften immer deutlich kühler und feuchter sind als baumlose Gegenden. Die klimaregulierenden Kräfte der Bäume sind selbst im kleinsten Rahmen spürbar. An heißen Sommertagen ist der Aufenthalt unter einem Baum weit angenehmer als unter einem Sonnenschirm, denn durch Verdunstung erbringt der Baum eine enorme Kühlleistung. Ein ausgewachsener großer Laubbaum kann an heißen Tagen bis zu 1000 Liter Wasser verdunsten, und dadurch sinkt die Temperatur seines Umfeldes um einige Grade.
Schließlich regulieren die Wälder auch den Wasserhaushalt. Mit ihrem Wurzelwerk festigen die Bäu-

me die Humusschicht und verhindern, daß das Regenwasser schnell abfließt und die Wasserläufe plötzlich anschwellen läßt. In Landschaften mit reichem und gesundem Waldbestand gibt es keine Überschwemmungen. Die Baumkronen mildern den Anprall der Regengüsse, der Boden kann große Wassermengen speichern, sie an das Grundwasser abgeben und über die Wurzelfasern langsam den Pflanzen zuführen.

Doch die ökologischen Leistungen des Waldes sind damit noch nicht alle genannt. Wälder bremsen den Wind, schützen vor Austrocknung und Winderosion. Sie nehmen große Mengen Staub aus der Atmosphäre auf und wirken damit als Luftfilter.[11]

Trotz dieser vielfältigen und fundamentalen Lebenszusammenhänge hat der Raubbau am Wald eine lange Geschichte. Man kann sogar behaupten, daß die Kulturgeschichte der Menschheit mit der Leidensgeschichte des Waldes einhergeht. Die Wälder des Mittelmeerraumes wurden schon in der Antike von Phöniziern, Griechen und Römern schonungslos geplündert. Nach einer in Spanien gern zitierten Überlieferung war die Iberische Halbinsel vor der Römerzeit so dicht bewaldet, daß ein Eichhörnchen, ohne den Boden zu berühren, von den Pyrenäen bis nach Cadiz von Ast zu Ast springen konnte. Zwischen dem 17. und 19. Jahrhundert wurden viele Waldgebiete Mittel- und Osteuropas gerodet. Der Entdeckung Amerikas folgte auch dort das Abholzen weiter Waldgebiete. – Der heutige Raubbau in den Wäldern Südamerikas, Südostasiens, Kanadas und Sibiriens jedoch übertrifft alles bisher Dagewesene. Das Ökosystem der Erde wird dadurch in alarmierendem Maße gefährdet. Das gigantische Zerstörungswerk muß aufgehalten werden. Das Gebot »Wenn du einen Baum fällst, mußt du zwei neue pflanzen!« sollte sehr ernst genommen werden.

1992 haben 178 Staaten auf dem UN-Umweltgipfel in Rio de Janeiro beschlossen, ihre Wälder ökologisch zu bewirtschaften und so für die Zukunft zu erhalten. Es bleibt zu hoffen, daß den großen Worten und frommen Absichtserklärungen angemessene Taten folgen.

Timm Ulrichs, *Die natürliche Herstellung eines Axt-Stieles*, 1972 bis 1983. Der Künstler ließ über elf Jahre eine Eiche durch das Auge einer Axt hindurchwachsen. Das Objekt ist im Karl-Ernst-Osthaus-Museum in Hagen ausgestellt.

Der Wald wird aber nicht nur durch Raubbau geschädigt, sondern auch durch die von Industrie und Autoverkehr verursachten Luftschadstoffe. Stickoxide, Kohlenwasserstoffe, Ozongase und vor allem Schwefeldioxid machen die Bäume krank. Schwefeldioxid verbindet sich mit den Niederschlägen zu schwefliger Säure, die als »Saurer Regen« eine der Hauptursachen für das Waldsterben ist.

Der Saure Regen schädigt die Stomata, die Atemöffnungen der Blätter und Nadeln. Damit wird die Photosynthese beeinträchtigt und der gesamte Lebensprozeß des Baumes gestört. Der Saure Regen verändert die chemischen, physikalischen und biologischen Prozesse des Bodens und schadet damit den Bäumen zusätzlich im Wurzelbereich. Die gestreßten Bäume werden anfälliger für Pilz- und Viruskrankheiten sowie Insektenbefall. Sie sind geschwächt und vermögen den Angriffen von Stürmen, längeren Frost- oder Trockenperioden nicht mehr standzuhalten.

Seit den achtziger Jahren werden in vielen europäischen Ländern Maßnahmen zur Luftreinhaltung durchgeführt. Für Großfeuerungsanlagen sind Entschwefelungsanlagen, für Autos Katalysatoren vorgeschrieben. Der Ausstoß von Schwefeldioxid deutscher Kraftwerke konnte in den achtziger Jahren um 60 Prozent reduziert werden. Auch bei Stickoxiden wurde eine Reduzierung möglich.

Das Bewußtsein von der existentiellen Bedrohung, ausgedrückt in dem Leitspruch »Erst stirbt der Wald, dann stirbt der Mensch« hat viele Aktionsgruppen wie *Greenpeace* und *Robin Wood* auf den Plan gerufen.

Auch viele Künstler unserer Zeit erheben ihre Stimme und weisen auf die fundamentalen ökologischen Lebenszusammenhänge hin. So wie sich die Maler früherer Jahrhunderte von der Schönheit der Bäume angezogen fühlten und sie in ihren Werken dargestellt haben, so setzen sich Künstler heute für das Lebensrecht der Bäume ein. Der Heidelberger Kunstverein veranstaltete 1985 eine hervorragende Ausstellung zum Thema *Der Baum* und zeigte dabei Exponate von fast hundert zeitgenössischen Künstlern.[12] Josef Beuys war vertreten mit einer Dokumentation seiner vielbeachteten Aktion *Stadtverwaldung,* bei der 7000 Eichen gepflanzt wurden. Klaus Staeck prangerte in aufrüttelnden Plakatgraphiken unseren verantwortungslosen Umgang mit dem Wald an. Timm Ulrichs beteiligte sich mit einigen Baumobjekten, die dem Betrachter Rätsel aufgeben und ihn dadurch veranlassen, über die Lebenszusammenhänge der Bäume nachzudenken.

Der Baum als Symbol

»Poems are made by fools like me, but only God can make a tree.« Joyce Kilmer 1913[13]

Der Baum hat neben seinem ökologischen Wert, der im vorangegangenen Kapitel ausführlich dargestellt wurde, noch eine andere Bedeutung für den Menschen: Er ist Gleichnis und Symbol.
Im Altertum galt der Baum als Sinnbild der allumfassenden Einheit, weil er in vollendeter Form die vier Elemente repräsentiert – Erde, Wasser, Feuer, Luft. In der Erde wurzelt er, sie verleiht ihm Standfestigkeit und aus ihr bezieht er wichtige Bestandteile seiner Nahrung. Das Wasser ist der Lebenssaft des Baumes; die Wurzeln in der Tiefe nehmen es auf, führen es über Stamm und Astwerk zu den Blättern, wo es verdunstet. Das Element Feuer zeigt sich nicht nur im brennenden Holzscheit und der lichtspendenden Öllampe, sondern durch die Sonnenwärme auch im gesamten Lebensprozeß des Baumes. Die Sonnenwärme öffnet den Samen und führt den Keimling nach oben. Der vom Sonnenlauf bestimmte Jahresrhythmus läßt die Blätter der Bäume sprießen, grünen und im Herbst welken. Die Luft schließlich hat eine besondere Beziehung zum Baum, vor allem zur Baumkrone. Wir sehen, wie die Luft die Zweige bewegt, und wir hören, wie der Wind den Bäumen zuweilen eine Stimme verleiht. Der Wind trägt den Blütenstaub von den männlichen zu den weiblichen Blüten und entführt schließlich die reifen Samen. Heute wissen wir, und dies ist ein staunenswertes Phänomen, daß der Baum mit seinen Blättern atmet. Er nimmt auf, was der Mensch ausatmet und gibt ab, was der Mensch einatmet. Diesen fundamentalen Zusammenhang von Mensch und Baum, den die Naturwissenschaft um 1770 entdeckt hat, ahnten die Menschen schon seit Urzeiten.[14]
Der Mensch erlebt sich in einer tiefgreifenden Analogie zum Baum. Belege für diesen Zusammenhang findet man in der Sprache, in den mythologisch-religiösen Bildwelten und nicht zuletzt in vielen Kunstwerken. Die deutsche Sprache greift mit den Adjektiven baumstark, baumlang, verästelt und verzweigt auf das Urbild des Baumes zurück. Auch die homonym verwandten Begriffe Wurzel, Stamm, Rinde und Blatt beziehen sich darauf.

Berthold Furtmeyr, Kreuzigungsdarstellung , 15. Jahrhundert. Im Mittelalter wurde das Kreuz Christi oft in Form eines Baumes dargestellt.

In der antiken Mythologie drückt sich die Verbindung von Mensch und Baum in gleichnishaften Metamorphosen aus. So schildert Ovid mehrfach die Wandlung von Menschen zu Bäumen. Philemon und Baucis werden als Lohn für ihr redliches Leben in zwei dicht nebeneinander stehende Bäume verwandelt. Als Eiche und Linde leben sie weiter und wachen über das phrygische Heiligtum.[15] Daphne, auf der Flucht vor Apollos Zudringlichkeit, wird in einen Lorbeerbaum verwandelt.[16] Die Hesperiden, aus Trauer über die von Herakles geraubten goldenen Äpfel, verwandeln sich in drei Bäume: Schwarzpappel, Ulme und Weide.[17]
In der altnordischen Götterdichtung, der Edda, wird der umgekehrte Wandlungsweg beschrieben. Die Götter erschufen das erste Menschenpaar aus Esche und Ulme, indem sie den Bäumen Atem, Vernunft, Farbe und Lebenswärme einhauchten. Außerdem teilten sie ihnen ein Schicksal zu.[18] In dem Bild der Esche *Yggdrasil* spricht die Edda von dem uralten, auch in östlichen Kulturkreisen bekannten Mythos des *Weltenbaumes.* Er vereinigt die drei Sphären Unterwelt, Welt und Himmel als allumfassender kosmischer Baum. In der Edda steht der Weltenbaum am Schicksalsbrunnen Urd und wird von drei weiblichen Gottheiten bewacht. Mit seiner übermächtigen Krone beschirmt er die Erde und schenkt ihr Regen. Unter seinen Wurzeln birgt er das Reich der Toten und daneben das der Riesen und Heroen. Doch dieser Baum kann nicht auf ewig bestehen, denn sein Leben ist bedroht: An den Wurzeln nagt ein Drache, und an den Knospen äst das Wild. Der fortgesetzte Baumfrevel wird die Weltenesche Yggdrasil zum Absterben und damit die kosmische Ordnung zum Einsturz bringen – so sah es der altgermanische Mythos. In der keltischen Kultur war das Jahr in dreizehn Mond-Monate unterteilt, denen jeweils bestimmte Pflanzen zugeschrieben waren. Das Baumjahr begann nach der Wintersonnenwende mit dem Birken-Monat, gefolgt von Weißdorn und Esche. Das Frühjahr symbolisierten Erle, Weide und Hagedorn. Der Sommer wurde durch Eiche, Ilex und Haselnuß dargestellt. Die Monate des Herbstes und des Winters verband man mit Waldrebe, Efeu, Schilfrohr und Holunder.

In der Bibel lassen sich ebenfalls unzählige Bezüge zwischen Mensch und Baum aufdecken. Vom Paradiesgarten der Genesis bis zur Offenbarung gehört der Baum zum Repertoire biblischer Symbolsprache. Das Motiv der Metamorphose, das uns in den germanischen und griechischen Mythologien begegnet, findet sich allerdings nicht. Gemäß der Schöpfungsgeschichte sind Baum und Mensch eigengesetzliche Werke Gottes. Auch die Verehrung von heiligen Bäumen und ihre Befragung als Orakel, wie sie in vielen Kulturbereichen des Altertums gepflegt wurde, gibt es in der Bibel nicht, aber sie verzichtet keineswegs auf das anschauliche Bild des Baumes.[19] In den Psalmen werden die Gerechten und die Zuversichtlichen mit den Bäumen am Wasser verglichen.[20] Im Hohenlied wird der Vergleich zwischen dem Geliebten und einem Apfelbaum angestellt.[21] Im Buch Jesaja werden die Götzendiener als entlaubte Eichen den Dienern des Herrn als den kräftig grünenden Weiden am Wasserlauf gegenübergestellt.[22] Das von Jesaja genannte »Reis aus der Wurzel Jesse« und der »Sproß am Stamme Davids« wurde als der erwartete Messias gedeutet.[23]

Auch im Neuen Testament finden sich viele Baumvergleiche. So ist in der Bergpredigt von den guten und den schlechten Bäumen die Rede. Das »Gleichnis vom Senfkorn« bedient sich ebenfalls der Baummetapher: So wie aus dem winzigen Samenkorn der große Baum entsteht, so wächst aus dem Werk Christi das Gottesreich.[24]

In dem apokryphen Buch Sirach wird der *Logos* – der im Johannesevangelium theologisch gedeutet und mit Christus gleichgesetzt wird – verglichen mit Zeder, Zypresse, Palmbaum, Rosenstock, Ölbaum und Steineiche.[25]

Im letzten Buch der Bibel wird der Bogen geschlagen zu jenen zwei Bäumen, die im Paradiesmythos der Genesis genannt wurden: dem Baum der Erkenntnis und dem Baum des Lebens. Vom ersten wurde verbotswidrig genommen, vom zweiten, der dem menschlichen Zugriff entzogen ist, wird »gegeben«. Es heißt, daß der Baum des Lebens im Zentrum der heiligen Stadt stehen wird. »Zwölfmal im Jahr schenkt er Früchte« und »seine Blätter dienen zur Heilung der Völker«.[26] Der Schicksalsbaum von Eden wird zum Gnadenbaum. Der Theologe Jörg Zink schreibt[27]: »Unter den Christen wird der Baum des Lebens mit dem Kreuz Christi gleichgesetzt, und in der Symbolsprache der alten Kirche stand das Kreuz an derselben Stelle, wo der Baum der Erkenntnis im Paradies gestanden hatte, als der neue Baum, der die Erkenntnis und das Leben zugleich vermittelt. Und wenn man dieser Vorstellung im Mittelalter Ausdruck geben wollte, gab man dem Kreuz die Form eines Baumes.«

Diese russische Ikone nimmt Bezug auf das Johannesevangelium, in dem Christus mit dem Weinstock und die Jünger mit den Reben verglichen werden.

Mag diese religiöse Bildersprache vielen Menschen unserer Zeit auch fremd geworden sein, von dem alten Respektsverhältnis gegenüber Bäumen ist einiges erhalten geblieben. Hans Hilger hat es treffend und schön ausgedrückt: »Vor einem erhabenen Baum fühlen wir uns klein, vor seinem Alter vergänglich, vor seiner Macht schwach.«[28] In der Tat, die Baumpatriarchen erscheinen uns übermächtig und relativieren unseren Zeitbegriff. Wir wissen, daß das Alter der ausgewachsenen Baumriesen in unseren Parks menschliche Lebenserwartungen bei weitem übertrifft. Manche, als Naturdenkmäler ausgewiesene Einzelbäume zählen mehrere Jahrhunderte, und das Alter einiger nordamerikanischer Grannenkiefern oder kalifornischer Mammutbäume wird auf vier bis fünf Jahrtausende geschätzt. Das heißt, wir stehen der unvorstellbaren Tatsache gegenüber, daß diese Bäume bereits grünten, als die ägyptischen Pyramiden noch nicht gebaut waren.

Wo Bäume wachsen, sind auch Vögel zugegen. Das Beständige des Baumes verbindet sich mit der flüchtigen Welt des Vogels. In vielen Werken der Bildenden Kunst, von der antiken Wandmalerei über das mittelalterliche Altarbild bis zur Moderne, findet man das Motiv des von Vögeln belebten Baumes.[29] Auch im Mythos und im Bilderschatz der Bibel stößt man immer wieder auf dieses Motiv.[30] Die Namen vieler Vogelarten verweisen ebenfalls auf die Zuordnung zu Bäumen – Buchfink, Tannenmeise, Eichelhäher, Baumpieper. Für Hans Hilger sind Vögel »des Baumes Vollendung«.[31] Wer in einem selbstgepflanzten Baum nach einigen Jahren ein Nest mit brütenden Vögeln entdeckt oder den Gesang eines Vogels aus der Baumkrone vernimmt, wird diese Vollendung erleben.

Bäume als Kompositionselement und Raumbildner

»Bäume sind die überragenden Erscheinungen, mit denen wir unsere Freiräume gestalten. Bei jedem Garten, den wir auf unseren Plänen bepflanzen... steht hinter den Planangaben die Zukunft der alles überragenden Baumwipfel vor uns.«

Gerda Gollwitzer 1979[32]

Zwei Eigenschaften machen Bäume als Gestaltungsmittel besonders geeignet und beliebt: Einzeln und freistehend formen Bäume mit ihrer Masse und ihrem Umriß einen wohlgestalteten Körper. In Gruppen oder Reihen zusammenstehend haben Bäume eine raumbildende Wirkung. Immer ist die jeweilige Art und Weise der Anordnung von entscheidender Bedeutung für die Gesamterscheinung. Deshalb ist der Baum für den Grüngestalter eines der wichtigsten Kompositionselemente.

Bei genauerer Betrachtung stellt man fest, daß die Anordnungsmöglichkeiten sich in einer einfachen Typologie erfassen lassen. Alle Gestaltungen mit Bäumen – ganz gleich ob in Garten, Landschaft oder Städtebau – kann man nach der folgenden Systematik ordnen.

Zunächst ist der *Solitärbaum* zu nennen. Im Garten ist er entweder klar in das Ordnungsgefüge eingebunden und steht an prädestinierter Stelle – am Endpunkt eines Weges, im Mittelpunkt eines Gartenbereiches –, oder er steht außerhalb des Ordnungsgefüges und entwickelt dadurch eine wohltuende, kontrapunktische Wirkung. Auch in der freien Landschaft sind Solitärbäume ein bestimmendes Element. In den Städten verleihen sie oft Höfen oder Resträumen einen eigenen, unverwechselbaren Charakter.

Zwei gleichartige, nebeneinanderstehende Bäume werden als *Baumpaar* wahrgenommen. Auch dieser Typus findet sich als Gestaltungselement in Garten, Landschaft und Städtebau. Im Garten betonen Baumpaare den Eingang, Sitzplatz oder das Gartenhaus. Im Landschaftsraum findet man Baumpaare als rahmende Elemente eines Kreuzes oder einer kleinen Kapelle. Auch in städtebaulichen und architektonischen Ensembles werden Eingangsbereiche häufig von Baumpaaren markiert.

Ein drittes immer wiederkehrendes Gestaltungselement ist die *Baumreihe*. In der Gartenkunst wird sie oft als rhythmisierendes und raumbildendes Element eingesetzt. In der freien Landschaft begleiten Baumreihen Feldraine, Wasserläufe und Straßen. In den Städten säumen sie Ufer, Straßen und Platzränder. In vielen Fällen, vor allem wenn ein enger Bezug zur benachbarten Architektur besteht, werden die kompositorischen Absichten durch Formschnitt der Bäume verstärkt.

Baumreihen, die beidseitig parallel zu einer Straße oder einem Weg gepflanzt sind, ergeben eine *Allee*. Auch diese Gestaltungsform findet sich sowohl in der Gartenkunst als auch in der Landschaftsgestaltung und im Städtebau.

Als ein weiteres Element ist die *Baumgruppe* zu nennen. Hier wird unterschieden zwischen regelmäßigen und unregelmäßigen Baumgruppen. Regelmäßige Baumgruppen, in der Planersprache auch als *Baumpakete* bezeichnet, sind in geometrischer Anordnung gepflanzt. In der formalen Gartenkunst, angefangen beim italienischen Renaissancegarten bis zu modernen Anlagen, spielen sie immer wieder eine wichtige Rolle. Im Städtebau werden sie gerne bei Platzgestaltungen eingesetzt. In den siebziger und achtziger Jahren konzipierte der Gartenarchitekt Gunnar Martinsson[33] des öfteren Baumpakete mit auffallend engem Pflanzabstand. Im Stadtkern von Schwetzingen zum Beispiel setzte er an einigen Stellen Kastanien in Vierergruppen mit einem Abstand von nur ein bis zwei Metern. Da regelmäßige Baumgruppen immer auf einen Architekturbezug angelegt sind, haben sie als Gestaltungselement der Landschaft keine Bedeutung.

Unregelmäßige Baumgruppen sind das wichtigste Kompositionselement des Landschaftsgartens. Die große Kunst besteht darin, die Baumgruppen so aufzubauen und anzuordnen, daß ihre Schönheit von jedem beliebigen Standpunkt aus möglichst gut zur Geltung kommt und daß schöne Raumfolgen entstehen. Auch in der freien Landschaft sind kleine unregelmäßige Baumgruppen eine große Bereicherung. Als Besonderheit sind die *clumps* zu nennen, kleine, dichtgepflanzte Gruppen einer Baumart, deren Gesamtumriß dem Bild eines großen Baumes entspricht. In England findet man derartige Baumgruppen sowohl in der freien Landschaft als auch in den künstlerisch gestalteten Landschaftsgärten.[34] Im Städtebau sind unregelmäßige Baumgruppen nur in größeren Stadtparks ein adäquates Gestaltungsmittel.

Sobald mehr als etwa zwei Dutzend Bäume in gleicher Anordnung gepflanzt sind, spricht man nicht mehr von Baumgruppen, sondern von *Rasterpflanzungen*. Auch sie sind ein sehr beliebtes Gestaltungselement. Vor allem in der barocken Gartenkunst spielen sie als *Bosketts* eine wichtige Rolle. In der freien Landschaft sind Plantagen oder Wirtschaftswälder als Rasterpflanzungen angelegt. Im Städtebau sind sie besonders bei der Platzgestaltung ein geeignetes Element, das in den französischen *Esplanaden* seinen Höhepunkt findet.

Eine Variante der Rasterpflanzung sind die *Streupflanzungen*. Hier werden art- und etwa größengleiche Bäume unregelmäßig über eine Fläche gestreut. In der Gartengestaltung kann es ein sehr ausdruckstarkes Motiv sein, wie in dem Kapitel über Baumgärten mit Beispielen belegt wird. Im städtisch geprägten Umfeld sind Streupflanzungen deplaziert. Ganz im Gegensatz zur freien Landschaft, wo sie wie selbstverständlich wirken. Dies hängt wohl auch damit zusammen, daß Baumbestände in Streuform für viele Naturlandschaften ein wesentliches Merkmal sind.

Aus der Sicht des Gestalters sind Bäume vor allem

Diese Purpurkastanie (*Aesculus x carnea*) steht im Mittelpunkt des Cotswoldsdorfes Willersey bei Broadway, in der Grafschaft Gloucestershire. Besonders schön ist die auffallend intensive Blüte dieses Solitärbaumes.

Schöne Alleen mit geschnittenen Linden gehören zu den Besonderheiten des Barockgartens von Schloß Frederiksborg bei Kopenhagen

Die Anordnung der Bäume ist von entscheidender Bedeutung für die Gesamterscheinung eines Freiraumes. Deshalb ist der Baum eines der wichtigsten Kompositionselemente.

ein Mittel der architektonischen Raumbildung. Bei gleicher Größe und entsprechender Anordnung schaffen sie wirkungsvolle und eindeutige Raumgrenzen. Durch kubischen Formschnitt, wie wir ihn auf vielen französischen, belgischen und niederländischen Plätzen finden, wird diese Wirkung noch unterstrichen. Baumreihen können klar definierte Raumwände bilden. Diese Wirkung machen sich die Gartengestalter ebenso zunutze wie die Stadtplaner. Von Baumreihen umschlossene, rechteckige Gartenräume oder auf rundem Grundriß angelegte Rondelle gehören seit der Renaissance zum festen Repertoire der Gartenkunst. Durch raumbildende Baumreihen gestaltete Platzanlagen sind ein immer wiederkehrendes Stilmittel künstlerischen Städtebaus. Auch in der freien Landschaft findet man allseits umschlossene Grünräume, so zum Beispiel bei Plantagenkulturen und Windschutzpflanzungen.
Bäume können aber nicht nur Raumwände, sondern auch Dächer bilden. Die Kronen nahe beieinanderstehender Bäume schließen sich zu einem Blätterdach. Was im Wald ein Naturphänomen ist, findet sich in den Bosketts der Gärten oder auf den baumbestandenen Plätzen als Kulturform wieder.
Auch wegen der Farbigkeit der Blüten und des Laubes werden Bäume als Kompositionselement geschätzt. Besonders der Landschaftsgarten lebt von der malerischen Wirkung unterschiedlich gefärbter Baumkronen. Der Vielzahl von Grüntönen werden Gelb-, Rot- und Silbergrautöne als Kontraste gegenübergestellt. Auch die Blaugrautöne vieler Nadelbaumarten werden gern als Kompositionselemente eingesetzt.

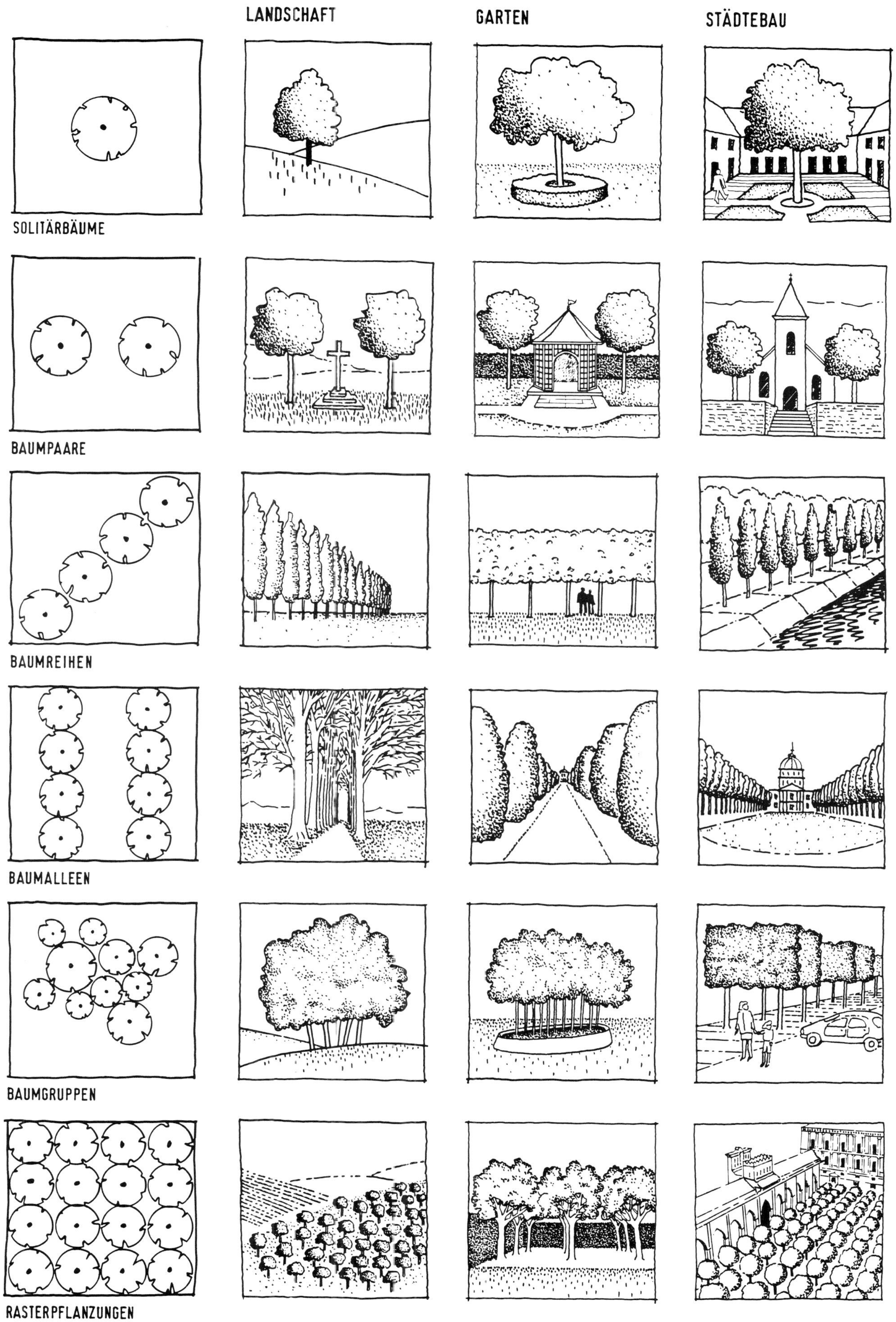

oben links: Im ehemaligen Gartenschaugelände von Freiburg. Das Rondell japanischer Zierkirschen definiert einen klaren architektonischen Raum.

unten links: Rom, Stadtteil EUR. Die kugelig beschnittenen immergrünen Büsche und die freiwachsenden Pinien stehen in spannungsvollem Kontrast.

oben rechts: Auf dem Platz vor der 1992 fertiggestellten Kunst- und Ausstellungshalle der Bundesrepublik Deutschland in Bonn sind 36 Kugelahorne im Raster von 4,50 x 4,50 Metern gepflanzt, Entwurf von Gustav Peichl.

unten rechts: Montecatini Terme in der Toskana. Neben der neoklassischen Trinkhalle dieses traditionsreichen Kurortes stehen Lorbeerbäume, die zu Schirmen beschnitten sind.

oben: Hinter Nôtre Dame im Zentrum von Paris sitzt man unter langen Reihen von beschnittenen Linden.

unten: Weinbrennerplatz in Karlsruhe, entworfen von Gunnar Martinsson. Hainbuchen umschließen eine quadratische, leicht abgesenkte Pflasterfläche.

Dendrologische Visitenkarten der wichtigsten Baumarten,
siehe auch Seite 82.

Abies procera »Glauca«, SILBER-TANNE, EDEL-TANNE
Prächtig blauweiß benadelte Tanne, regelmäßig kegelförmig. Bevorzugt nährstoffreiche Böden in sonniger Lage. Vorzüglich geeignet zur Einzelstellung in größeren Gärten und Parks.

Acer pseudoplatanus, BERG-AHORN
Heimat Berglandschaften Europas und Westasiens. 20-40 m hoher, einheimischer, kalkliebender, industriefester Großbaum. Schöner Park- und Alleebaum für frische Böden. Im Herbst intensive Gelbfärbung.

Aesculus hippocastanum, ROSS-KASTANIE
20-25 m hoher, rasch wachsender, schattenverträglicher und schattenspendender, feuchtigkeitsliebender Park- und Alleebaum. Gute Bienenweide. Im Herbst intensive Gelbfärbung.

Ailanthus altissima, GÖTTERBAUM
China. Breitkroniger, bis 25 m hoher, schnellwachsender, sparrig verzweigter und herrlich belaubter Parkbaum mit 50-60 cm langen Fiederblättern. Grünliche Rispenblüten, rötliche Fruchtstände. Sehr gut industriefest. Gedeiht auch auf armen Böden.

Alnus cordata, ITALIENISCHE ERLE
Natürliches Vorkommen in Italien und im Kaukasus. Bis 15 m hoher Baum mit eiförmiger Krone, der durch seine dunkelgrüne Belaubung auffällt. Geringe Bodenansprüche. Parkbaum, in Holland oft auch als Straßenbaum.

Alnus glutinosa, SCHWARZ-ERLE
20-25 m hoher, weitverbreiteter Baum. Die Blätter bleiben im Herbst lange grün. Bevorzugt nährstoffreiche, schwachsaure Böden. Verträgt Bodennässe. Auch als Pinoniergehölz geeignet.

Betula L., BIRKE
Die arten- und formenreiche Gattung Betula besitzt ungemein viele Überraschungen. Einige Arten lieben trockene Böden, andere gedeihen am besten neben Wasserläufen.

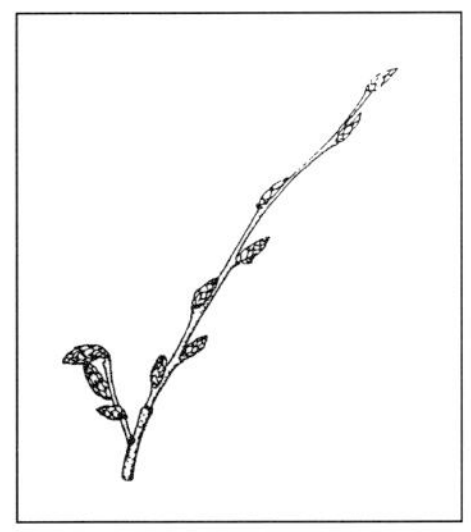

Carpinus betulus, HAINBUCHE
Ein über ganz Europa bis Persien verbreiteter, bis 20 m hoher, breit aufrechtwachsender und schattenverträglicher Baum. In geschnittener Form ist die Hainbuche unsere wichtigste Heckenpflanze.

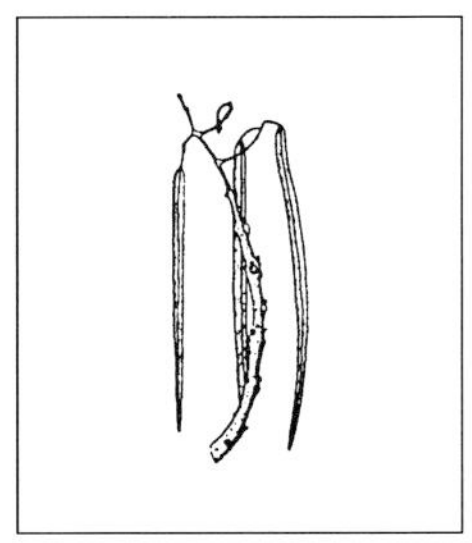

Catalpa bignonioides, TROMPETENBAUM
Heimat Nordamerika. Bis 15 m hoher, spät austreibender Baum mit kurzem Stamm und breiter Krone. Die Blätter sind bis 20 cm lang. Herbstfärbung hellgelb. Verträgt Großstadtklima.

Crataegus coccinea, SCHARLACH-DORN
Heimat Nordost-Amerika. 7-9 m hoher, breit aufrechtwachsender baumartiger Strauch mit großen, scharlachroten Früchten, die von August bis November haften. Als kleiner Alleebaum geeignet.

Baum und Landschaftsbild

Baum und Kulturlandschaft

»Der Mensch schafft sich eine Welt, die überschaubar, faßbar und meßbar sein soll.«
Hermann Mattern 1964[35]

Die Einteilung in Natur- und Kulturlandschaft ist das erste Unterscheidungsmerkmal von Landschaftsräumen. Naturlandschaften sind heute in Europa nur in sehr begrenztem Maße erhalten, und zwar lediglich in Bereichen, die wirtschaftlich kaum oder sehr schwer nutzbar sind. Im engeren Sinne gehören die Hochgebirgslandschaften, die Deltazonen großer Flußläufe, einige Waldgebiete in Osteuropa und die Tundren in Skandinavien dazu.
Da das vorliegende Buch sich auf den bewußt vom Menschen gepflanzten Baum konzentriert, interessieren im weiteren nur die Kulturlandschaften. Daß diese den Naturlandschaften an Schönheit in nichts nachstehen, ist eine Binsenweisheit. Dennoch hält sich hartnäckig die Vorstellung, vollendete Schönheit fände sich nur in der unberührten Natur. Diese kann ausgesprochen öde, langweilig und unwirtlich sein. Die Schönheit einer Landschaft resultiert aus dem harmonischen Zusammenwirken von Mensch und Natur.
Ein erstes grundlegendes Unterscheidungsmerkmal in der Vielfalt der Landschaftsräume ist die topographische Struktur: Hochgebirge, Mittelgebirge, Beckenlandschaften, Hoch- und Tiefebenen. Ein zweites landschaftsprägendes Element ist das Wasser: Küsten-, Fluß- und Seenlandschaften. Das wichtigste Kennzeichen jedoch ist die Vegetation: Wiesen, Felder, Rebhänge, Waldstücke, Einzelbäume, Baumreihen und Baumgruppen. Hier sind die Bäume das wichtigste Gestaltungselement, sie stellen die Signatur des Landschaftsbildes dar. So steht die Zypresse für die Toskana, die Pinie und der Olivenbaum für den Mittelmeerraum, die Platane für Südfrankreich, der Ahorn für Kanada, die Zeder für den Libanon, die Pappel für Flandern und die Birke für Skandinavien und Rußland. – Aber auch Baumlosigkeit kann das augenfälligste Kennzeichen einer Landschaft sein. Man denke an die norddeutschen und niederländischen Marschgebiete, das schottische Hochland oder die irischen Weidelandschaften.
In Deutschland bestimmen Buche und Fichte die Landschaftsräume der Mittelgebirge. Die Kiefer ist kennzeichnend für viele Landstriche mit ärmeren Böden, für Geest- und Heidegebiete. Die Pappel gehört zu den Auenlandschaften von Rhein, Elbe, Weser und anderen Flußläufen. Obstbäume sind bestimmend für das Bodenseegebiet, die oberrheinische Tiefebene oder die Vierlande in Schleswig-Holstein. Dabei sollte man nicht vergessen, daß diese Landschaftsbilder Ergebnis jahrhundertelanger Kultivierung und nicht naturgegeben sind.
Kulturlandschaft ist immer Zusammenspiel von Bodenrelief, Wasser, Vegetation und Bauwerken. Diese Komposition ist gleichermaßen von der Natur wie vom Menschen gestaltet. Sie kann große Harmonie ausstrahlen und beweist dadurch, daß die Bauern, Mönche und Landesherren, die solche Kulturlandschaften im Laufe von vielen Generationen schufen, im Zusammenspiel mit der Natur Werke hervorbrachten, die ein beachtliches Maß an visueller und räumlicher Vielfalt besitzen und sich zugleich durch gesunde ökologische Verhältnisse auszeichnen.
Die Gestaltung von Landschaft war wohl zu allen Zeiten primär von wirtschaftlichen und erst nachrangig von ästhetischen Zielvorstellungen bestimmt. Wir sind uns der Einseitigkeit bewußt, wenn wir in den folgenden Kapiteln das tausendfältige Gewebe der Landschaft nach vorwiegend formalen Gesichtspunkten analysieren. Aber durch diese Vorgehensweise wird es möglich, Grundformen herauszuschälen und das zur Verfügung stehende Gestaltungsrepertoire in Erinnerung zu rufen.
Es ist aber nicht nur nach den Gestaltungselementen im einzelnen zu fragen, sondern auch nach den ästhetischen Leitbildern im ganzen. Diese Leitbilder sind sowohl in der Kultur der Gesellschaft wie in der Psyche des einzelnen fest verankert.
Der englische Geograph Jay Appleton ermittelte in seinen an der Verhaltensforschung orientierten Untersuchungen zum menschlichen Erleben von Landschaft zwei zentrale Urbedürfnisse: *refuge and prospect*, das Bedürfnis nach Schutz und das Bedürfnis nach Aussicht.[36] Wo diese beiden Forderungen an eine Landschaft gleichermaßen erfüllt werden, fühlt der Mensch sich am wohlsten. Der Wunsch nach Aussicht wird in idealer Weise von Hügeln oder Bergkuppen erfüllt, während die Bäume das Gefühl von Schutz und Geborgenheit vermitteln.
Die Malerei führt uns vielleicht am deutlichsten landschaftliche Schönheitsideale vor Augen. In der Renaissance entwickelte sich das Bewußtsein von Landschaft. Leonardo da Vinci, Andrea Mantegna und Sandro Botticelli bezogen den Landschaftsraum in die Bildgestaltung mit ein, und die wirklichkeitsnahe Wiedergabe war ihnen perspektivische Übung. Im 17. Jahrhundert entwickelte sich die Landschaftsmalerei zu einer eigenen Gattung. Die Gemälde von Nicolas Poussin, Claude Lorrain und Jakob van Ruysdael gewinnen erst durch die Darstellung des Landschaftsraumes ihre Qualität. Die englischen Maler John Constable und William Turner setzten das Thema im 18. Jahrhundert fort. Im 19. Jahrhundert folgten Caspar David Friedrich, Christian Reinhart, Ludwig Richter, Carl Blechen und in Frankreich Gustave Courbet. Der Darstellung von Bäumen wird stets große Aufmerksamkeit gewidmet. Sie setzen Schwerpunkte, formulieren räumliche Tiefe, verweisen auf die Jahreszeiten, und mit der Darstellung mächtiger alter Bäume wird die Besonderheit des Ortes ausgedrückt.
Das Landschaftserleben hat sich im Laufe der Geschichte grundlegend gewandelt. In vorindustrieller Zeit gab es neben dem Erleben der heimatlichen Landschaft nur die Erfahrungen der Wanderjahre – bestenfalls als *Grand Tour* nach Italien, schlimmstenfalls als Soldat im Kriegsdienst. Das Erleben der heimatlichen Landschaft war im Vergleich zu heute überaus dicht und vielfältig. Der Weg zur Arbeit auf den Feldern, in den Wäldern, Gärten und Weinbergen wie auch der Ausritt zur Jagd hinterließ einen viel umfassenderen und konkreteren Erfahrungswert, als wir uns vorstellen können. Wallfahrten im festen Rhythmus des Kirchenjahres zu mehr oder weniger entfernten Pilgerstätten stellten eine weitere Verbindung zur Landschaft her.
Heute ist Landschaftsperzeption durch die technischen Verkehrsmittel bestimmt. Der Mensch der Moderne erfährt Landschaft bei der Fahrt auf der Autobahn, im Hochgeschwindigkeitszug und aus der Vogelperspektive des Flugzeugs. Oder er bezieht seine Informationen indirekt über die Medien, angefangen vom Katalog des Reisebüros bis zum Satellitenbild im Fernsehen. Ein Naherleben von Natur und Landschaft findet oft nur noch während der Urlaubsreise statt.
In den Kulturlandschaften der Gegenwart macht sich oft tödliche Langeweile oder unerträgliches Chaos breit. Die baumlosen, von Flurbereinigungsmaßnahmen leergefegten, maschinengerechten Agrarlandschaften lassen Schönheit ebenso vermissen wie die Ränder unserer Stadtlandschaften mit ihren chaotischen Ansammlungen von Einkaufszentren, Produktionshallen, Warenlagern und Wohnsilos. Wenn Planer darum bemüht sind, der Landschaft wieder neue ästhetische Qualität zu verleihen, ist das wohlüberlegte Anpflanzen von Bäumen einer der vielversprechendsten Wege.

Blick in die Landschaft am Col d'Osquich bei Musculdy zwischen St.Jean-Pied-de-Port und Oloron Ste. Marie im Südwesten Frankreichs. Die regenreiche Nordseite der Pyrenäen in der Region Béarn zeigt Landschaftsräume, die vorbildlich durch kleine Waldstücke, Baumreihen, Solitärbäume und Hecken gegliedert sind.

Wald als Gestaltungsmittel

Die Wälder schweigen. Doch sie sind nicht stumm.
Und wer auch kommen mag, sie trösten ihn.
Erich Kästner 1927[37]

In vorgeschichtlicher Zeit war fast ganz Europa bewaldet. Im Laufe einiger Jahrtausende wurde dieser »Urwald« durch Rodungen immer weiter zurückgedrängt. An seine Stelle traten Viehweiden, Felder, Weinberge, Dörfer und Städte. Dort, wo die Rodung zu schwierig war und keinen wirtschaftlichen Anreiz bot oder dem Wald als Jagdrevier ein eigener Wert zuerkannt wurde, blieben Teile des natürlichen Waldbestandes erhalten. Das für viele Landschaften in Europa typische Wald-Feld-Gefüge hatte sich in seiner heutigen Form mehr oder weniger bereits gegen Ausgang des Mittelalters konstituiert.
Das Holz der Bäume war zu allen Zeiten ein begehrter Rohstoff. Bis gegen Ende des 18. Jahrhunderts beschränkten sich die Eingriffe des Menschen auf das Ausholzen einzelner Bäume, so daß sich der Wald in seinem natürlichen Gefüge regenerieren konnte. Während der industriellen Revolution und durch die technische Entwicklung erfolgte jedoch ein tiefgreifender Wandel: Der Holzbedarf erhöhte sich drastisch, und zugleich versetzten Maschinen den Menschen in die Lage, jeden Baumriesen fällen, bewegen und zersägen zu können. Nun wurden viele Wälder großflächig gerodet und mit ertragreichen Monokulturen neu aufgeforstet – in den deutschen Mittelgebirgen vor allem mit Fichten und auf den sandigen Böden des Tieflandes mit Kiefern. So unterlag der Wald immer mehr der Einflußnahme des Menschen und wurde forstwirtschaftliches Kulturland. Abgesehen von einigen Naturschutzgebieten ist Wald heute überall in Europa Forstgebiet. Das heißt, die absolute Mehrheit der Bäume wurde irgendwann von Menschenhand gepflanzt. Trotzdem nehmen wir sie als natürlich wahr und sehen keinen Anlaß, den Verlust des Urwaldes zu beklagen. Es wäre auch ein Trugschluß, wenn wir uns den europäischen Urwald gleich dem tropischen Regenwald mit großer dendrologischer Vielfalt vorstellten. Der Forstkundler Harald Thomasius bemerkt: »Der Urwald in Europa war eine dämmrige Buchenhalle. Die Naturlandschaft war entschieden eintöniger als die heutige Kulturlandschaft.«[38]
Niemand wird bestreiten, daß ökologische und ökonomische Aspekte die wichtigsten Grundlagen der Forstwirtschaft sind. Ebenso unbestritten ist heute jedoch die Funktion des Waldes als Erholungsraum. Unter diesem Aspekt stellt die *Schönheit* des Waldes einen besonderen Wert dar, den es zu beachten und zu erhalten gilt. Doch der Gedanke, daß im Forstwesen ästhetische und gestalterische Überlegungen Einfluß nehmen sollten, ist durchaus unpopulär. Die Forstwirtschaft und ebenso die Naturschützer begegnen ihm oft genug mit Ablehnung und Mißtrauen.
Im Fachorgan der Garten- und Landschaftsarchitekten wird beklagt: »Die Planung im Forst entzieht sich weitgehend der gesellschaftlichen Kontrolle. Flächennutzungspläne und Bebauungspläne sind öffentlich auszulegen, das Forsteinrichtungswerk jedoch geht anscheinend keinen Nicht-Förster etwas an.«[39]
Die Schönheit eines Waldes wird bestimmt durch die Topographie, die Zusammensetzung des Baumbestandes, die Schaft- und Kronenform der Bäume, den Aufbau der Strauchschicht und des Unterholzes. Das Bewußtsein der ideellen Werte überlagert sich mit dem Schönheitsempfinden und vermittelt dem Menschen insgesamt das Gefühl von großer Harmonie. So werden Landschaften mit ausgeprägtem Waldanteil nicht nur als schön empfunden, sondern gelten darüber hinaus auch als erholungsfördernd.
Wald kann sehr unterschiedliche Gestaltungsqualitäten aufweisen. Ein lichter Birkenwald hat einen völlig anderen Charakter als ein Fichten- oder Eichenwald. Ein mächtig aufstrebender Buchenwald ist nicht zu vergleichen mit einem Kiefernwald. Für die Waldgebiete der verschiedenen geographischen Landschaftsräume sind immer bestimmte Baumarten und Mischformen typisch. Das Schönheitsideal ist auch heute eine mit Lichtungen und Ausblickspunkten durchmischte Waldlandschaft, ganz so wie sie Claude Lorrain um 1650 in seinen Arkadienphantasien immer wieder gemalt hat. Eine absolut baumlose Landschaft hingegen wird als ebenso bedrückend empfunden wie ein endloser, dichter Wald.
Schließlich verleiht die Laubfärbung den Wäldern Schönheit. Das frische Grün im Mai spricht uns ebenso an wie das kupferrote oder goldgelbe Laub im Oktober. Die Durchmischung von Laub- und Nadelwald ist besonders eindrucksvoll, weil im Frühjahr die zarten Grüntöne und im Herbst die Gelbtöne der Laubbäume einen wirkungsvollen Kontrast zum dunklen Grün der Nadelbäume bilden. Auch einzelne Lärchen, eingestreut in Fichtenforste, bieten im Frühjahr und Herbst ein lebendiges Bild.
Waldmonokulturen gelten gemeinhin als ökologisch bedenklich und ästhetisch unbefriedigend. In der Tat sind sie für Insektenplagen und Pilzerkrankungen anfälliger als Mischkulturen. Bei Stürmen kommt es leicht zu großflächigen Verwüstungen, und Nadelholzmonokulturen sind besonders durch verheerende Waldbrände gefährdet. Topfebene Monokulturen mit geradlinigen Forststraßen entsprechen nicht den Schönheitsvorstellungen des Menschen und werden wegen mangelnder Entdeckungsmöglichkeiten und Überraschungsmomente als langweilig empfunden. Sie bieten wenig Anreize zum Spaziergang und haben damit nur einen geringen Freizeitwert.
Dennoch sollten Monokulturen nicht pauschal als unnatürlich abgewertet werden. Viele Baumarten beeindrucken erst in großer Ansammlung. Man

Landschaft im Yorkshire National Park bei Skipton. Die waldarme, hügelige Wiesenlandschaft wird durch kleine eingestreute Waldstücke belebt. Feldmauern aus Naturstein sind ein weiteres charakteristisches Gliederungselement.

Eichenwald im Nationalpark Dartmoor Forest bei Bovey Tracey in der Grafschaft Devon. Der ohne Eingriffe des Menschen natürlich gewachsene Wald beeindruckt in seiner Wildheit und Vielfalt, ist geheimnisvoll und regt die Phantasie an.

Buchenwald am Rande des Schönbuch in Bonlanden bei Stuttgart. Die wohlgeordneten Forste zeigen ein ganz anderes Bild des Waldes. Die hohen Hallen der Buchenwälder wirken durch ihr Regelmaß. Anfang Mai, wenn der Boden von Buschwindröschen übersät ist, zeigen sie sich in zartem, lichtem Grün.

denke bespielsweise an die eindrucksvollen Räume der Buchenwälder. Die Vielzahl silbergrauer Stämme und die steil nach oben strebenden Seitenäste wirken wie die Pfeiler und Gewölberippen eines gotischen Domes. Auch die Birkenwälder Skandinaviens und die Pinienhaine des Südens sind als Monokulturen schön. Selbst die nach einem strengen Raster angelegten Pappelpflanzungen, die man häufig in Frankreich und in Belgien sieht, besitzen mit der Reihung ihrer schlanken Stämme ästhetische Qualitäten.
Die Durchmischung der Landschaft mit kleinen Waldstücken – ganz gleich ob Mischwald oder Monokultur – hat immer sowohl einen hohen landschaftsästhetischen als auch einen ökologischen Wert. Eine 1993 von der Bayrischen Staatsforstverwaltung herausgegebene Informationsschrift definiert die aktive Waldvermehrung als »ein politisches Ziel«. Der Leitspruch lautet: »Neue Wälder braucht das Land – Aufforstung die sinnvolle Alternative«.[40] Aus Sicht der Landschaftsgestaltung ist dem unbedingt zuzustimmen.
Wenn hier der Wald als Element der Landschaftgestaltung betrachtet wird, so ist das Augenmerk nicht nur auf das Innere des Waldes und seine Wirkung im Landschaftsbild zu richten, sondern mehr noch auf seine äußere Kontur – die Waldkante. Ihr Verlauf ist in der Regel der markanteste Teil des Landschaftsbildes. Diese Grenze wird von topographischen, bodengeologischen und besitzrechtlichen Gegebenheiten bestimmt. An ihr läßt sich ablesen, daß dem Wald zumeist die vom Wind beeinträchtigten Bergkuppen und Kammlagen, die landwirtschaftlich schwer zu nutzenden Steilhänge, die ärmeren Böden und die sonnenabgewandten Partien geblieben sind. Dies gilt jedoch nicht für alle europäischen Landschaften. In Gebirgsregionen, im nördlichen England und in Schottland zeigt die Landschaft oft ein umgekehrtes Bild. Der ständige Wind und die verkarsteten Böden der Hochlagen lassen keinen Baumwuchs zu, und so finden sich kleine Waldstücke nur in den windgeschützten Talsenken mit den besseren Böden.
Die Gestalt der Waldkante ist abhängig von der Art des Baumbestandes und des Unterholzes. Die Ränder von Buchenwäldern sind meist sehr schön gerundet, dicht und gleichmäßig. Sie zeichnen eine klare, schöne Kontur – auch im Winterhalbjahr. Wenn die Unterholzzone zum Beispiel mit Ilex-, Brombeer- oder Ginsterbüschen eine geschlossene Strauchschicht bildet, hat die Waldkante ihre schönste Form.

Die Kontur der Waldkante ist in der Regel das markanteste Kennzeichen des Landschaftsbildes.

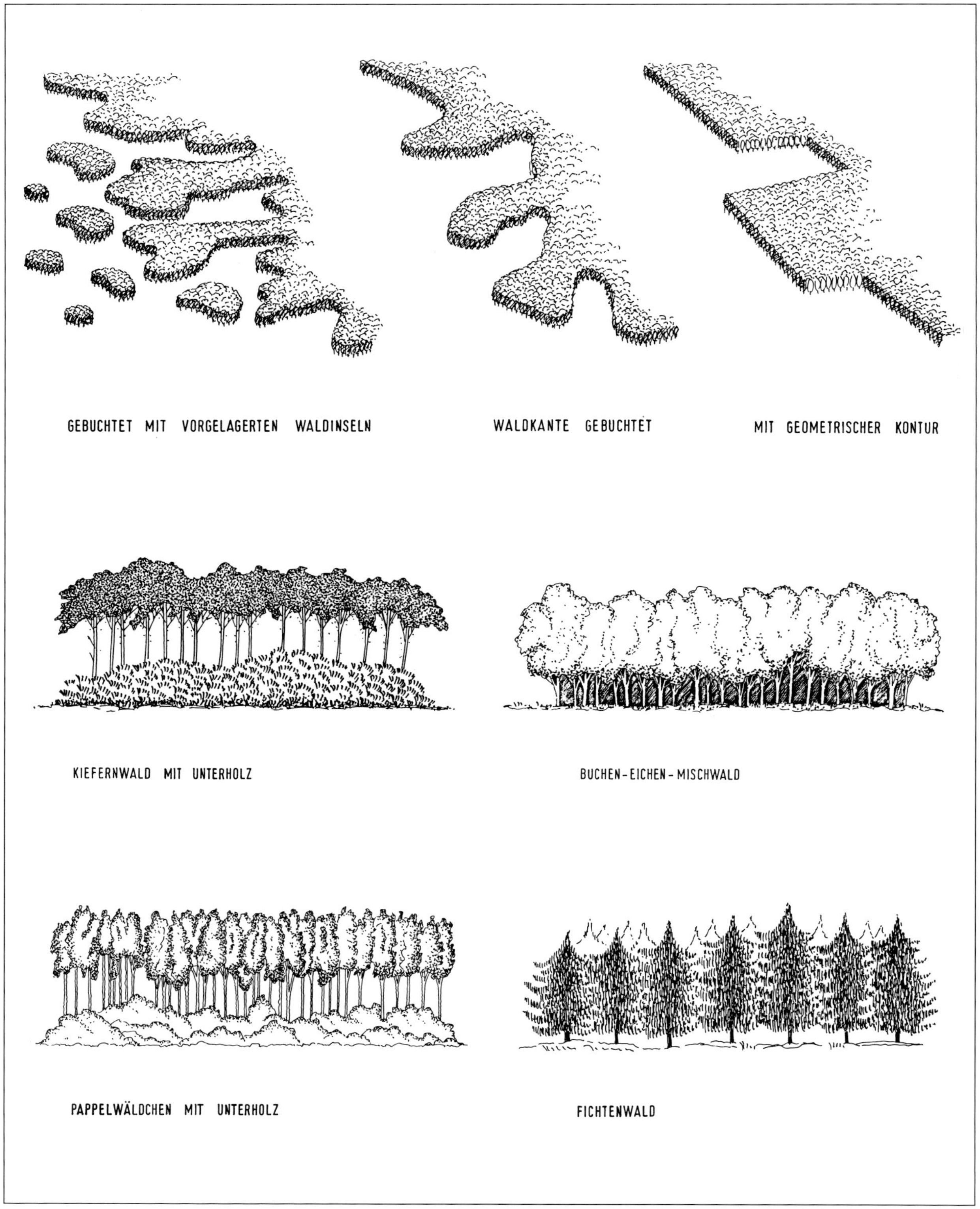

oben: Steineichenwälder und Zypressenalleen bestimmen vielerorts das Landschaftsbild der Toskana. Die klare Kontur der Waldkante schafft in Verbindung mit den Feldern ein dem Auge wohltuendes Raumgefüge.

unten: Cotswoldslandschaft zwischen Broadway und Stow-on-the-Wold in der Grafschaft Gloucestershire. Getreidefelder, Buchenmischwälder und eingestreute Solitärbäume schaffen ein harmonisches Landschaftsbild.

Solitärbäume und Baumgruppen in der Landschaft

»Die Bäume auf dem Felde bedeuten doch des Menschen Leben.«

5. Mose 20.19, ca. 620 v.Chr.

Solitärbäume, Baumpaare und kleine Baumgruppen entfalten eine enorm starke Wirkung im Landschaftsbild. Sie entwickeln eine ausgeprägte Individualität und sind als markante Erscheinungen weithin sichtbar. Leider werden sie immer seltener, da sie einer maschinell und großflächig arbeitenden Agrarwirtschaft im Wege stehen. Heutzutage gibt es für die Landwirte kaum noch gute Gründe, auf Wiesen und Feldern Einzelbäume zu pflanzen. Zu Zeiten, als die Bauern mit der ganzen Familie auf den Feldern arbeiteten und dort Mittagsrast machten, war ein schattenspendender Baum überaus willkommen. Früher, als Händler und Handwerker mit dem Pferdewagen oder zu Fuß in der Landschaft unterwegs waren, gehörte die Rast unter Bäumen zum täglichen Leben. Dazu überliefert uns die Malerei des 19. Jahrhunderts eine ganze Reihe beredter Zeugnisse.[41]
Auch auf den Viehweiden waren Bäume als Schattenspender eine Selbstverständlichkeit, und sie wurden bewußt zu diesem Zwecke gepflanzt. Heute heißt Viehzucht allzuoft Stallhaltung. Das Vieh kommt nicht mehr auf die Weide, und so entfällt der Bedarf nach schattenspendenden Einzelbäumen. Die Schweinemast unter Eichbäumen, die früher oft den Anlaß gab, kleine Eichenwaldungen anzulegen oder Eichengruppen von der Rodung auszuschließen, ist ebenfalls unüblich geworden. Dort aber, wo das Weidevieh noch zum Landschaftsbild gehört, findet man oft auffallend schöne Solitärbäume. Die Schafherden des Mittelmeerraumes suchen den Schatten alter Olivenbäume, die weißen Charolais-Rinder in Burgund lagern unter mächtigen Walnußbäumen, das Allgäuer Milchvieh unter hohen Eschen, und die holländischen Kühe zieht es im Hochsommer in den Schatten einzelner Linden oder Kopfweiden.
Wegen ihrer starken Zeichenwirkung wurden Solitärbäume und kleine Baumgruppen früher häufig als Landmarken gepflanzt. Wegkreuzungen oder besondere Punkte im Landschaftsraum markierte man mit Solitärbäumen, Baumpaaren oder Baumgruppen. Die Zeichenwirkung verstärkt sich um ein Vielfaches, wenn durch die Bäume topographische Eigenheiten akzentuiert werden. In vielen Landschaften des nördlichen Alpenrandes, vor allem in Moränegebieten, findet man baumgekrönte Hügelkuppen. Im Bodenseegebiet[42] heißen sie *Feldköpfe,* in der Schweiz[43] werden sie *Höger* und in Oberbayern *Kogel* genannt.

Das Bild ist deswegen so ausdrucksstark, weil sich zwei Archetypen überlagern: Berg und Baum. Die Verbindung dieser beiden Elemente, die sich als Motiv auch in der mythologischen und religiösen Bildersprache findet, besitzt eine große Anziehungskraft.[44] Vielleicht beruht sie darauf, daß der Mensch im Unterbewußtsein seine Bedürfnisse nach *refuge and prospect* (siehe Seite 24) gleichermaßen befriedigt findet. Der Baum vermittelt das Bewußtsein von Schutz, die erhöhte Lage schafft Aussicht und Überblick.
Eines der eindrucksvollsten Beispiele für baumgekrönte Hügelkuppen findet man in der Endmoränenlandschaft des Schweizer Kantons Zug zwischen Neuheim und Menzingen. Gletscher haben hier vor 100 000 Jahren, gegen Ende der letzten Eiszeit, ein lebhaft geformtes Bodenrelief mit sanft schwingenden Höhenrücken hinterlassen. Doch die größte Besonderheit dieser Landschaft sind die überall auf den Hügelkuppen, den Högern, stehenden Solitärbäume. Sie verstärken das Erscheinungsbild des Bodenreliefs und akzentuieren die Topographie. Man spürt sofort, daß diese Bäume bewußt als Zeichen gepflanzt wurden. Die stattlichen Linden sind fünfzig bis einhundertfünfzig Jahre alt und wurden von den Bewohnern der benachbarten Höfe anläßlich der Geburt des Stammhalters gepflanzt. Der Baum sollte den Menschen in seinem Leben begleiten, sich mit seinem Schicksal verbinden und nach seinem Tod als würdiges Andenken weiterleben. In der Zeit des allgemeinen Umbruchs nach dem Zweiten Weltkrieg ging dieser schöne Brauch verloren. Doch in den letzten zwanzig Jahren, die vielerorts von einer steigenden Wertschätzung und Sorge um die Bäume gekennzeichnet sind, hat er wieder neue Bedeutung gewonnen. Die Tradition, zur Geburt eines Kindes an exponierter Stelle einen Baum zu pflanzen, lebt weiter.
Ein ähnliches Bild wie die Schweizer Höger bieten die *Wurten* oder *Terpen* der niederländischen und norddeutschen Küstengebiete. Die zum Schutz vor Überschwemmungen künstlich aufgeworfenen Hügel stellen den Baum gleichsam auf ein Podest. Wir vermögen uns kaum vorzustellen, in welch existentieller Weise diese Fluchthügel einst für Mensch und Tier Sicherheit verhießen. Dennoch fühlen auch wir uns in unserer Grundempfindung gegenüber dem Baum unmittelbar angesprochen.

linke Seite: Drei Federzeichnungen des Baugeschichtlers Hermann Phleps, entstanden um 1950.

unten: Bei Homberg im Kanton Bern. Die sanft schwingenden Endmoränenhügel in den Kantonen Bern und Zug sind oft von prächtigen Solitärbäumen gekrönt. Man spürt, daß die Bäume als Zeichen gepflanzt wurden – nach Aussagen der ortsansässigen Bauern als Zeichen für die Geburt eines Stammhalters.

oben: Endmoränenlandschaft mit sehr markanten Solitärbäumen, bei Menzingen im Kanton Zug.

unten links: Bei Domme im Dordognetal im Département Périgord. Pappeln sind als Solitärbäume immer besonders auffällig.

unten rechts: In der Umgebung des Bodenseeortes Salem bestimmen die sogenannten *Feldköpfe* das Landschaftsbild. Diese Endmoränenhügel sind oft mit weithin sichtbaren Baumgruppen bepflanzt. Die regelmäßige Anordnung der Bäume beweist, daß sie bewußt und mit gestalterischen Absichten gepflanzt wurden.

rechts: Halbinsel Walcheren in der Provinz Zeeland in den Niederlanden. Die mit einer Linde gekrönte Terpe ist ein auffälliges Gestaltungselement in der flachen Landschaft.

Lindengruppe bei Kirkby Malham, North Yorkshire im Yorkshire National Park. Nicht nur in den englischen Parks, sondern auch in der freien Landschaft findet man sehr oft kleine Baumgruppen, *clumps*, deren Gesamtumriß dem Bild eines einzigen großen Baumes entspricht.

Bei Burgistein, Kanton Bern. Der Solitärbaum auf der Hügelkuppe ist ein weithin sichtbares Zeichen und ein markantes Kompositionselement des Landschaftsbildes.

Baumreihen als Gestaltungselement der Landschaft

»In der ganzen Natur, zum Beispiel in Bäumen, sehe ich Ausdruck und gewissermaßen eine Seele. So hat eine Reihe von Kopfweiden manchmal etwas von einer Prozession.«

Vincent van Gogh 1889[46]

In vielen europäischen Kulturlandschaften gehören schnurgerade, lange Baumreihen zu den wichtigsten Strukturelementen des Landschaftsbildes. In weiten Streckenabschnitten von Rhein, Rhône, Po, Loire und anderen Flußtälern gliedern sie die ausgedehnten Ebenen und schaffen Räume für Feld-, Obst- und Gemüsekulturen. Auch in den Küstengebieten von Nord- und Ostsee bestimmen Baumreihen das Bild der Landschaft. Am eindrucksvollsten zeigt sich dies in den Polderlandschaften der Niederlande. Generationen von Menschen schufen hier aus Mooren, Binnenseen und verästelten Flußläufen ein weites, fruchtbares Land. Mit der Kraft des Windes, dienstbar gemacht durch die Windmühle, wurde das Wasser aus den Poldern gehoben und das Land systematisch trockengelegt. Neben dieser bereits im 15. Jahrhundert entwickelten Methode und einem immer weiter verbesserten Deichbausystem waren Baumpflanzungen das wichtigste Mittel der Bodenkultivierung. Die Wurzeln der Bäume trugen erheblich zur Festigung der neugewonnenen Böden bei, die Kronen brachen den Wind. Mit ihrem Holz lieferten die Bäume Brennmaterial und nützliche Rohstoffe: Bauholz aller Art und Zweige für das Flechtwerk zur Ufer- und Dünenbefestigung.

Im flachen Land kommt den von Menschenhand gepflanzten Bäumen eine besondere Bedeutung zu, denn sie geben der Landschaft Schönheit und Eigenart. Die langen Zeilen knorriger alter Kopfweiden oder hoher schlankwüchsiger Pappeln, gepflanzt als einfache, doppelte oder mehrfache Reihe, zeichnen deutliche Konturen und schaffen klar definierte Räume. Verstärkt wird dieser Eindruck, wenn die Baumreihen auf Dammkronen gepflanzt sind oder sich mit anderen Landschaftsstrukturen verbinden.

Das auf Seite 41 wiedergegebene Landschaftsbild ist typisch für weite Gebiete der niederländischen Kulturlandschaft. Wenn man eine solche Gegend durchfährt oder erwandert, erlebt man, wie diese Strukturen dem Menschen Halt bieten in der endlosen Weite, wie sie Räume bilden und Maßstab schaffen. Für die hier siedelnden Bauern formt sich dieser Halt nicht nur räumlich, sondern auch zeitlich: Die Bäume werden zum Zeichen des Zusammenwachsens von Mensch und Landschaft. In den der Zuidersee abgewonnenen Poldergebieten, mit deren Besiedlung erst vor einigen Jahrzehnten begonnen wurde, läßt sich dieser Prozeß deutlich ablesen. Etwa ein bis zwei Jahrzehnte nach der Besiedlung erwächst mit den Bäumen aus der formlosen Weite ein differenziertes Landschaftsbild.

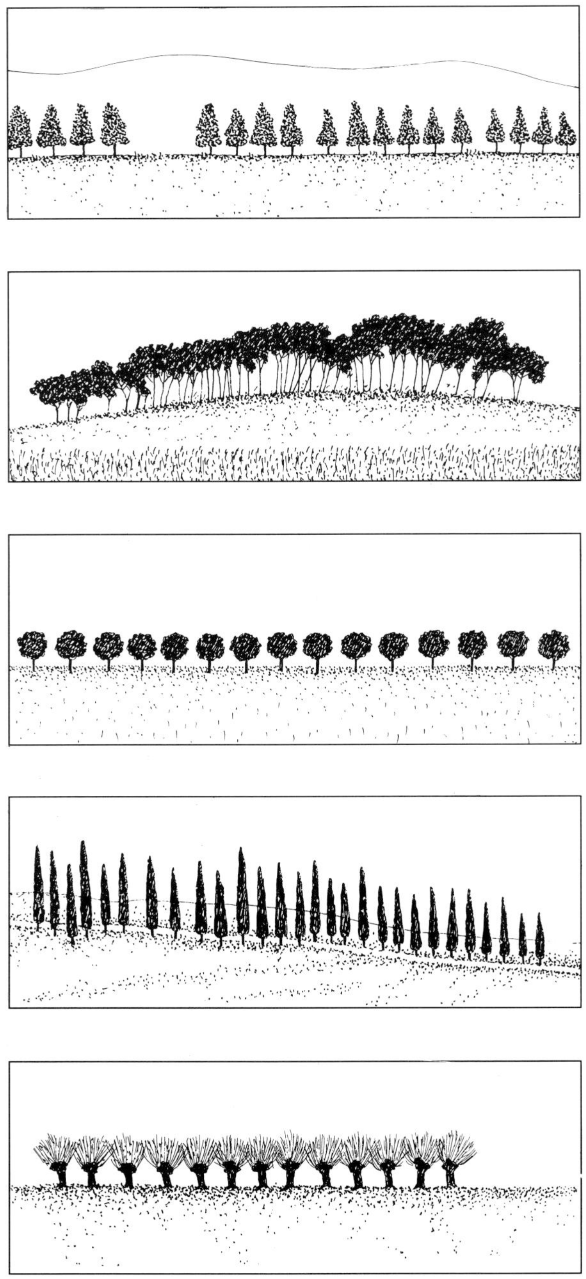

von oben nach unten: Linden in Sachsen-Anhalt, Pinien in Lazio, Robinien in Burgund, Zypressen in der Toskana und Kopfweiden in Flandern.

Baumreihen spielen aber nicht nur in den reliefarmen Niederungslandschaften eine Rolle, sondern oft auch im Bergland. In den Jahren nach dem Zweiten Weltkrieg pflanzte man auch in den Mittelgebirgen Pappelreihen als schnellwachsendes Nutzholz. Sofern diese Bäume auf die topographischen Strukturen reagieren, etwa indem sie einen Bachlauf begleiten oder eine Senke nachzeichnen, tragen sie in angenehmer Weise zur Bereicherung des Landschaftsbildes bei – dies um so mehr, wenn sie sich im Herbst über mehrere Wochen mit leuchtend goldgelbem Laub schmücken.

In Italien beeindrucken immer wieder lange Reihen von Zypressen oder Pinien. Im Zusammenspiel mit der bewegten Topographie sind sie oft eines der wichtigsten Kompositionselemente des Landschaftsbildes.

Auch in England sind die Feldfluren, Flüsse und Bachläufe oft durch Bäume begrenzt. Besonders schön ist es, wenn sie in Hecken integriert sind. Bereits im Mittelalter war es in England üblich, die Hecken mit Baumpflanzungen zu ergänzen. Dies hatte ursprünglich holzwirtschaftliche Gründe – die frei heranwachsenden Bäume konnten sich gut entwickeln, waren den Bauern nicht im Wege und beanspruchten keine zusätzliche Fläche, wie etwa eigens angelegte Forste.

Baumreihen sind, ähnlich wie Hecken, immer ein wichtiges ökologisches Element und ein Bestandteil der Biotopvernetzung. Sie bieten Windschutz und schaffen damit eine wichtige Voraussetzung für die landwirtschaftliche Nutzung der angrenzenden Flächen. Der Windschutz ist um so effektiver, je dichter die Bäume gepflanzt sind. Bei Pappeln und Zypressen ist ein Abstand von einem Meter nicht ungewöhnlich. Windschutzpflanzungen wirken ausgleichend auf den Wasserhaushalt des Bodens und schützen die fruchtbare Humusschicht vor Austrocknung und Erosion. Die Baumreihen und die Bereiche in ihrem Schatten bieten nicht nur zahlreichen Kleintieren wie Vögeln und Insekten Lebensraum, sondern lassen am Rande der Wiesen und Felder auch eine vielfältige Mischung von Pflanzen gedeihen.

Bodenseegebiet, Landkreis Ravensburg. Die langen Pappelreihen sind nicht nur ein sehr stark räumlich wirkendes Gestaltungselement, sondern beeindrucken auch durch ihre intensive Herbstfärbung.

oben: Kopfweiden bei Damme in der belgischen Landschaft Flandern. Die bizarren Baumgestalten sind ein Charakteristikum vieler eng mit dem Wasser verbundener Landschaften.

unten links: Pappeln in Flandern. In der flachen Landschaft sind die hoch aufragenden Pappelreihen eines der wichtigen Gliederungselemente.

unten rechts: Pappeln bei Elburg in der Provinz Overijssel in den Niederlanden.

Luftaufnahme einer typischen Landschaft in der Provinz Utrecht. Ein Netz von Baumreihen überzieht das gesamte Gebiet. Es schützt Felder und Weideflächen vor dem Wind und gibt der Landschaft eine unverwechselbare Struktur, die sie zum angenehmen Lebensraum macht.

oben: Apfelplantage auf der Halbinsel Walcheren in der Provinz Zeeland, Niederlande. Dichtgepflanzte Pappelreihen schützen die Obstbäume vor dem ständig wehenden, starken Seewind.

links unten: Landschaft bei Città di Castello in der Provinz Marken in Italien.

rechts unten: Landschaft am Nordhang der Kantabrischen Kordilleren bei Cangas de Narcea, Provinz Asturien in Spanien. Ein Netz von Baumreihen überzieht die grünen Täler.

Pappelreihe im Kraichgau in Baden-Württemberg. Die hochaufragende Baumreihe begleitet ein schmales Bachbett in der Talsenke und trägt sehr zur Bereicherung des Landschaftsbildes bei.

Alleen

»Ich liebe die geraden Alleen mit ihrer stolzen Flucht. Ich meine sie münden zu sehen in blauer Himmelsbucht.« Christian Morgenstern 1910[46]

Alleen gehören zu den eindrucksvollsten Gestaltungen mit Bäumen. Der Begriff verweist auf das französische Wort *aller* – gehen – und bezeichnet einen zu beiden Seiten mit Bäumen bestandenen Weg.
Sinn und Zweck solch einer Bepflanzung werden in den »Belehrungen über die zweckmäßigste Art der Anpflanzung von Alleen an Landstraßen« aus dem Jahr 1836 treffend formuliert: »Der Hauptzweck der Bepflanzung der Straßen ist ohnstreitig ein staatsbürgerlicher und besteht einerseits in der Verschönerung des Landes, andererseits in den Vorteilen, welche die Reisenden durch den Schutz gegen Hitze und Sturm genießen. Noch wenig berücksichtigt sind die vorteilhaften Wirkungen, welche die Baumpflanzungen auf die Beschaffenheit des Klimas und daher auf die Vegetation ausüben, indem sie die Heftigkeit der Winde mäßigen, die Austrocknung des Bodens vermindern und überhaupt die Verflüchtigung der düngenden Substanzen, welche sich beständig aus dem Boden entwickeln, vermindern. Die eigentlichen privaten Nutzungen, welche diese Anpflanzungen gewähren, bestehen in den jährlichen Erträgen an Früchten und Laub, welche teils zur Nahrung für den Menschen, teils als Streu verwendet werden, und endlich in dem Holz nach dem Tode des Baumes.«[47] Die hier angesprochenen Ertragswerte der Alleebäume haben heute zwar kaum noch Relevanz, aber die Bedeutung der Allee für die Ökologie der Kulturlandschaft und die positiven Auswirkungen auf das Kleinklima sind nach wie vor unbestritten.
Die Kulturgeschichte der Alleen beginnt in der Renaissance und erreicht im 17. und 18. Jahrhundert ihren Höhepunkt. Im Absolutismus wurden die über viele Kilometer in schnurgerader Linie geführten Alleen zum Ausdruck der Herrschaft des Menschen über den Landschaftsraum. Die Monarchen und Landesfürsten ließen die Wege zu ihren Schlössern, Landsitzen und Jagdrevieren auf beiden Seiten mit schattenspendenden Bäumen bepflanzen. Das zeigen die zahlreichen aus dem späten 17. und 18. Jahrhundert überlieferten Stiche und Gemälde von französischen Schlössern und englischen Landsitzen. Als Beispiel ist nebenstehend ein Stich von Badminton House in der Grafschaft Somerset wiedergegeben. Man zählt fast fünf Dutzend Alleen, die in alle Richtungen ausstrahlen und die gesamte Landschaft überziehen. Viele sind als *allée double*, als vierreihige Pflanzungen, dargestellt, die im 18. Jahrhundert sehr beliebt waren.
Noch zu Beginn dieses Jahrhunderts gab es auch in Deutschland ein weitverzweigtes Netz von baumbestandenen Straßen, das viele tausend Kilometer umfaßte. Nach dem Zweiten Weltkrieg, mit Beginn der allgemeinen Motorisierung, fielen die meisten dem wachsenden Straßenverkehr zum Opfer. Die Alleen – letztlich ein Relikt aus der Zeit der Postkutschen – waren zu eng für das große Verkehrsaufkommen. Kollisionen mit den Bäumen führten immer wieder zu schweren Unfällen, und man entschied sich vielerorts für das Entfernen des Baumbestandes.
Die ersten Jahre nach der deutschen Wiedervereinigung gingen einher mit der Entdeckung der ostdeutschen Alleen, insbesondere in Brandenburg und Mecklenburg-Vorpommern. In vielen Medien fanden sie als »grünes Erbe der DDR-Zeit« gebührende Beachtung. Mehr als 2000 Alleen mit einer Gesamtlänge von 5400 Kilometern stehen heute in Ostdeutschland auf der Liste des erhaltenswerten Kulturgutes. Die meisten sind sechzig bis hundert Jahre alt. Zu den alten ostdeutschen Chausseen gehören oft noch die wasserdurchlässigen Straßenbeläge aus Naturstein, Ziegel oder Kopfsteinpflaster. Aus Sicht der Denkmalpflege und des Naturschutzes sind auch diese Elemente erhaltenswürdig, prägen doch auch sie in entscheidendem Maße den Charakter der Chausseen. Der Erhalt dieser Straßen erweist sich indes oft als problematisch. Für den nach der Vereinigung sprunghaft angestiegenen Autoverkehr sind viele Alleen zu schmal, zu unübersichtlich und unsicher. Sie entsprechen meist nicht der Straßenverkehrsordnung der Bundesrepublik. Diese schreibt die Wahrung eines »Lichtraumprofils« vor und ordnet an, daß entlang einer Bundesstraße bis zu einer Höhe von 4,5 Meter kein Ast näher als einen halben Meter an die Fahrbahn ragen darf. Bei ausgewachsenen Alleen ist ein nachträgliches Freischneiden des Lichtraumprofils oft bedenklich, da die entstehenden Schnittverletzungen Fäulnisprozesse begünstigen. Auch eine Verbreiterung der Fahrbahn ist in der Regel nicht möglich, und wenn sie dennoch vorgenommen wird, besteht die Gefahr, daß es bei den Straßenbauarbeiten zu Verletzungen im Wurzelbereich kommt. Die Verdichtung des Bodens durch Bauarbeiten und später durch Erschütterungen des LKW-Verkehrs schadet den Alleebäumen. Meist ist der Bau von Parallelstrecken in gebührendem Abstand die einzige Alternative.
Die häufigsten mitteleuropäischen Alleebäume an Landstraßen sind Ahorn, Buche, Eiche, Esche, Kastanie, Linde und Pappel. Auf ärmeren Böden findet man gelegentlich auch Birken und in Feuchtgebieten Weiden und Erlen. Früher gehörten in dorfnahen Lagen auch Obstbaumalleen zum Bild vieler europäischer Kulturlandschaften. In ländlichen Gebieten der ehemaligen DDR sieht man noch heute viele Kirschbaumalleen. Im 19. Jahrhundert zählten Ulmen zu den wichtigsten Straßenbäumen, doch seit dem um 1910 einsetzenden und sich schleichend über ganz Europa, Nordamerika und Kanada ausbreitenden »Ulmensterben« sind die Bestände stark zurückgegangen.
Im aktuellen »Merkblatt Alleen«[48] des Bundesministeriums für Verkehr werden bei Neupflanzungen entlang der Landstraßen folgende Arten empfohlen: Spitzahorn (Acer platanoides), Bergahorn (Acer pseudoplatanus), Schwarzerle (Alnus glutinosa), Sandbirke (Betula pendula), Moorbirke (Betula pubescens), Rotbuche (Fagus sylvatica), Gemeine Esche (Fraxinus excelsior), Traubeneiche (Quercus petraea), Stieleiche (Quercus rubor), Winterlinde (Tilia cordata) und Mehlbeere (Sorbus aria). In Frankreich sind Platanen die häufigsten Alleebäume. Sie bilden mitunter gigantische »Bauwerke«. Die Raumprofile sind mal rund gewölbt wie eine romanische Kirche, mal spitz zulaufend wie eine gotische Kathedrale. An heißen Sommertagen fühlt man sich vor der gleißenden Sonne geborgen und geschützt.
Die auf Seite 47 wiedergegebene *Steindlallee* im oberbayrischen Holzkirchen ist eine Besonderheit. Wer diesen 500 Meter langen Schlängelweg entlanggeht, wird dem Entgegenkommenden stets mit einem Lächeln begegnen, fühlt man sich doch als gemeinsame Akteure eines kuriosen Schauspiels. Die Bäume, die heute nahezu vier Meter Umfang haben, wurden im Jahre 1886 von dem Holzkirchner Schulmeister Johann Nepomuk Steindl gemeinsam mit seinen Schülern gepflanzt. Wie die Annalen der Gemeinde Holzkirchen verzeichnen, war der Lehrer an vielen Stellen bemüht, das Ortsbild durch das Anpflanzen von Bäumen zu verschönern.[49] Die Besonderheit der Steindlallee liegt in der Anordnung der Bäume. Die beiden Baumreihen sind »auf Lücke« gepflanzt und stehen mit 2,5 Meter Abstand ungewöhnlich eng nebeneinander. Im Laufe der Jahrzehnte, mit wachsendem Umfang der Bäume, entstand dieser eigenartige Schlängelpfad. Es ist anzunehmen, daß dieser Effekt weder bedacht noch beabsichtigt war.

Stich von Badminton House in der Grafschaft Somerset aus der 1707 erschienenen Britannia Illustrata von Jan Kip und Leonard Knyff. Man zählt fast fünf Dutzend Alleen, die in alle Richtungen ausstrahlen und die gesamte Landschaft überziehen.

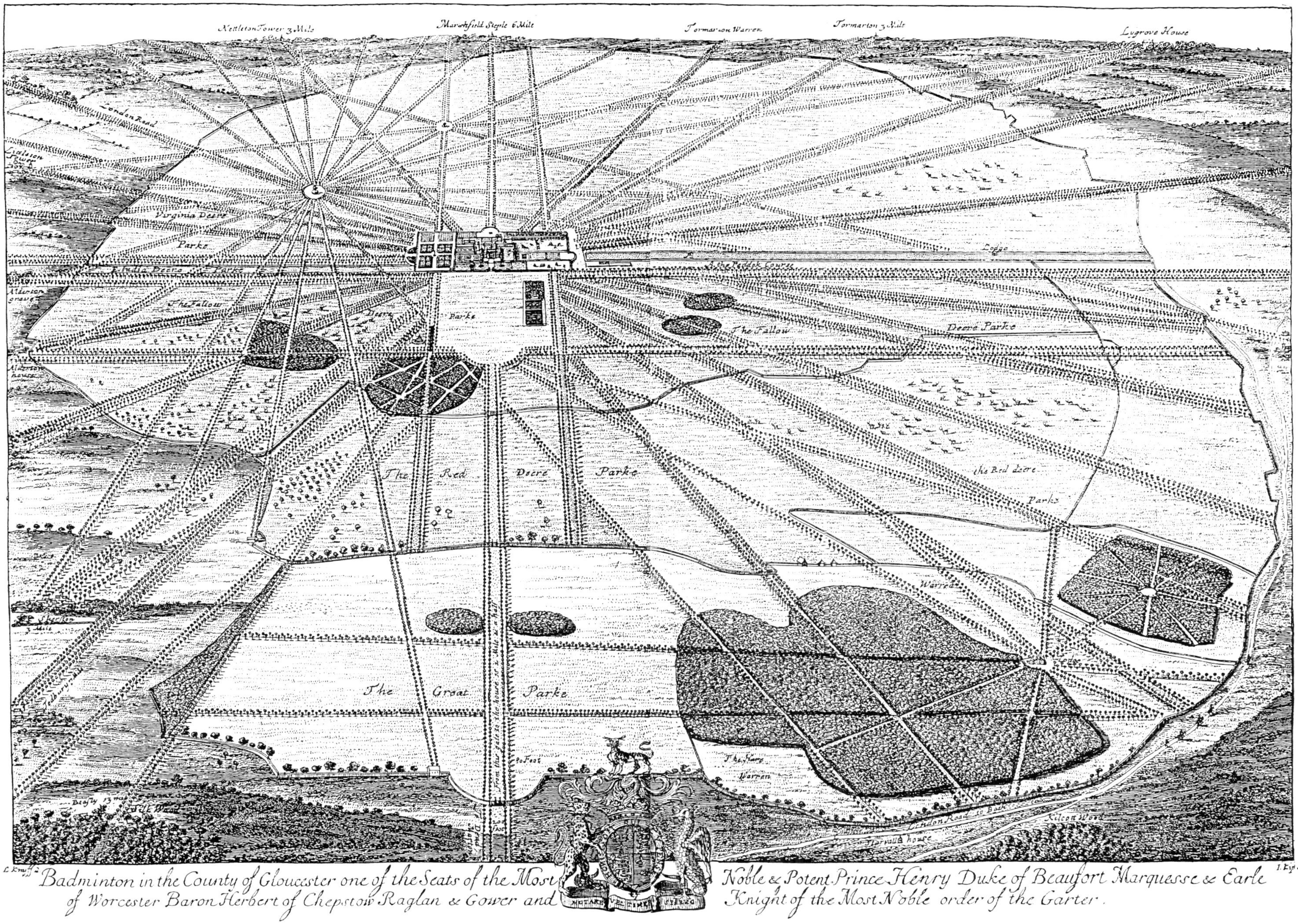

links: Buchenallee des königlichen Schlosses Het Loo bei Apeldoorn in der Provinz Gelderland in den Niederlanden. Das Bild zeigt das »Seitenschiff« dieser *allée double.*

unten: Eichenallee des Landhauses Beerschoter Velt bei Zeist in der niederländischen Provinz Utrecht.

rechts: Steindlallee bei Holzkirchen in Oberbayern. Der 500 Meter lange Schlängelweg wurde im Jahre 1886 von dem Schulmeister Johann Nepomuk Steindl gemeinsam mit seinen Schülern im Rahmen einer Verschönerungsaktion gepflanzt.

unten: Pappelallee bei Rivella Monselice in der italienischen Provinz Venetien.

Die sehr traditionsreiche, zweieinhalb Kilometer lange Lichtenthaler Allee in Baden-Baden führt vom Stadtzentrum zum Kloster Lichtenthal.

Die Lichtenthaler Allee ist das Rückgrat der Baden-Badener Grünanlagen. Nach außen bilden die Linden eine geschlossene Raumkante und rahmen die weite Grünfläche der Aumatte.

Grundriß- und Schnittzeichnungen der verschiedenen, in diesem Kapitel mit Photographien dokumentierten Alleen.

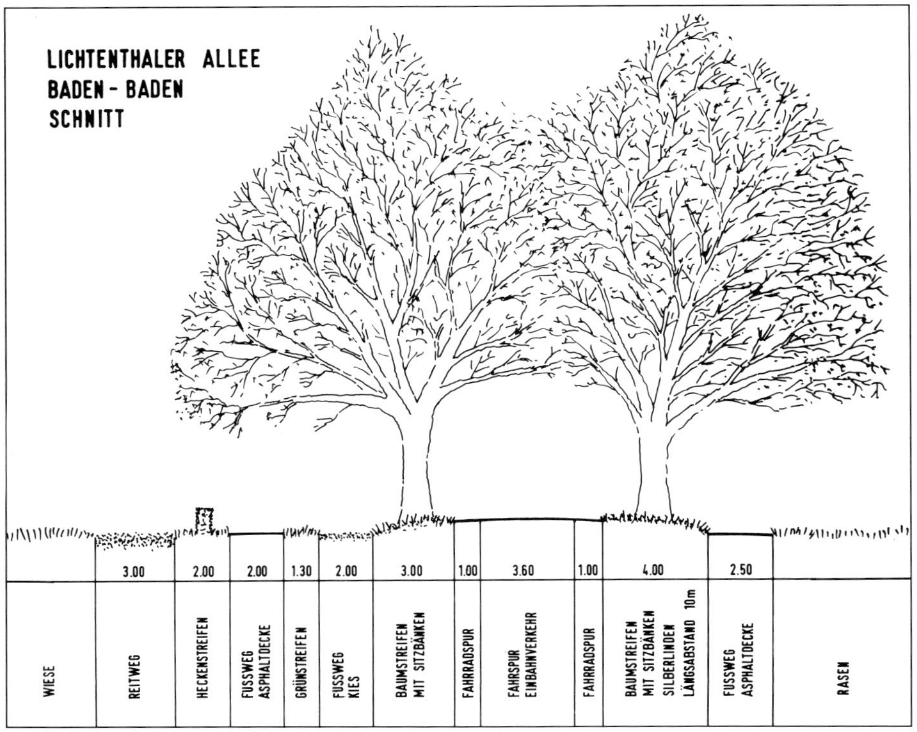

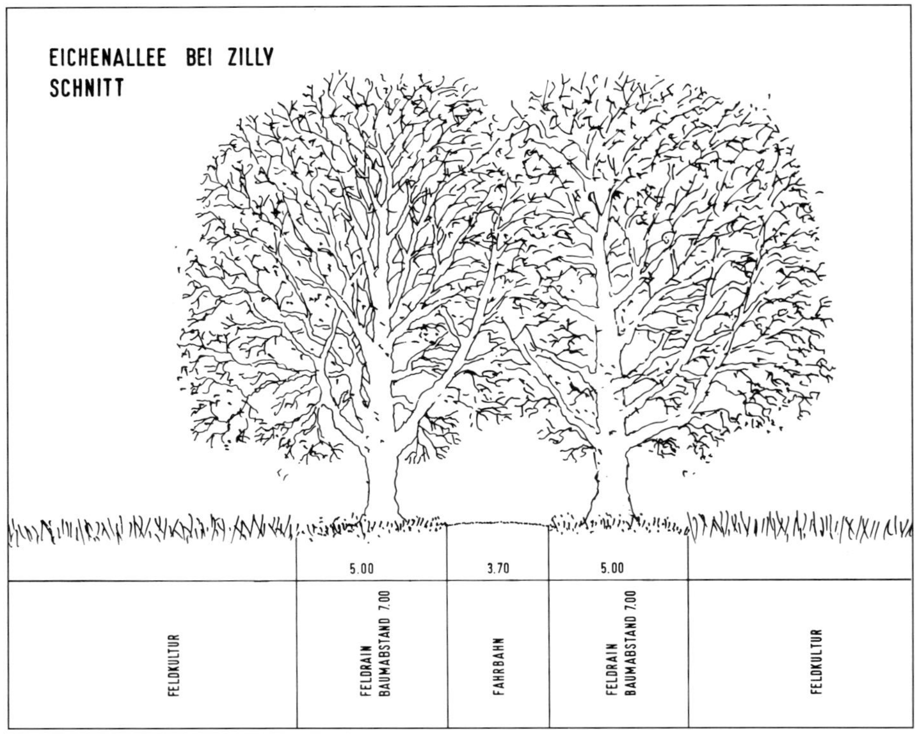

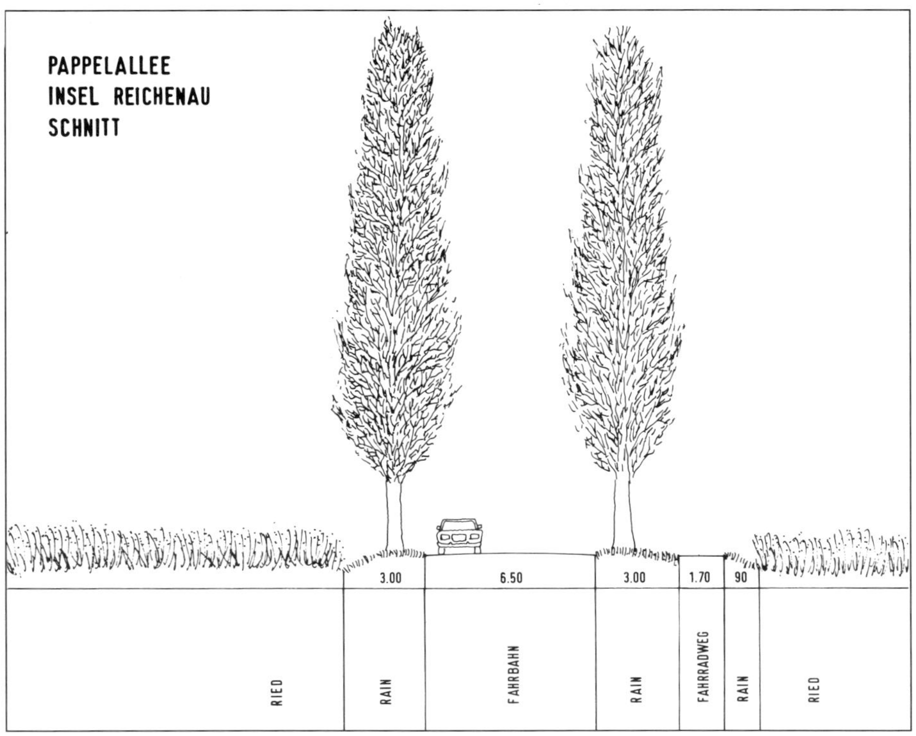

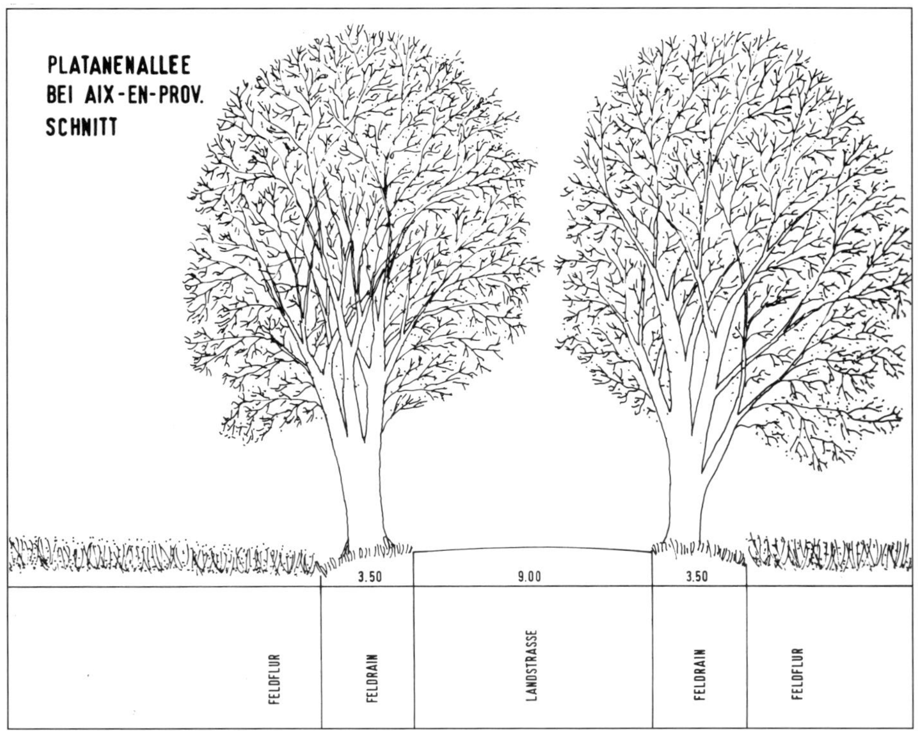

Eichenallee bei Zilly im Landkreis Halberstadt in Sachsen-Anhalt. Die vielen alten Alleen in Mittel- und Ostdeutschland zählen nach der deutschen Wiedervereinigung zu den beeindruckendsten Entdeckungen in den neuen Bundesländern.

Grundriß- und Schnittzeichnungen der verschiedenen, in diesem Kapitel mit Photographien dokumentierten Alleen.

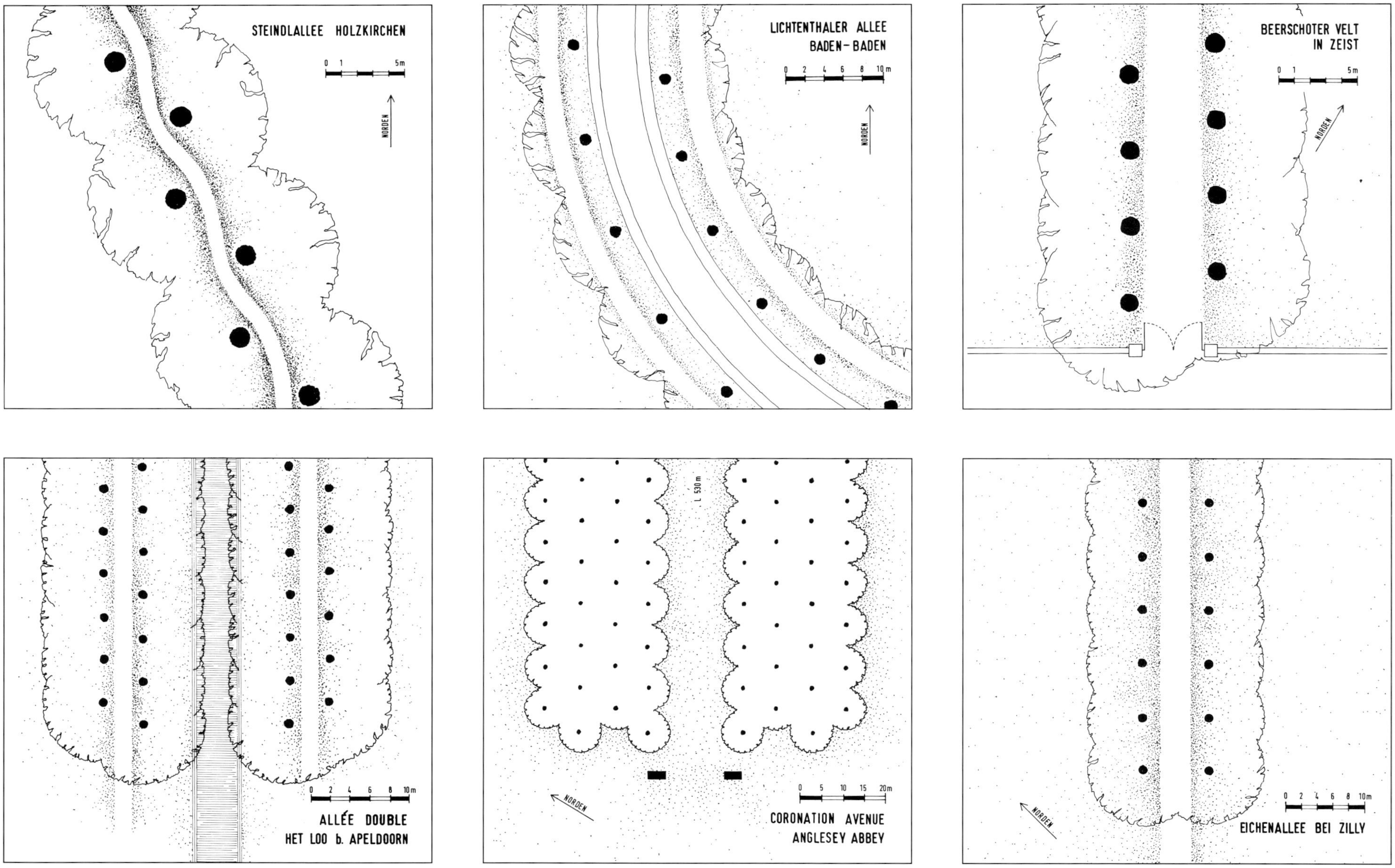

Platanenallee bei Aix-en-Provence. Die Platanenalleen in Südfrankreich sind mitunter gigantische Bauwerke. Ihr Raumprofil ist mal rund gewölbt wie eine romanische Kirche, mal spitz zulaufend wie eine gotische Kathedrale. Die Bäume bieten Schutz vor der gleißenden Sonne, vor Regen und Wind.

Obstbaumlandschaften

»Die Baumzucht verschafft denjenigen, die sich damit bemühen, einen angenehmen Teil ihrer Nahrung. Sie gereichet zur Zierde des Landes, zur Reinigung der Luft, zum Schutz und Schatten und hat überhaupt in vielen anderen Dingen ihren trefflichen Nutzen...« Johann Kaspar Schiller, 1767[50]

Die meisten Obstbaumsorten kommen aus dem Vorderen Orient, wo sie schon seit Jahrtausenden gezüchtet und kultiviert werden. In Europa betrieben die Römer als erste den Anbau von Obstbäumen. In den Gärten ihrer Landvillen zogen sie Äpfel, Feigen, Aprikosen, Pflaumen, Kirschen und Pfirsiche. In späteren Jahrhunderten, zur Zeit der Karolinger, gab es Obstbäume bei den Kammergütern, in den Meierhöfen und Klostergärten. Die Pflanzungen waren von Mauern umschlossen und standen in der unmittelbaren Umgebung der Gebäude und Siedlungen.
Zahlreiche europäische Kulturlandschaften sind heute durch Obstbaumpflanzungen geprägt. In vielen Regionen spielen sie eine zentrale wirtschaftliche Rolle, und die Erträge werden über große Entfernungen exportiert. Der Obstbau hat meist eine weit zurückreichende geschichtliche Entwicklung und ist nicht erst durch die Verordnungen und Anbauprämien der Europäischen Union entstanden.
So haben die fast endlos erscheinenden Orangenplantagen in der spanischen Huerta de Valencia mit ihrem wohldurchdachten Bewässerungssystem eine bis in die Antike zurückgehende Tradition. Die Orangenkulturen in den Provinzen Sevilla und Huelva bestehen seit maurischen Zeiten.
In der niederländischen Provinz Zeeland, dem Südtiroler Etschtal, der Region Calvados in der Normandie und anderen Gebieten Europas sind es Apfelbaumplantagen, die das Bild weiter Landschaftsräume bestimmen.
Für andere europäische Regionen sind Nußbaumpflanzungen charakteristisch. In der Provinz Viterbo, um den Lago di Bracciano, sind es Haselnuß- und im Perigord Walnußplantagen. Fast im gesamten Mittelmeerraum, besonders aber in Andalusien, der Toskana und Südapulien, bestimmen ausgedehnte Olivenkulturen das Landschaftsbild. In der Provence und im Rhônetal sind es Pfirsiche und Nektarinen, im Garonnetal Pflaumen und in Piemont Kirschbäume.
Auch in Deutschland gibt es ausgeprägte Obstbaumlandschaften. Weitläufige Apfelplantagen findet man im Bodenseegebiet, in der oberrheinischen Tiefebene sowie in den Vierlanden und dem Alten Land vor den Toren Hamburgs.
Wo Obst angebaut wird, ist die Landschaft oft gärtnerisch gepflegt. Wird der Obstbau als Intensivkultur betrieben, überziehen die Bäume Hügel, Täler und Ebenen wie mit einem Punktraster. Die Anordnung und Dichte ist wohlüberlegt und steht im Zusammenhang mit den Besonnungsverhältnissen, den Bewässerungsmöglichkeiten und den besonderen Formen der Bewirtschaftung. Wie alle anderen Kulturpflanzungen werden die Bäume der Obstplantagen systematisch gepflegt. Zur Ertragssteigerung werden sie gedüngt, regelmäßig geschnitten, und zur Bodenbelebung wird das Gelände gepflügt. Wenn die geographischen Gegebenheiten und die Bedürfnisse der Bäume es erfordern, werden die Kulturen häufig von Windschutzpflanzungen umschlossen. Wie alle Monokulturen sind auch die Obstplantagen durch epidemischen Schädlings- und Krankheitsbefall besonders bedroht. Zur Vermeidung von Ernteverlusten wird diesen Gefahren mit chemischen Mitteln vorgebeugt. Oft im Übermaß – und hier liegt der große Schwachpunkt der Plantagenwirtschaft. Seit einigen Jahren hat allerdings auch auf diesem Gebiet ein Umdenkungsprozeß eingesetzt; man versucht den Einsatz von Giften gering zu halten und die Plantagen so weit wie möglich ökologisch zu bewirtschaften.
Weit schöner und ökologisch sinnvoller als die ertragreichen modernen Obstplantagen sind die traditionellen Obstbaumhaine und Streuobstwiesen. Die hochstämmigen Bäume verschiedener Sorten und verschiedenen Alters stehen in kleinen, meist unregelmäßigen Gruppen, oft auch in lockeren Reihen, entweder parallel zu den Feldwegen oder den – nicht sichtbaren – Grundstücksgrenzen. Da die Streuobstwiesen oft im Wechsel mit anderen Kulturen stehen, erzeugen sie ein vielfältiges und harmonisches Landschaftsbild. Man empfindet es als reizvoll, da es Abwechslung bietet und nicht allein nach Zweckmäßigkeitserwägungen angelegt ist. Die Streuobstwiesen liefern keine glänzende Exportware, sondern vorwiegend Früchte für den Eigenbedarf und zur Vermarktung als Mostobst.
In Deutschland hatte der Obstbau bereits im 15. und 16. Jahrhundert in vielen Gegenden landschaftsprägende Ausmaße. Gefördert durch den jeweiligen Landesherren begann er sich von den Rändern der Städte und Dörfer immer weiter in die freie Landschaft auszudehnen. Auf einigen Mitte des 17. Jahrhunderts datierten Stichen von Matthäus Merian ist sehr schön zu sehen, wie die Städte mit einem Kranz von Gärten und Obstbaumpflanzungen umschlossen waren.
Nachdem sich Deutschland von den Folgen des Dreißigjährigen Krieges erholt hatte, kam es im 18. und 19. Jahrhundert zu einer weiteren Ausdehnung der Obstbaumbestände. Vor allem in Süddeutschland entstanden die charakteristischen Streuobstkulturen. Die Erträge dienten damals nicht nur zur Versorgung der einheimischen Bevölkerung, sondern waren als Dörrobst ein in Europa weit verbreiteter Exportartikel.
Durch die beiden Weltkriege erlebte der gewerbliche Obstbau erhebliche Rückschläge. Ende der fünfziger Jahre versuchte man ihn neu zu strukturieren. Im Streuobstanbau sah man dabei nur noch eine veraltete und unzweckmäßige Form der Bewirtschaftung, die es abzuschaffen galt. In Baden-Württemberg zum Beispiel wurde 1957 mit dem Generalplan für die Neuordnung des Obstbaus die Absicht ausgesprochen, den gewerblichen Streuobstanbau vollkommen aufzugeben. Der Plan hatte das Ziel, die überalterten und schwer zu bewirtschaftenden Hochstammbestände im Streuobstanbau zu einheitlich bewirtschafteten Dichtpflanzungen mit niederen Baumformen umzustellen. So wurden zwischen 1957 und 1974 im Zuge von Flurbereinigungsmaßnahmen rund 14 000 Hektar Streuobstbestände abgeholzt. Mitte der achtziger Jahre begann ein Umdenkungsprozeß. Man lernte die besonderen Werte des Streuobstbaus wieder zu schätzen und begann ihn systematisch mit Landesmitteln zu fördern. Man erkannte die ökologischen Vorteile und wurde sich bewußt, daß die charakteristischen Obstbaumwiesen in hohem Maße zum Freizeit- und Erholungswert einer Landschaft beitragen. Untersuchungen haben ergeben, daß ein »gepflegtes Wiesental mit Einzelbäumen« am meisten geschätzt wird. Aber auch Streuobstlandschaften mit Grünlandnutzung zählen für den erholungsuchenden Städter zu den bevorzugten Ausflugszielen. In ihrer Vielfalt sind sie weit attraktiver als andere landwirtschaftlich genutzte Flächen.
Die Schönheit der Obstbaumlandschaften hat zwei Höhepunkte: im Frühjahr die Blüte und im Herbst der Fruchtbehang sowie die auffallend schöne Färbung des Laubes. Sie bietet einen Anblick, der dem Farbenspiel der Bäume in unseren Parks oft in nichts nachsteht. Die Kirschbäume leuchten intensiv gelb, die Birnbäume dunkelglutrot, während manche Apfel-, Walnuß- oder Maronibäume noch grün sind und dadurch einen lebhaften Kontrast und angenehmen Hintergrund bilden.

Auf einigen Mitte des 17. Jahrhunderts datierten Stichen von Matthäus Merian ist der Kranz von Gärten und Obstbaumpflanzungen, der die Städte umschloß, sehr gut zu sehen.
oben: Stadtansicht von Hildesheim in Niedersachsen,
unten: Stadtansicht von Geislingen in Württemberg.

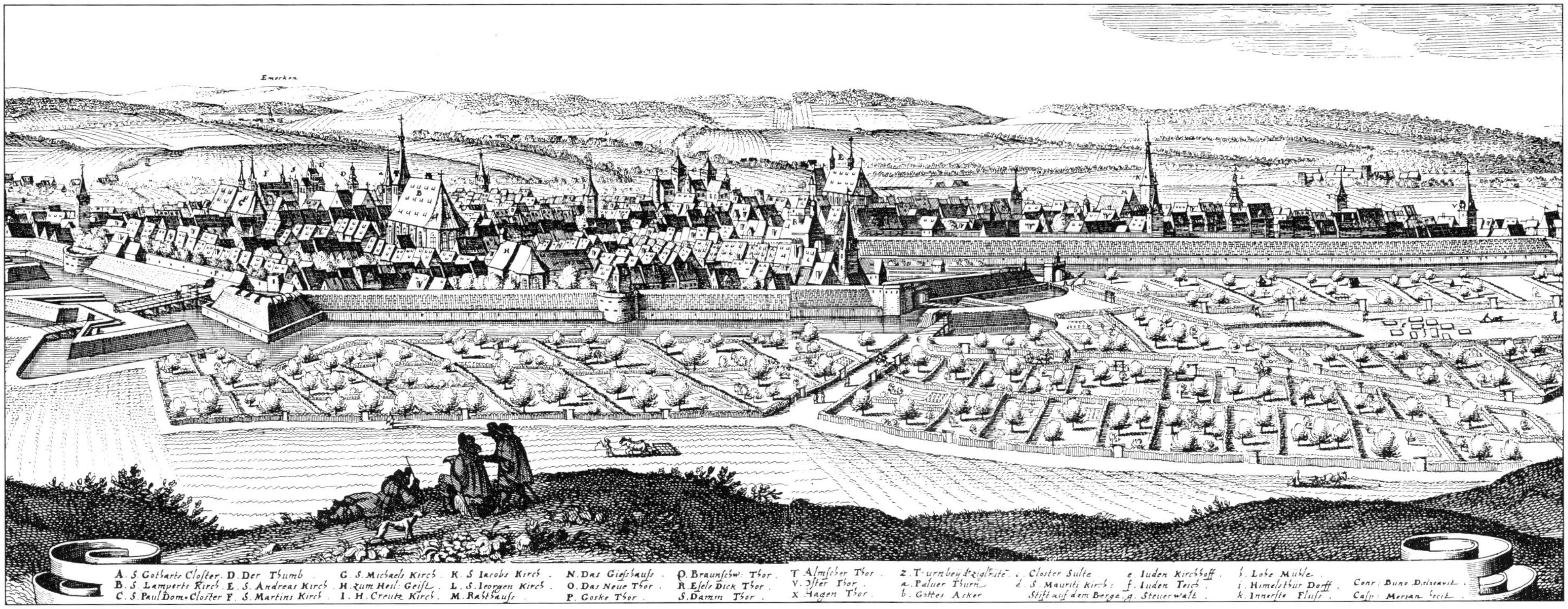

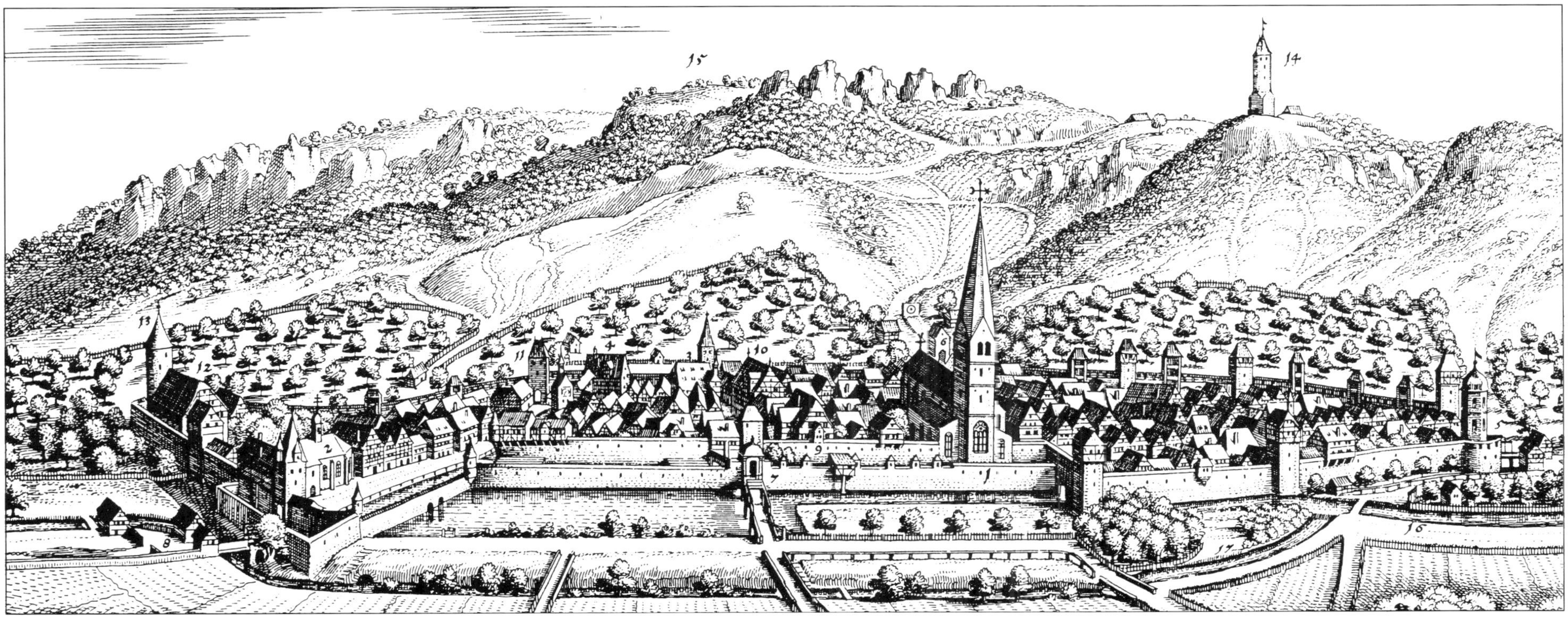

Kirschbaumpflanzung an der Bergstraße bei Schriesheim. Mit der Kirschbaumblüte, die ganze Landstriche mit weißen Wolken versieht, beginnt der Frühling.

Obstbaumwiesen bei Karlsbad in Baden-Württemberg. Die Herbstfärbung der Obstbaumlandschaften bietet einen Anblick, der dem Farbenspiel der Bäume in unseren Parks in nichts nachsteht. Die Kirschbäume leuchten intensiv gelb, die Birnbäume glutrot, während Apfel-, Walnuß- und Maronibäume noch grün sind.

Baum und Wasserlauf

»Der Gerechte… ist gepflanzt wie ein Baum an den Wasserbächen.« Psalm 1 , ca. 500 v.Chr.

Die Beobachtung, daß Bäumen in der Nachbarschaft eines Wasserlaufs besonders gutes Gedeihen beschieden ist, gehört seit der Antike zu den Grunderfahrungen der Bodenkultivierung und Landschaftsgestaltung.[51] Schon von Natur aus werden Flüsse fast überall auf dem Globus von üppigem Baumbestand begleitet. In den ariden Zonen, zum Beispiel den Flußoasen des Vorderen Orients, ist es ein nur wenige Kilometer breiter Vegetationsstreifen, in den tropischen Zonen sind es die unermeßlichen Urwaldlandschaften, die mit dem Flußlauf einen Gesamtorganismus bilden. Auch in Europa wurden viele Flüsse einst von artenreichen Auwäldern begleitet.[52]
Aus den Auwäldern mit ihren fruchtbaren Schwemmböden entstanden im Zuge der Kultivierung intensiv bewirtschaftete Landschaftsräume, bei deren Erscheinungsbild Baumpflanzungen weiterhin eine auffallend wichtige Rolle spielen. Man denke an die landschaftsprägenden Windschutzpflanzungen im Rhônetal, in der Poebene oder am Niederrhein. Der von Bäumen oder Auwäldern gesäumte Wasserlauf, ursprünglich ein Naturphänomen, lebt als Kulturphänomen weiter.
In den 1485 veröffentlichten Werken des Renaissancetheoretikers Leon Battista Alberti ist zu lesen: »Manche pflanzen Weiden, Erlen, Pappeln und andere Bäume, die das Wasser lieben, längs des Ufers in zahlreichen Reihen an. Dies hat seine Vorteile.«[53] Was Alberti pauschal mit »Vorteile« umschreibt, sollte eine genauere Betrachtung wert sein.
Die Baum- und Gehölzbestände entlang der Fluß- und Bachufer besitzen einen hohen ökologischen Wert. Der Schattenwurf verhindert ein zu starkes Verkrauten mit Wasserpflanzen. Dies wird oft, insbesondere bei langsam fließenden, flachen Gewässern, zum Problem, weil dadurch das Leben am Gewässergrund erstickt. Der Schattenwurf schützt die Lebensräume der Wasserfauna und verhindert eine zu starke Erwärmung, die vielen Wasserlebewesen schaden würde. Das Wurzelwerk der Bäume und Ufergehölze schafft Nischen und Laichgründe für Fische. Das im Herbst herabfallende Laub ernährt eine Vielzahl von Kleinlebewesen, die wiederum Nahrung für die Fische sind. Der Uferbewuchs bricht über der Wasserfläche entstehende Luftströmungen. Dadurch wird die für viele Pflanzkulturen wertvolle Taubildung ermöglicht, die nur bei ruhiger Luft zustande kommt. Ins Wasser hineinragende Wurzeln reduzieren die Fließgeschwindigkeit, das Wurzelgeflecht festigt das Ufergelände und verhindert bei Hochwasser zerstörerische Erosionserscheinungen.
Neben den ökologischen Vorteilen ist auch die Schönheit von baumgesäumten Wasserläufen hervorzuheben. Da Uferzonen eine starke Anziehungskraft ausüben, besitzen schön gestaltete Flußufer oft einen hohen Freizeitwert. Dafür gibt es in Frankreich zahlreiche Beispiele. Zu ihnen gehört das Dordognetal im französischen Südwesten. Der schmale, langsam fließende Fluß wird von einer dichten und üppigen Vegetation, insbesondere Pappeln und Silberweiden, begleitet. Da der Fluß fast überall direkt zu erreichen ist, steht dem Drang des Menschen zum Wasser nichts entgegen. So reiht sich denn auch an den Ufern der Dordogne in rascher Folge eine große Zahl von Campingplätzen. Glücklicherweise dämpft der Baumbestand ihre bunte Welt, schafft Schattenzonen und Lebensräume. Zu den beliebtesten Freizeitvergnügungen gehören hier Kanu- und Kajakfahrten. Vom Fluß aus erlebt man die Vielfalt und den Abwechslungsreichtum des Ufers und der umgebenden Landschaft.
Baumgesäumte Ufer findet man auch an künstlichen Wasserläufen, den Kanälen. Im Norden Deutschlands entstanden im Rahmen der Hanse zahlreiche Kanalprojekte. So eröffnete 1398 der Strecknitz-Kanal eine Verbindung der Stadt Lübeck zur Elbe und damit zur Nordsee. Strategische und verkehrstechnische Belange führten immer wieder zu neuen Kanalbauten. Der Kurfürst von Brandenburg ließ um 1640 den Friedrich-Wilhelm-Kanal als Verbindung von Elbe und Oder ausheben. Der Schleswig-Holsteinische Kanal als Verbindung zwischen Nord-Ostsee entstand um 1780, er wurde 1895 durch den Kaiser-Wilhelm-Kanal abgelöst, den heutigen Nord-Ostsee-Kanal, der Kiel mit der Nordsee verbindet. In aller Regel wurden diese Wasserstraßen von Baumreihen begleitet, die einerseits als Schattenspender für die an den Kanälen entlang verlaufenden Treidelpfade dienten, andererseits war man sich auch der ökologischen Vorteile bewußt.
Der 1684 fertiggestellte, 240 km lange Canal du Midi zwischen Toulouse und Narbonne, der in Fortführung über die Garonne den Atlantik mit dem Mittelmeer verbindet, ist heute insbesondere wegen seines Baumbestandes eine ausgesprochene Sehenswürdigkeit. Lange Baumreihen begleiten den Kanal auf beiden Ufern. Dies war nicht von Anfang an so vorgesehen. Erst um 1730, als sich die Betreiber des Kanals aus wirtschaftlichen Gründen gezwungen sahen, neue Einnahmequellen zu erschließen, begann man mit einer systematischen Aufforstung entlang der Wasserstraße. Das seit 1736 geführte Register über den Baumbestand[54] läßt einige der forstwirtschaftlichen Ziele nachvollziehen. So wurden zum Beispiel 10 000 Maulbeerbäume gepflanzt. Ihre Blätter wurden als Futter an die Seidenraupenzuchten in Toulouse, Lyon und Nîmes verkauft. Die Bestandslisten des Jahres 1778 weisen allerdings nur noch 2500 Maulbeerbäume aus, bei insgesamt über 60 000 Bäumen. Gut drei Viertel davon waren Pappeln und Weiden, daneben Eschen, Ulmen, Erlen und Olivenbäume. Es überrascht, daß nur 168 Platanen und keine einzige Zypresse aufgezählt wird. Diese beiden Arten, die heute besonders häufig zu sehen sind, wurden erst Anfang des 19. Jahrhunderts gepflanzt. Im Jahre 1820 standen mehr als 180 000 Bäume entlang des Canal du Midi. Die Bestände waren nun so weit ausgereift, daß mit dem Verkauf des Holzes Gewinne erzielt werden konnten. Trotz der recht schematischen Bepflanzung empfindet man die Wasserstraße als romantisch, und eine mehrtägige Hausboottour auf dem Canal du Midi ist in Frankreich sehr beliebt.
Das 19. und 20. Jahrhundert ist das Jahrhundert der Flußregulierungen und -begradigungen. Auch wenn dadurch überall in Europa die Flußläufe auf weiten Strecken ihres natürlichen Reizes beraubt worden sind, findet man noch an vielen Stellen baumgesäumte Ufer. Sowohl die kleinen mäandrierenden Flüßchen der Mittelgebirge als auch die größeren europäischen Flußläufe zeigen in der freien Landschaft auch heute noch ein schönes grüngesäumtes Bild. Die Donau, samt ihren Nebenflüssen Iller, Isar, Inn, wird in langen Streckenabschnitten von malerischen Weidenbeständen begleitet. Für die Ufer von Rhein, Main, Neckar, Elbe und Weser sind Pappelpflanzungen charakteristisch. Viele kleinere Fluß- und Bachläufe in Mittel- und Nordeuropa werden von Erlengalerien gesäumt.
In den topographischen Senken wird durch das vertikale Element der Bäume ein Akzent gesetzt und der Wasserlauf mit seiner mäandrierenden Lineatur markiert.
Flußrenaturierung heißt das Stichwort der späten achtziger und neunziger Jahre. Auch dabei spielen Baumpflanzungen und die Ansiedlung von Ufergehölzen eine zentrale Rolle.

oben: Das grüne Flußtal der Dordogne, bei Domme, im Département Périgord.
Die Vielfalt der Ufervegetation und die abwechslungsreichen Ausblicke in die Landschaft machen hier Kanu- und Kajakfahrten zu einem großen Vergnügen.

unten: Weiden an der Donau in Oberschwaben, Landkreis Biberach.
Die Baum- und Gehölzbestände entlang der Fluß- und Bachufer besitzen nicht nur einen ökologischen, sondern zugleich auch einen hohen ästhetischen Wert.

Platanen entlang des Canal du Midi bei Port de Pierre, Département Aude. Die 1684 fertiggestellte Wasserstraße zwischen Narbonne und Toulouse, die in Fortführung über die Garonne das Mittelmeer mit dem Atlantik verbindet, ist heute wegen ihres Baumbestandes eine große Sehenswürdigkeit.

Platanen entlang des Canal du Midi bei Béziers. Trotz der recht schematischen Bepflanzung empfindet man den Wasserlauf als romantisch, und eine mehrtägige Hausboottour auf dem Kanal ist sehr beliebt.

Baum und Bauwerk

»... wo wir uns finden, wohl unter Linden, zur Abendzeit...« aus einem deutschen Volkslied

In allen bäuerlichen Kulturen pflegte man frei in der Landschaft stehende Gebäude mit Bäumen zu umgeben. In ihrem Schatten wurden Hausarbeiten verrichtet, spielten die Kinder, und hier saß im Sommer die Familie bei den Mahlzeiten zusammen. Die enge Verbindung zwischen Baum und Bauwerk stand aber auch im Zusammenhang mit einer Vorstellungswelt, in der die Bäume als positive Kraft erlebt wurden, die dem Hause Schutz bot vor unheilvollen Einflüssen. Was wir heute als Aberglauben abtun, entsprang einer tiefen Verbundenheit mit der Natur. In einer auf Gedeih und Verderb von der Natur abhängigen bäuerlichen Gesellschaft ist es verständlich, daß jene Kraft, die aus den dunklen knorrigen Stämmen duftende Blüten und zartes Blattgrün treibt, so stark und unmittelbar erlebt wurde, daß sie auch auf das Leben der Menschen segensreichen Einfluß nehmen konnte. Auch wenn sich diese Vorstellungsbilder und die Lebensgewohnheiten der Bauern insgesamt verändert haben, stehen viele der alten Hausbäume immer noch. Im gesamten nördlichen Alpenvorland sieht man häufig riesige alte Eschen neben den Bauernhäusern. Selbst zu den Heustadeln und Wirtschaftsgebäuden gehören Bäume. Häufig wurden einzelne Laubbäume auch zur Futterlaubgewinnung gepflanzt; die Blätter von Esche, Ulme und Linde wurden getrocknet und an Ziegen und Schafe verfüttert, vor allem, wenn in trockenen Jahren nicht genügend Heu zur Verfügung stand.
In Südfrankreich wachsen bei den Gehöften oft zwei, drei mächtige Platanen. In ihrem Schatten stehen Hühner- und Kaninchenställe, parken Autos, Traktoren und Landmaschinen. Und auch die Ruhebank vor dem Haus hat hier ihren Platz.
In vielen Landschaften pflanzten die Bauern gerne Walnußbäume neben ihre Häuser. Zu den Vorzügen dieses Baumes zählt, daß er sein Blattwerk erst im fortgeschrittenen Frühjahr entwickelt, wenn man des Schattens wirklich bedarf. Die ganzjährig sehr helle Färbung der Blätter und die vielseitig verwendbaren Nüsse machen ihn besonders beliebt. So weist ihn denn auch sein botanischer Name Juglans regia als einen königlichen Baum aus.
Der in Europa traditionsreichste Hausbaum ist jedoch die Linde. Seit jeher wußte man um ihre guten Eigenschaften und schrieb dem Baum schützende Kräfte zu. Die Lindenblüten verströmen nicht nur einen herrlichen Duft und liefern einen heilsamen Tee, sondern sie sind auch eine überaus ergiebige Bienenweide. In früheren Zeiten, als Honig das einzige Mittel zum Süßen war, wußte man dies noch mehr zu schätzen als heute. Wie sehr die Linde im Volksleben verwurzelt ist, belegen zahlreiche Familiennamen überall in Mittel- und Nordeuropa, wie Lindner, Terlinden, Lindgren und Lindström. Viele Ortsnamen stehen ebenfalls im Zusammenhang mit Lindenbäumen; man denke an »Lindau« oder die im deutschen Sprachraum häufig vorkommenden Ortsnamen Lindenhof, Lindental und Lindenberg. Selbst der Name Leipzig bezieht sich darauf; er kommt vom slawischen »Lipsko«, was »Lindenort« bedeutet. In Frankreich gibt es auch eine Vielzahl von Städtenamen, die den engen Bezug zur Linde – *tilleul* – aufzeigen: Tilliez, Montilliez, Muntelier.
Besonders schöne Beispiele von Hausbäumen findet man in den Niederlanden. Freistehende Gehöfte sind fast immer von Baumreihen gefaßt und dadurch vorbildlich in die Landschaft eingebunden. Als *grüner Rahmen* legen sie sich schützend um den Lebensbereich des Menschen, bieten nicht nur Windschutz, sondern auch den im flachen Land so wichtigen räumlichen Halt. Die kleinen Alleen, die zu manchen Höfen führen, haben ebenfalls eine starke raumbildende Wirkung. Sehr oft wird der Zugang zum Haus aber auch nur von zwei mächtigen Bäumen flankiert – meist sind es Kastanien oder Linden. Wie zwei Wächter stehen sie da und geben als *grüne Pforte* auch dem einfachsten Haus ein würdevolles Aussehen. In noch engerer Beziehung zum Gebauten treten die spalierartig beschnittenen Linden, die als *grüne Wand* vor den Bauernhäusern stehen. Gegenüber den frei wachsenden Bäumen bieten die beschnittenen Baumreihen einige Vorteile: Die Beschattung läßt sich im gewünschten Maß halten, und die Gefahr des Windbruchs ist fast ausgeschlossen, da der im Verhältnis zur – beschnittenen – Krone überaus kräftig entwickelte Stamm größte Standfestigkeit garantiert. Die Baumreihen stehen in der Regel auf der Eingangsseite, wenige Meter vor der Fassade. Das Zusammenspiel dieser beiden verschiedenen Elemente erzeugt den besonderen Reiz. Das Haus nähert sich der Natur, wird als Bestandteil integriert, und die Natur nähert sich – kontrolliert mit der Schere – dem Gebauten. Man könnte meinen, die Bäume seien vor allem als Wind- und Sonnenschutz vor die Häuser gepflanzt worden, doch läßt sich weder in bezug zur Himmels- noch zur Hauptwindrichtung eine feste Regel erkennen. Vieles spricht dafür, daß es mehr noch der Wunsch nach Halt und die Freude am Grün gewesen ist, welche die Bauern diese Bäume pflanzen ließ.
In den neu eingepolderten Gebieten der Niederlande, zum Beispiel in Flevoland, wird das Heranwachsen der Bäume besonders sehnlich erwartet. Erst mit dem zu ansehnlicher Größe entwickelten Baumbestand verliert das Land den Charakter der gestaltlosen Wüstenei. Die Bäume schaffen menschlichen Maßstab und verknüpfen die Bauwerke mit der Landschaft. Sie sind aber auch ein zuverlässiger Indikator dafür, wie weit der Mensch im Neuland Wurzel geschlagen hat und mit der Landschaft verwachsen ist.
In vielen mitteleuropäischen Landschaften mit einer lebendigen bäuerlichen Tradition sieht man häufig Spalierobstbäume, die an den Südfassaden der Gehöfte hochgezogen werden. Hier geht es nicht nur um den Fassadenschmuck, sondern auch darum, dem Baum einen möglichst frostgeschützten und sonnigen Platz zu bieten.
»Moderne« Varianten des Zusammenspiels von Baum und Bauwerk sind die von den Naturschutz- oder Genehmigungsbehörden verordneten Abpflanzungen. Funktionale Baulichkeiten oder sonstige das Landschaftsbild störende Einrichtungen werden hinter dichten Pappelreihen verborgen. Es ist unbedingt wünschenswert, daß bereits im Zuge der Genehmigungsverfahren Abpflanzungen zur Vorschrift gemacht werden.
Eine andere moderne Variante des Zusammenspiels von Baum und Bauwerk sind die baumbestandenen Campingplätze, wie man sie in besonders vorbildlicher Form immer wieder in Südfrankreich findet. Unter dem schattenspendenden Blätterdach sind die Zelte und Wohnwagen vor unerträglicher Erwärmung durch Sonneneinstrahlung geschützt. Um den Gefahren des Windbruchs – etwa bei sommerlichen Gewitterböen – zu begegnen, bevorzugt man beschnittene Platanen oder weniger windbruchanfällige Arten wie Pappeln. Um eine möglichst gleichmäßige Beschattung zu erreichen und den organisatorischen Anforderungen eines Campingplatzes gerecht zu werden, sind die Bäume im Raster angepflanzt. Aus landschaftsgestalterischer Sicht haben baumbestandene Campingplätze den großen Vorteil, daß das bunte Camperleben durch das grüne Dach diskret abgeschirmt wird. Aus Sicht der Camper ist es wohl ungleich schöner, unter einem grünen Blätterschirm sein Zelt aufzuschlagen als auf einem baum- und schattenlosen Flecken Erde.

Luftaufnahme des Nordoostpolder bei Emmeloord in der Provinz Flevoland in den Niederlanden. In den neu eingepolderten, der Zuiderzee abgewonnenen Gebieten der Niederlande wird das Heranwachsen der Bäume besonders sehnlich erwartet. Die Bäume schaffen menschlichen Maßstab und binden die Gehöfte in die Landschaft ein.

oben: Viele Bauernhöfe in den küstennahen, windgeplagten Landschaften der Niederlande sind von Baumreihen umschlossen. Das Bild zeigt einen mit Linden eingefaßten Hof bei Boxum in der Provinz Friesland.

unten links und rechts: Die drei Kastanien vor einem Bauernhaus bei Molenaarsgraaf in der niederländischen Provinz Südholland verknüpfen das Haus sommers wie winters mit dem Landschaftsraum.

Zwei mächtige Ahornbäume rahmen das Atelierhaus des Malers Sten Dunér im schwedischen Småland. Die Bäume geben dem einfachen Holzhaus eine enorme Identität.

oben: Drei Häuser mit spalierartig beschnittenen Linden bei Oud-Alblas in der niederländischen Provinz Süd-Holland.

unten links: Bauernhaus bei Oud-Alblas. Gegenüber den frei wachsenden Bäumen bieten die beschnittenen Bäume den Vorteil, daß sich die Beschattung im gewünschten Maße halten läßt und die Gefahr des Windbruchs fast ausgeschlossen ist.

unten rechts: Bei Damme in der belgischen Provinz Flandern. In dieser küstennahen, windreichen Landschaft ist es eine Selbstverständlichkeit, das Grundstück mit Bäumen einzufassen.

Bauerngarten mit Birnbaum im Emmental im Schweizer Kanton Bern. Mostbirnen gehören in vielen Landschaften zu den häufigsten Hausbäumen.

oben: Platanenbestandener Campingplatz in Carsac an der Dordogne im Département Périgord. Aus landschaftsgestalterischer Sicht haben baumbestandene Campingplätze den großen Vorteil, daß das bunte Camperleben durch das grüne Dach diskret abgeschirmt wird.

unten links: Der gleiche Campingplatz wie auf der Abbildung oben. Unter dem schattenspendenden Blätterdach sind die Zelte und Wohnwagen vor der Hitze geschützt.

Schwäbische Alb bei Merklingen. In Gebieten mit einer lebendigen bäuerlichen Tradition gehören Hausbäume nicht nur zu den Wohnhäusern, sondern auch zu den in freier Landschaft stehenden Heuschobern. Bei der Arbeit auf den Feldern konnte man hier im angenehmen Schatten ausruhen.

Baum und Heiligtum

»...und erhebt ihre belaubten Arme zum Gebet...«
Joyce Kilmer, 1913[55]

Der Zusammenhang von Baum und Heiligtum besteht seit Urzeiten, ist in allen Kulturkreisen nachzuweisen und beruht auf einer Grundempfindung des Menschen. Der Baum ist Lebensspender, er schenkt Schutz, Schatten und Nahrung. Das Holz der Bäume begleitet den Menschen von der Wiege bis zum Sarg, ist Werkstoff für Stuhl, Tisch und Bett. Der Baum wird vom Menschen aber auch als Lebewesen und Mitgeschöpf gesehen. Die dem Baum innewohnende Kraft wird als heilig empfunden, sein dem Himmel zugewandtes Wachsen als Gebet. Unzählige Mythen, Verse und Gedichte bringen dies zum Ausdruck. Das Motiv des sprechenden Baumes hat sich bei uns in vielen Märchen erhalten.
Im alten Ägypten waren die Höfe der Tempelanlagen mit Bäumen bestanden, Baumpaare flankierten den Tempeleingang, und Alleen säumten die Zugangswege. Auch im alten Griechenland waren die Tempel von Bäumen umgeben. Alberti berichtet vom Zypressenhain des Jupitertempels bei Knossos[56], und Ovid beschreibt einen von Linde und Eiche gerahmten phrygischen Tempel.[57]
Die *Eiche von Dodona*, eine berühmte Wahrsagestätte in der nordwestgriechischen Landschaft Epirus, gilt als das älteste Heiligtum Griechenlands. Das Rauschen der Blätter war »die Stimme des Heiligtums« und wurde von Priesterinnen in Orakelsprüchen gedeutet. Die Vorstellung von Bäumen als Sitz des Göttlichen weist zurück auf Vegetationskulte, die während des Altertums im Vorderen Orient weitverbreitet waren.
Auch im germanischen Kulturkreis gab es viele Baumheiligtümer. Gerichtsstätten, Opfer- und Festplätze befanden sich unter ehrwürdigen Bäumen.
Die vorchristlich-mythologischen Vorstellungen überlagern sich seit dem frühen Mittelalter mit den christlichen Inhalten zu neuen aussagekräftigen Bildern. Baum und Kreuz werden zur Symboleinheit verbunden. In der bäuerlichen Kultur findet sie als konkrete Gestaltungsform einen vielfachen Niederschlag: Feldkreuze und Bildstöcke werden von Bäumen gerahmt, Alleen begleiten den Weg zu Klöstern, Wallfahrtsstätten oder Kapellen. Aus Sicht des Gestalters ist es immer wieder erstaunlich, wie nah die Bäume an die Kapellen und Bildstöcke gepflanzt wurden. Abstände von ein bis zwei Metern sind nicht ungewöhnlich. Die Angst, daß die Wurzeln der Bäume das Gebaute zerstören könnten, bestand offenbar nicht. Die an Baumpatriarchen angebrachten Marienbilder, wie man sie oft im katholisch barocken Umfeld findet, sind hier einzuordnen. Die Aura des Naturwunders überlagert sich mit den christlich-religiösen Inhalten.
Die Namen vieler Wallfahrtsorte belegen, welch enge Beziehung zwischen Marienverehrung und Bäumen bestand – Maria Linden bei Overath, Mariabaum bei Xanten und Maria Thann bei Friedrichshafen. Gertrud Höhler schreibt dazu in ihrem überaus lesenswerten Buch *Die Bäume des Lebens*: »Vorchristliche Baumheiligtümer wurden mit dem Namen der Gottesmutter verbunden und so dem Bedürfnis nach Verehrung überlieferter Kultorte erhalten; wenn das alte Baumheiligtum zum Marienheiligtum wurde, geschah das, was bei der Überführung unzähliger vorchristlicher Glaubensformen und Kultstätten geschehen ist: Der Ort älterer Verehrung, an den sich Anhänglichkeit und Tradition heftete, wurde »getauft« durch die neue Sinnzuweisung. Die Verehrung, die dem Baumort galt, mag bei den Lebenden und auch bei ihren Kindern, die in den Baumkult eingewöhnt waren, noch lange Züge einer zwiefachen und unentschiedenen Verehrung für die alten Baumgeister und für die Jungfrau Maria gehabt haben.«[58]
In vielen Landschaften stehen sie noch, die zwei-, dreihundertjährigen Linden, die Kreuz und Christus rahmen. Doch die Volksfrömmigkeit, die solche Gestaltungsformen hervorgebracht und gepflegt hat, ist weitgehend verblaßt. Ohne die Verankerung im geistlichen Leben werden die Bildstöcke zum bloßen Objekt der Denkmalpflege und der ästhetischen Betrachtung. Sie verlieren den Glanz des Heiligtums. Die oft zu beobachtende rücksichtslose Annäherung von Asphaltdecke, Randbegrenzungspfosten und Leitplanken sind der sichtbare Ausdruck des verlorenen Respekts.

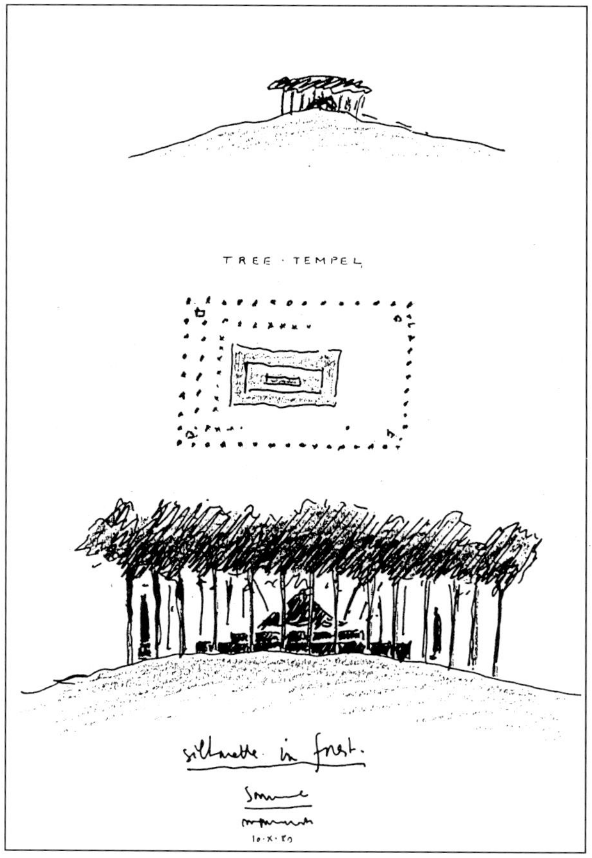

Baumheiligtum, Zeichnung Léon Krier, 1987.

links: Bei Goldegg in Niederösterreich. Die Nepomukskulptur, das balustradengesäumte Belvedere und die zwei mächtigen alten Linden bilden ein grandioses Ensemble.

Mitte: Reit im Winkl in den Chiemgauer Alpen in Bayern. In vielen Landschaften sind die von einem Lindenpaar gerahmten Feldkreuze weithin sichtbare Wegmarken in der bäuerlichen Kulturlandschaft.

rechts: Kapelle bei Gmunden im österreichischen Salzkammergut. Vier mächtige Linden – ursprünglich wohl fünf – rahmen dieses kleine Bauwerk.

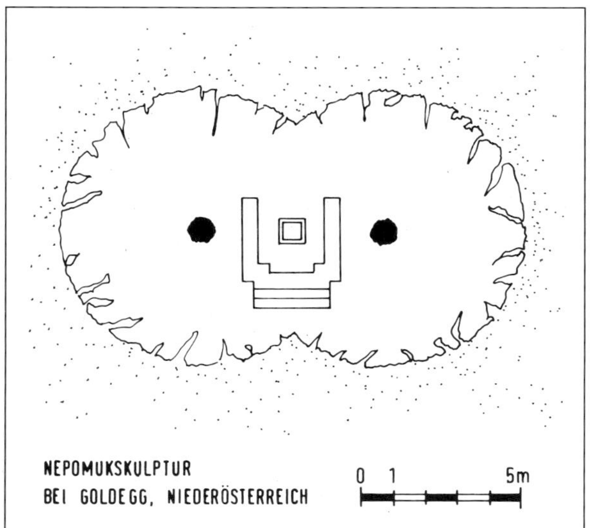

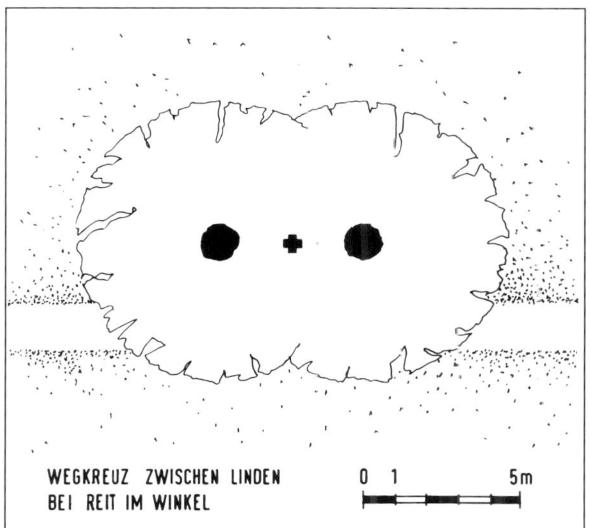

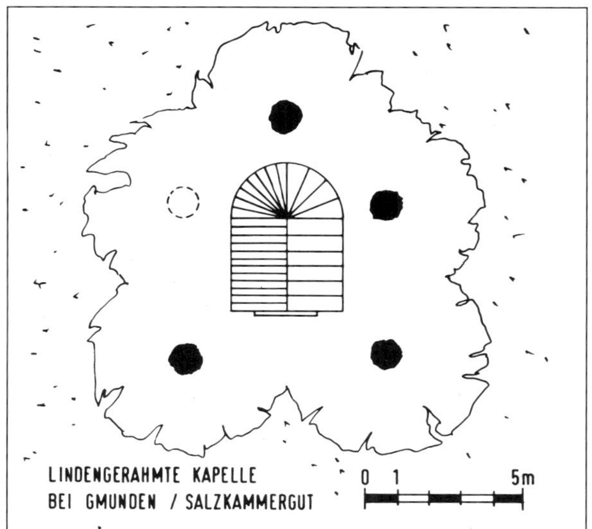

Bavaria-Buche bei Pondorf auf der Fränkischen Alb. Die vorchristlich-mythologischen Baumsymbole überlagern sich seit dem frühen Mittelalter mit den christlichen Inhalten zu neuen aussagekräftigen Bildern. Nicht nur die von Bäumen gerahmten Marterln, sondern auch die an Baumpatriarchen angebrachten Marienbilder sind in diesen Zusammenhang einzuordnen.

rechts: Das kleine Wegkreuz bei Kloster Sießen an der Oberschwäbischen Barockstraße wird von zwei mächtigen Kastanien gerahmt. Die Aura des Naturwunders überlagert sich mit der religiösen Aussage, daß Christus der *Baum des Lebens* ist.

Baumbestandene Friedhöfe

»Bedeutet der Grabesbaum nicht viel mehr als nur die dunkle Trauer? Ist er nicht auch Lebensbaum mit seiner immergrünen Beständigkeit und eine Verheißung mit seiner ungemeinen Lebenskraft?«
Hans Hilger 1956 (über Friedhofseiben)[59]

Friedhöfe können Orte großer Schönheit und Beschaulichkeit sein. Wo immer dies der Fall ist, sind Bäume das augenfälligste und wichtigste Gestaltungselement. Sie prägen die Stimmung und machen den Friedhof zu einem würdigen Ort. Im Mittelmeerraum sind es die dunklen, ernsten Zypressen, in Flandern und den Niederlanden die beschnittenen Linden, in England die immergrünen Säuleneiben und in Deutschland Thuja, Edeltannen, Wacholder, Birken, Ebereschen, Feldahorn und Hainbuchen. Da die Gräber nicht zu intensiv verschattet werden sollten, wird kleinen und schmalwüchsigen Arten der Vorzug gegeben.
Kastanie, Eiche, Buche und großwüchsige Lindensorten sind im Bereich der Grabfelder unzweckmäßig. Bei größeren Friedhöfen werden die Hauptwege in der Regel als Alleen angelegt, und auf Festpunkte wie Brunnen- und Abfallplätze wird durch markante Einzelbäume oder Baumgruppen hingewiesen. Der Baumbestand gliedert das Friedhofsareal und schafft Übersichtlichkeit. Der am nordwestlichen Rand von Kopenhagen gelegene Friedhof Mariebjerg, eine um 1910 von G. N. Brandt geplante Anlage, zeigt diese gestalterischen Möglichkeiten in ihrer klarsten Form. Der Friedhof ist auf strengem Raster in drei Dutzend Quartiere aufgeteilt. Ulmen-, Linden-, Buchen- und Fichtenalleen geben jedem Quartier seine Identität. In einem Grabfeld wird unter einer riesigen Eiche anonym bestattet.
Der Zusammenhang von Baum und Grabstätte läßt sich bis weit in die Antike zurückverfolgen. Leon Battista Alberti beschreibt das Grabmal des Perserkönigs Cyros folgendermaßen: »Das Tempelchen ward von einem Hain umschlossen, der aus allen Arten von Obstbäumen zusammengestellt war; und weithin grünte der Ort von einer bewässerten Wiese, allerorts blühten Rosen und eine Fülle von Blumen; und alles duftete und war heiter und lieblich. Hiermit stimmte auch die Inschrift überein, die dort angebracht war: ›Ich bin dieser Mensch, bin Cyros der Sohn Cambyses, der – erinnere dich – den Persern schuf das Weltreich. Darum neide es mir nicht, weil mich dieses Grabmal einschließt!‹«[60]
Das Grab des Kaiser Augustus in Rom war nach

Friedhof von Porlock in der englischen Grafschaft Somerset. Zeichnung von Mary Newill, 1895.

dem Bericht von Alberti ebenfalls mit immergrünen Bäumen umstanden.[61]
Im Laufe der Jahrhunderte entstand aus dem Totenkult um Kaiser, Feldherren und Adelige mit ihren Grabmälern inmitten von kleinen Hainen die heute in weiten Teilen Europas übliche Form der baumbestanden Friedhöfe.
Die baumgefaßten kleinen Friedhöfe, die man in der niederländischen Provinz Friesland immer wieder sieht, zeigen in besonders schöner Form, wie Bäume als Mittel der Raumbildung genutzt werden. Erst durch die Baumpflanzungen – hochaufragende Pappeln, Buchen oder beschnittene Linden – entsteht der Fried-Hof. Die Bäume schaffen einen stimmungsvollen, in lichten Schatten gehüllten Innenraum. Mögen ähnliche Formen auch aus manchen anderen Landschaften bekannt sein, so besitzen diese friesischen Friedhöfe doch eine ganz einzigartige Wirkung. Oft liegen sie auf alten *Terpen,* den früher zum Schutz gegen Überflutung aufgeschütteten Hügeln, die im benachbarten, deutschsprachigen Küstenraum *Warften* oder *Wurten* genannt werden. Die Friedhofsterpen stehen als eindrucksvolle Bauwerke in der nur spärlich von Bäumen bestandenen und völlig ebenen Landschaft. Die hier im Küstenraum typischen Witterungsverhältnisse erzeugen häufig ein sehr diffuses Licht und ein kaum greifbares Landschaftsbild – da schenkt jede Baumpflanzung dem Auge einen wohltuenden Anziehungs- und Ruhepol. Die viele Generationen überdauernden alten Bäume stehen als zuverlässige Wächter. Sie schützen den Frieden der Gräber, schaffen einen Ort der Verinnerlichung und weihen ihn den himmelstrebenden Kräften.
Viele zur Zeit des Ersten Weltkrieges in Deutschland, Belgien und Frankreich angelegte Soldatenfriedhöfe greifen das Motiv auf. Zwischen 1914 und 1925 erschienen in der Fachzeitschrift *Gartenkunst* immer wieder Entwürfe für Kriegergrabstätten und Ehrenhaine.[62] Namhafte Gartengestalter wie Harry Maasz in Lübeck, Willy Lange und Gustav Allinger in Berlin befaßten sich mit dieser Aufgabe. Harry Maasz forderte dazu auf, außerhalb der bestehenden Friedhöfe »im Weichbild der Städte« oder »weiter draußen an prächtigen Punkten der Landschaft« Kriegergrabstätten anzulegen und dachte dabei ausdrücklich an die Umwidmung »würdiger Baumgruppen, für deren Erhalt die Naturschutzbestrebungen bereits vorgesorgt haben.« Bei seinem Projekt für einen Soldatenfriedhof in Lübeck schlug er vor, einen bestehenden kleinen Eichenhain mit einem Wall auf ovalem Grundriß einzufassen. Die etwa einen Meter hohe und zehn Meter breite Aufschüttung soll die Gräber aufnehmen. Die abschließende Natursteinmauer, die von einer Schlehenhecke gekrönt wird, setzt das Ensemble vom umgebenden Landschaftsraum ab und definiert es als Bauwerk und geheiligte Stätte (siehe Abb. S. 80). Eine Variante desselben Gestaltungsmotivs zeigt das 1918 in der Zeitschrift *Garten und Landschaft* publizierte Projekt des Gartenarchitekten Ditzel für ein Sammelgrab in Polen.
Ebenso wie Harry Maasz ist sich auch hier der Planer bewußt, daß der beabsichtigte würdige Effekt nur mit alten vorhandenen Bäumen zu erreichen ist. Das Ensemble spricht in der Entwurfszeichnung zwar an, doch ist der mit fast eineinhalb Metern Durchmesser dargestellte, gemäß Beschreibung »vorhandene Birnbaum« ebenso unrealistisch wie die Ausformung der Topographie. Harry Maasz hingegen hatte in seinem Entwurf eine sehr realistische Konzeption entwickelt – der Erdwall gibt nur eine erhöhte Lage der Bäume vor. Auf Bergkuppen

Friedhof von Evesham in der Grafschaft Gloucestershire. Prächtige Silberlinden begleiten die Hauptwege dieses Friedhofes.

oben: Dorffriedhof Hijum in der niederländischen Provinz Friesland. Rundum von Bäumen umschlossen, liefert diese Anlage geradezu das Idealbild eines Dorffriedhofes.

unten: Friedhof Jellum, ebenfalls in der Provinz Friesland. Beschnittene Linden, eine Hainbuchenhecke und außerhalb ein Wassergraben umschließen diesen kleinen Friedhof.

Friedhof Oosterwierum. Die baumgefaßten ländlichen Friedhöfe in der niederländischen Provinz Friesland zeigen in besonders schöner Form, wie Bäume als Mittel der Raumbildung eingesetzt werden können. Erst durch die Baumpflanzungen – hochaufragende Pappeln, Buchen oder beschnittene Linden – entsteht der »Fried-Hof«.

In Irland, England und Schottland ist die Eibe der typische Friedhofsbaum. Der Friedhof von Painswick, in der Grafschaft Gloucestershire, ist mit seinen über hundert gigantischen Eiben eines der schönsten Beispiele für diese angelsächsische Friedhofskultur. Die Eiben formen hier eigenartige plastische Grünkörper, und zum Teil schließen sich auch zwei gegenüberstehende Bäume zu einem Torbogen.

Painswick Churchyard. Die aus dem 18.Jahrhundert stammenden Grabmale sind Meisterwerke der Steinmetzkunst.

links oben: Entwurf von Harry Maasz für eine Kriegergrabstätte in Lübeck, 1914.

links unten: Entwurf von Gartenarchitekt Ditzel für ein Jäger-Sammelgrab im polnischen Pamientha, 1918.

unten: Gesamtplan des Stockholmer Südfriedhofs. In der Mitte rechts ist der auf quadratischem Grundriß angepflanzte Gedächtnishügel zu erkennen.

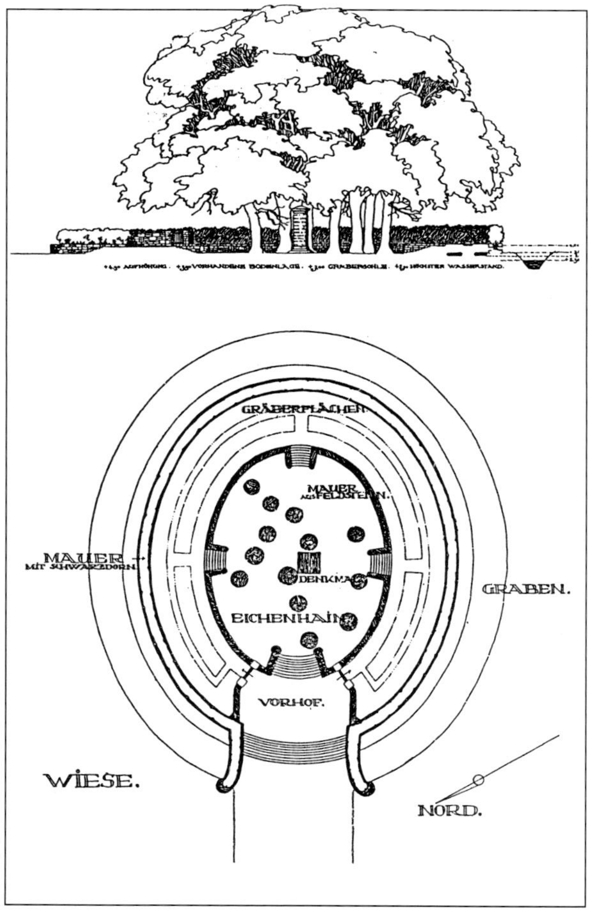

angelegte, mit ihrem Baumbestand weithin sichtbare Friedhöfe sind eine immer wiederkehrende Idealvorstellung der Garten- und Landschaftsgestalter. Otto Valentin skizzierte in den fünfziger Jahren eine »Friedhofsanlage auf einer Bergkuppe«, und Gunnar Martinsson sah bei seinem Friedhofsentwurf in Linköping, der in den siebziger Jahren entstand, auf den Hügelkuppen dichtgepflanzte *clumps* vor.[63]

In England und Schottland gehören die dunklen Säuleneiben ebenso selbstverständlich zu den Friedhöfen wie die gepflegten Eibenhecken zu den Gärten der Herrenhäuser. Die Bäume stehen entweder einzeln, in kleinen Gruppen oder begleiten die Wege als Alleen. Der Friedhof von Painswick in Gloucestershire mit seinen über hundert gigantischen Eiben ist gewiß eines der schönsten Beispiele für diese angelsächsische Friedhofskultur. Von alters her gilt die Eibe sowohl als Baum des Todes wie als Baum des Lebens. Ovid beschreibt den Zugang zur Unterwelt als einen von Eiben begleiteten Weg. Die dem Baum zugeschriebenen dunklen, todesnahen Aspekte stehen wahrscheinlich in Zusammenhang damit, daß die Eibe den Schatten liebt und ihr dichtes Nadelkleid im Sommer auffallend dunkel ist. Vielleicht ist es auch das Wissen um das tödliche Gift aller Pflanzenteile, einschließlich der so saftig frisch aussehenden roten Früchte. Der an den Baum des Lebens gemahnende Aspekt hingegen begründet sich auf die immergrüne Beständigkeit der Eibe, die das unvorstellbare Alter von ein bis zwei Jahrtausenden erreichen kann. Wegen ihres langsamen geduldigen Wachsens – schon der Same muß mehrere Jahre in der Erde liegen, um zu keimen – ist die Eibe von einer Aura größter Lebenskraft umgeben.

1914 bekamen Gunnar Asplund und Sigurd Lewerentz nach einem internationalen Wettbewerb den Auftrag für die Gestaltung des Südfriedhofs von Stockholm.[64] Die Anlage zählt heute zu den besonderen Sehenswürdigkeiten der schwedischen Hauptstadt. Der 80 Hektar große Friedhof ist wie ein großer Landschaftsgarten angelegt: Die Grabfelder liegen in hainartigen Kiefern- und Birkenbeständen. Alleen durchziehen das Gelände, und Baumreihen schaffen Ordnungslinien. Im Zentrum der Anlage liegt – gleich einer großen Lichtung – eine weite offene Grasfläche. Hier erhebt sich ein künstlich aufgeschütteter Hügel, auf dessen Kuppe ein Gedächtnishain gepflanzt ist. Von hier hat man eine weite Aussicht über den Friedhof und die umgebende Landschaft.

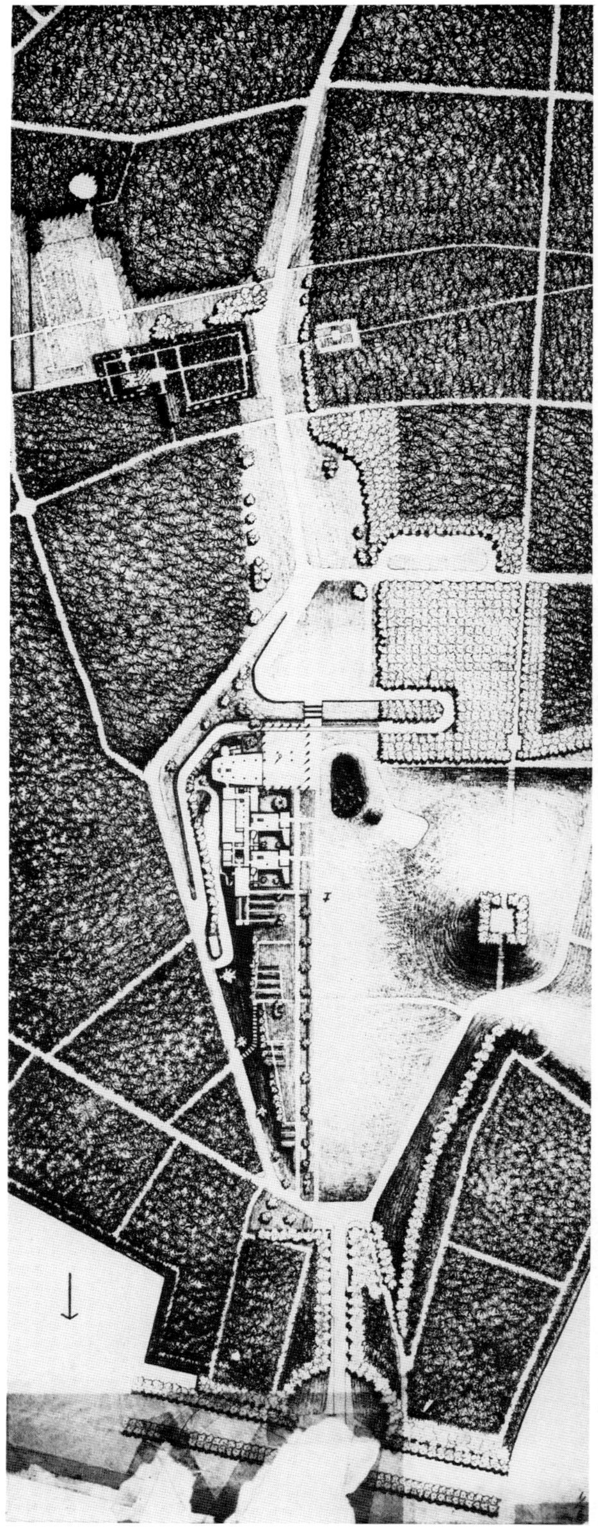

Der 1914 von Gunnar Asplund und Sigurd Lewerentz gestaltete Stockholmer Südfriedhof zählt zu den besonderen Sehenswürdigkeiten der schwedischen Hauptstadt. Die Grabfelder liegen unter Kiefern- und Birkenbeständen. Ein mit Lauben-Ulmen (Ulmus glabra »Pendula«) bepflanzter Gedächtnishügel setzt einen wirkungsvollen Akzent.

Dendrologische Visitenkarten der wichtigsten Baumarten,
siehe auch Seite 140.

Davidia involucrata,
TAUBENBAUM, TASCHENTUCHBAUM
Heimat China. Seltener und wundervoller Baum. In der Heimat bis zu 20 m hoch werdend, bei uns meist nur 5-6 m. Lindenähnliche Blätter. Die großen weißen, gegenständig angeordneten Hochblätter, die die Blüten umfassen, erinnern an Taschentücher.

Fagus sylvatica,
ROT-BUCHE, WALD-BUCHE
Heimat Europa bis Kaukasus. 30-40 m hoher, breitwachsender Wald- und Parkbaum mit schöner gelber bis kupferroter Herbstfärbung.
Laub bleibt im Winter lange Zeit haften. Bevorzugt frische, kalkhaltige Böden.

Fagus sylvatica »Pendula«, GRÜNE HÄNGE-BUCHE
Eine grünblättrige 15-20 m hohe Sorte. Von den waagerecht abstehenden Ästen hängen die Zweige bis zum Boden herab. Hervorragend geeignet für größere Parks und Friedhöfe.

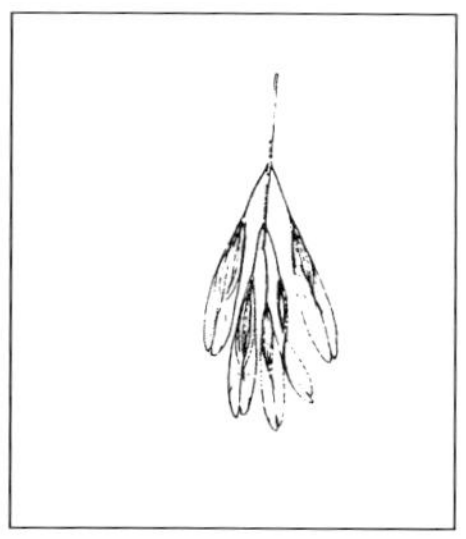

Fraxinus excelsior, GEMEINE ESCHE
Heimat Europa bis Kleinasien. Bis 40 m hoher starkwüchsiger Baum mit lichter Krone. Einzelstehende Exemplare sind von großer Schönheit. Für die Befestigung von Wasserläufen besonders geeignet.

Ginkgo biloba, FÄCHERBLATTBAUM
Heimat Ostchina und Japan. 30-40 m hoher, industriefester Baum. Wuchs meist schmal kegelförmig. Herbstfärbung prachtvoll goldgelb. Wegen der übel riechenden Früchte werden keine weiblichen Bäume gepflanzt. Ist in Japan der am meisten angepflanzte Straßenbaum.

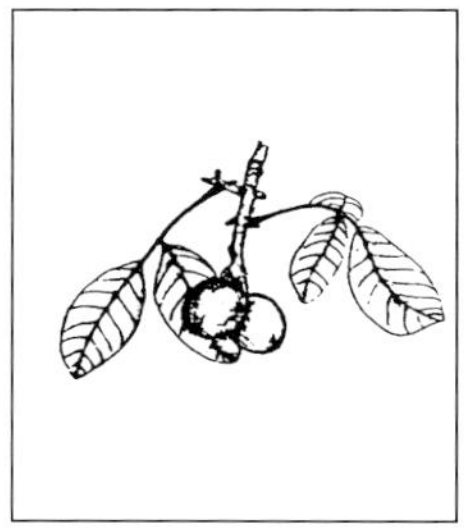

Juglans regia, WALNUSSBAUM
Heimat Mitteleuropa. Bis 30 m hoch mit breiter Krone. Borke silbergrau. Frucht kuglig, glatt. Seit alter Zeit in Kultur, wertvoller Fruchtbaum.

Liquidamber styraciflua, AMBERBAUM
Heimat Südosten der Vereinigten Staaten. Bis 45 m hoher, lichtbedürftiger, anspruchsloser Baum. Krone schirmförmig. Frühe und langanhaltende, prachtvolle Herbstfärbung karmin, gelb, grün und violett.

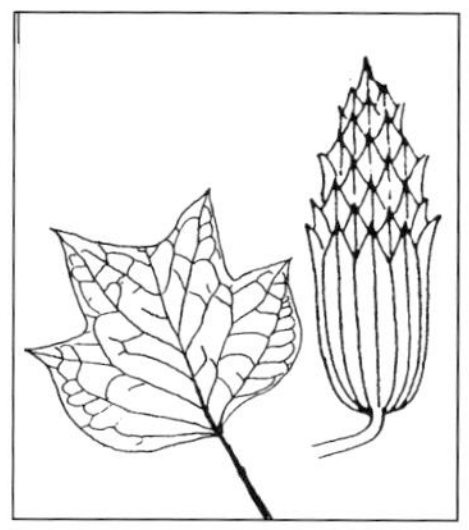

Liriodendron tulipifera, TULPENBAUM
Heimat Nordostamerika. 20-25 m hoher, geradschaftiger, raschwüchsiger Baum mit großer, lockerer Krone. Goldgelbe Herbstfärbung. Blüten tulpenähnlich, gelblichgrün, von Mai bis Juni.

Metasequoia glyptostroboides,
URWELTMAMMUTBAUM
Heimat China. Bis zu 30 m hoch wachsender, breitausladender frischgrüner Nadelbaum. Borke dunkelgrau, rissig. In der Jugend außerordentlich raschwüchsig, industriefest und völlig winterhart.

Paulownia tomentosa,
BLAUGLOCKENBAUM
Heimat Mittelchina. Nach der russischen Zarentochter Anna Pawlowna benannt. Der bis 15 m hohe Baum hat auffallend große Blätter und Ende April rosaviolette Blüten. Geeignet für Garten und Park in geschützter Lage.

Baum und Garten

Der Baum in der Geschichte der Gartenkunst

»Die alten Bäume machen einen Garten so reich wie die erfahrenen und weisen Menschen eine Familie oder ein Dorf.«

Hans Hilger 1943[65]

Baum und Garten sind nahezu Synonyme und als Begriffspaar eng miteinander verknüpft. Nicht nur im Mythos und der religiösen Bildersprache, auch in der Malerei und Poesie verbinden sie sich als archetypische Bilder. Dieser Zusammenhang wird auch deutlich, wenn man Kinder auffordert, einen Garten zu malen. Sie werden ihn immer durch die Elemente Baum und Blume darstellen, ergänzt durch Vögel, Wasser, Zaun und Haus.

Der Baum im Garten ist in unserer Vorstellung zunächst einmal der fruchttragende Baum, denn die Entdeckung, daß Bäume wohlschmeckende Früchte schenken können, gehört zu den Primärerfahrungen des Menschen. Auch in der Geschichte der Gartenkunst stehen Obstbäume am Anfang. Wie Grabungsfunde und Wandmalereien belegen, waren bereits die Palast- und Hausgärten der alten Ägypter vor vier bis fünf Jahrtausenden als »Baumgärten« angelegt.[66] In strenger geometrischer Ordnung, aufgereiht an schmalen Bewässerungskanälen, füllten Bäume den gesamten Garten. An erster Stelle sind die schattenspendenden Dattel- und Doumpalmen zu nennen sowie die Sykomoren mit ihren feigenartigen Früchten. Granatapfel-, Moringaölbäume, Feigen-, Oliven- und Johannesbrotbäume kamen hinzu. In antiken griechischen Reiseberichten werden oft Perseabäume genannt, die aber seit vielen Jahrhunderten in Ägypten ausgestorben sind. Es handelte sich um die aus Äthiopien stammenden Lebekbäume (Mimusops laurifolia), deren Früchte in abgekochtem Zustand eßbar sind. In den ägyptischen Tempelanlagen gab es ebenfalls Baumgärten, sowohl in den größeren Innenhöfen als auch auf dem gesamten umgebenden Tempelgelände. Die Gartenanlagen waren oft von beträchtlicher Größe. So maß der Tempelbezirk des Amun-Tempels in Karnak etwa 42 Hektar. Fast 90 Prozent dieser Fläche war mit Hainen und Baumgärten bestanden.

Auch in der Gartenkunst des Mittelalters waren die Baumgärten neben den Kräutergärten von größter Bedeutung. Das älteste Dokument zur Geschichte der mittelalterlichen Gartenkunst ist der um 820 entstandene St.Gallener Klosterplan, ein Idealentwurf für eine benediktinische Klosteranlage. Im Baumgarten, der zugleich auch als Friedhof dienen sollte, waren Apfel-, Birn- und Pflaumenbäume, Speierling, Mispeln, Lorbeerbäume, Eßkastanien, Quitten- und Pfirsichbäume sowie Haselnuß-, Mandel-, Maulbeer- und Walnußbäume vorgesehen.

Vierhundert Jahre später hatte sich die Vorstellung von einem Idealgarten nur wenig geändert. Der um 1230 von Guillaume de Lorris verfaßte *Roman de la Rose*, der als wichtigstes Werk der mittelalterlichen Dichtung in Frankreich gilt, enthält die ausführliche Schilderung eines Liebesgartens. Auch in dem hier beschriebenen Garten stehen die Obstbäume im Mittelpunkt des Interesses.

Eines der bemerkenswertesten Dokumente zur Gartenkunst der Renaissance ist der im Jahre 1499 in Venedig gedruckte Roman *Hypnerotomachia Poliphili* von Francesco Colonna.[67] Dieses durch Neuauflagen und Übersetzungen im 16. Jahrhundert weitverbreitete Werk fand weit über Italien hinaus große Beachtung – nicht zuletzt wegen seiner zahlreichen anschaulichen Illustrationen. In dem Roman wird als Allegorie ein kunstvoll gestalteter Garten auf der exakt kreisrunden Insel Kythera beschrieben. Bis in die Barockzeit hinein war diese fiktive Gartenbeschreibung eine wichtige Quelle der Anregung. Neben architektonischen Versatzstücken, steinernen Kolonnaden, Bodenmosaiken, ornamentalen Beetgestaltungen und topiarischen Figurenschnitten sind Bäume das wichtigste Gestaltungselement von Colonnas Garteneiland. So wird beschrieben, daß ein Ring von Zypressen die gesamte Insel umschließt. Die Bäume sind im Abstand von drei Schritt gepflanzt und wachsen aus einer Myrtenhecke empor. Vor allem aber werden viele, nach Arten getrennte und absolut regelmäßig bepflanzte Haine beschrieben. Eichen-, Ulmen-, Linden-, Pappel-, Eschen- und Kiefernpflanzungen, Eßkastanien- und Quittenwäldchen. Daneben Lorbeer-, Johannesbrotbaum-, Zypressen-, Zedern-, Pinien-, Pistazien-, Mandel- und Olivenhaine. Auch Pflanzungen mit exotischen Bäumen wie Dattelpalmen, Ebenholz-, Sandelholz-, Zimt- und Pfefferbäume werden beschrieben. An Obstbäumen werden Apfel-, Pflaumen- und Birnbäume aufgezählt, außerdem Aprikosen, Limonen, Zitronen und Orangen.

Ein zweites, sehr aufschlußreiches Dokument zur Gartenkunst der Renaissance ist ein im Jahre 1598 im Auftrage des Großherzogs Ferdinando I. de'Medici entstandener Gemäldezyklus. Der flämische Maler Giusto Utens stellte chronikartig den gesamten Villenbestand des Hauses Medici dar. In eindrucksvollen und informativen Vogelperspektiven – bestechend in ihrer Detailfülle und ihrem geschickten panoramischen Bildaufbau – sind 14 Villen mit ihren Renaissancegärten dargestellt.[68] Bei fast allen von Utens gemalten Anlagen finden sich in direkter Nachbarschaft der Villa Wirtschaftsbereiche, gepflegte Obstbaumgärten und Olivenpflanzungen. Diese weisen darauf hin, daß die Villen Mittelpunkte von aktiv bewirtschafteten Landgütern waren. Zwischen Nutz- und Ziergarten wurde nicht unterschieden. Die Gemälde zeigen aber auch, daß Bäume bereits bewußt als Gestaltungsmittel eingesetzt wurden: Baumreihen rahmen den Garten oder schließen sich zum Rondell, schlanke Zypressen markieren Eingänge und betonen die Ecken der Beetgevierte.

Glanzvolles Schlußlicht und chronologischer Höhepunkt des Gemäldezyklus ist die Villa Pratolino. Sie ist die jüngste aller dargestellten Anlagen. Großherzog Francesco I. de'Medici hatte sie um 1570 als gigantisches Prestigeobjekt bei dem Architekten Buontalenti in Auftrag gegeben. Als Giusto Utens den Garten malte, war er erst seit wenigen Jahren fertiggestellt. Von allen anderen Anlagen unterscheidet sich Pratolino dadurch, daß es hier nur noch einen »Lustgarten« gibt. Der Charakter eines Landgutes ist vollständig verlorengegangen. Deshalb gibt es auch keine Obstbäume mehr im Garten.

Im 17. Jahrhundert verlor Italien seine Führungsrolle in der Gartenkunst. Frankreich setzte nun neue Maßstäbe. Es ging um den Ausdruck der Macht des Herrschers. Alles wurde verfeinert und vergrößert. Aus den Baumgärten wurden Boskettgärten – Lustwäldchen, die in absolutem Regelmaß mit gleichartigen Bäumen bepflanzt waren. Besonders beliebt waren Linden und Kastanien, während Obstbäume als häßlich verurteilt wurden. Neben den Boskettgärten spielten auch Alleen im Gestaltungsrepertoire der barocken Gartenanlagen eine wichtige Rolle. Durch geometrischen Formschnitt wurde die architektonische Konzeption der Gärten noch hervorgehoben.

Die in Frankreich entwickelten Gestaltungsideale wurden bald an vielen Stellen Europas nachgeahmt. Ein aufschlußreiches Dokument ist die um 1700 veröffentlichte *Britannia Illustrata* von Jan Kip. In achtzig sehr anschaulichen Vogelperspektiven werden hier englische Herrenhäuser und ihre Gartenanlagen wiedergegeben. Die Stiche belegen die zentrale Bedeutung der Bäume als Gestaltungsmittel. Baumreihen, Alleen, Baumtunnels und Baumgärten gehören zum immer wiederkehrenden Repertoire.

Im 18. Jahrhundert wurde man der strengen Ord-

Der 1690 gefertigte Stich von Jan Stoopendaal zeigt Schloß Zeist in den Niederlanden. Durch die Bäume ist der Garten nahtlos in die Landschaft eingebunden; er ist nur eine feiner gewebte Partie im Gesamtgewebe der Kulturlandschaft. Das Schloß und einige Grundstrukturen des Gartens sind zwar noch heute erhalten, doch die meisten Bereiche wurden im 19.Jahrhundert als Landschaftsgarten umgestaltet.

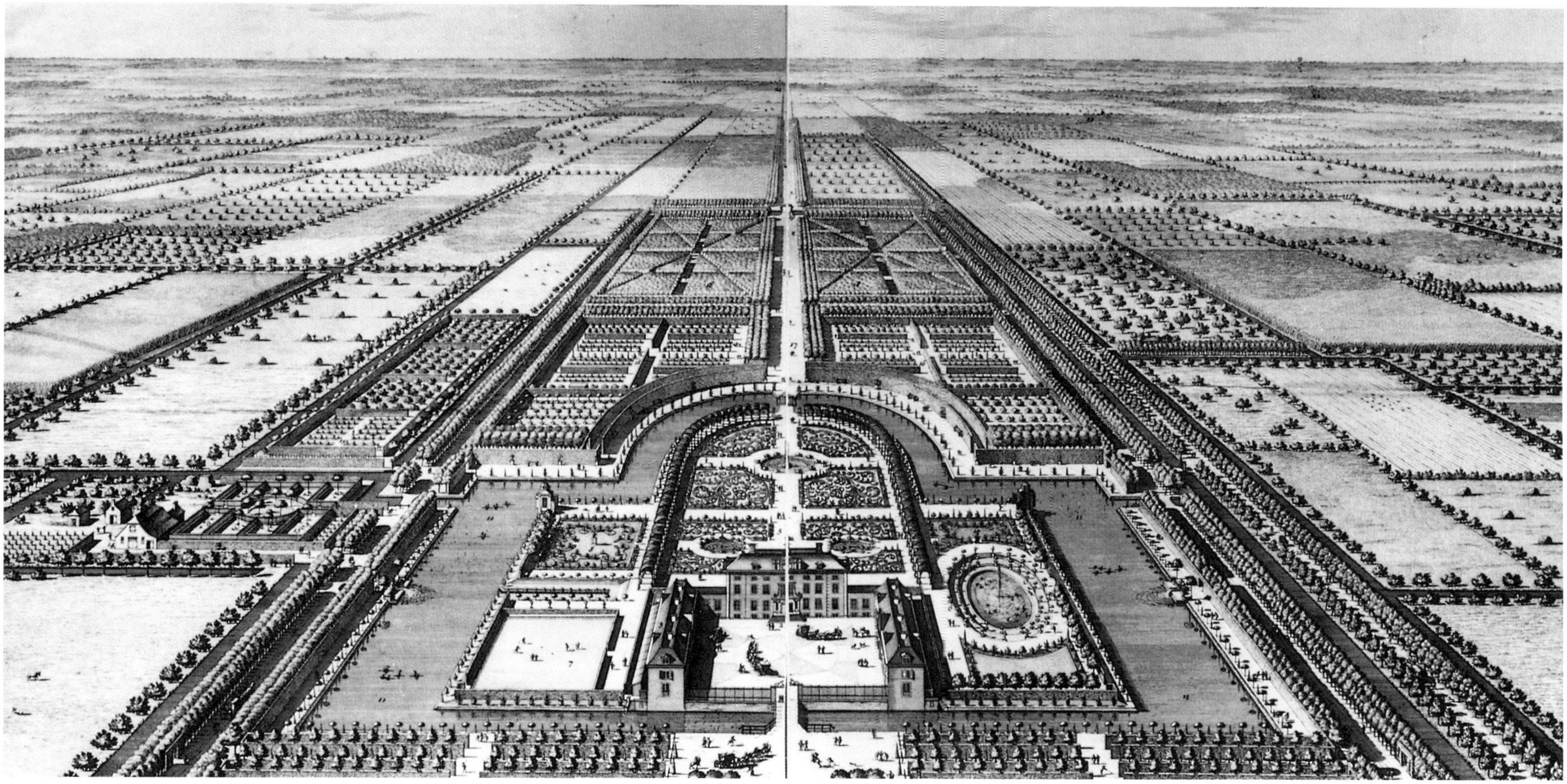

nung in den Gärten überdrüssig. Der Engländer Joseph Addison definierte im Jahre 1712 ein ganz anderes Gartenideal: »... Unregelmäßigkeit herrscht in meinen Baumgärten, die so wild durcheinanderwachsen, wie ihre Natur es nur erlaubt. Ich nehme keine Bäume darin auf, die nicht von Natur den Boden lieben, und es ergötzt mich, wenn ich in diesem von mir selbst angelegten Labyrinth herumwandere, daß ich nicht weiß, ob der nächste Baum, der mir begegnen wird, ein Apfelbaum oder eine Eiche, eine Ulme oder ein Birnbaum ist.«[69] Der von Addison literarisch vorbereitete Ansatz wurde von Alexander Pope, William Kent und »Capability« Brown bald zu einem neuen, revolutionären Stilbegriff ausgeformt. Der Landschaftsgarten, mit frei komponierten Baumgruppen, Wasserflächen und architektonischen Staffagen prägte die Gartenkunst des 18. und 19. Jahrhunderts.

Das 19. Jahrhundert bescherte den Gärtnern eine unüberschaubare Fülle neuer Pflanzen und Bäume. Sammler hatten rund um den Globus hunderte gartenwürdiger Arten zusammengetragen und Züchter unzählige neue Sorten entwickelt. Die einzig denkbare Form, all diese Schätze auszustellen, boten frei komponierte Landschaftsgärten, die oft als Arboretum bezeichnet wurden. Waren die Landschaftsgärten des 18. Jahrhunderts Arkadieninszenierungen, wurden sie nun zur Bühne, auf der sich die Natur in all ihrem Reichtum und ihrer Farbigkeit darstellen sollte. In diesen dendrologischen Sammlungen wurden architektonische Elemente entbehrlich. Das Herausstellen der Individualität und Eigenart einzelner Bäume sowie die gezielte Farbkombination waren das zentrale Anliegen der Gartengestalter.

Viele Gestaltungsformen, die von der Gartenkunst für die großen Anlagen entwickelt wurden, werden in den Hausgärten im kleinen Maßstab nachvollzogen. Neben den Fragen nach der Art und Anordnung der Bäume bleibt die Entscheidung für oder gegen Obstbäume auch hier eine Grundsatzentscheidung. In jedem Fall ist auch im Hausgarten eine der wichtigsten Aufgaben des Baumes, Schatten für die Aufenthaltsplätze und für die Pflanzen zu spenden. Da viele unserer Gartenblumen ihrer Herkunft nach Unterholzpflanzen sind, bevorzugen sie Halbschatten. Der Wert eines alten Gartens liegt vor allem in dem besonderen und unbezahlbaren Reiz ausgewachsenen Baumbestandes, und der Reiz älterer Villenquartiere gründet sich auf das Vorhandensein alter Bäume. Die atmosphärische Armut eines Neubaugebietes hat ihre Ursache vor allem im Fehlen dieser Qualitäten. Erst beim Heranwachsen der Bäume entsteht Liebenswürdigkeit.

Bäume als architektonische Raumbildner

»Ist der Raum hergestellt, mag der Boden auf das Reichste angelegt und bepflanzt werden.«
Friedrich Ostendorf 1919[70]

Die Gärten der ägyptischen und römischen Antike, die mittelalterlichen Burg- und Klostergärten und auch die frühen Renaissancegärten waren allseits von Mauern umschlossen und wurden dadurch zu Gartenräumen. Für den Kytheragarten in der *Hypnerotomachia Poliphili* erübrigte sich eine solche Umfassungsmauer, lag er doch auf einer Insel. Aber auch hier wurde an eine räumliche Begrenzung gedacht – die Garteninsel war »von einem Ring unzähliger, völlig ebenmäßiger Zypressen« eingefaßt. Sie waren »im Abstand von drei Schritt gepflanzt« und »wuchsen empor aus einer dichten Hecke blühender Myrten, die wie eine Mauer die Insel umschloß«.[71]
Die italienischen Renaissancevillen – insbesondere die Villen um Rom und Viterbo, wie die Villa Aldobrandini, die Villa Lante und die Palazzina Farnese – bezogen die grüne Masse des umgebenden Waldes in die Gesamtkomposition ein.[72] Ganz bewußt wurde die Nahtstelle zwischen den bewaldeten Hängen und der offenen Landschaft als Bauplatz gewählt. Der Wald rahmte den Garten auf drei Seiten, diente als architektonischer Raumbildner und gab der Gartenkomposition Halt und Gewicht. In der barocken Gartenkunst wurde dieser Entwurfsgedanke in großem Stil weiterentwickelt. Nun wählte man für den Bau von Gartenanlagen ein möglichst ebenes Gelände. Zwar wurde damit auf das Gestaltungselement der Aussichtsterrasse verzichtet, doch konnte man sich in der Fläche voll entfalten. Die bis zum Horizont reichenden Sichtachsen waren eine ebenbürtige Alternative zu der *bella vista* von der Aussichtsterrasse der italienischen Gärten. Obgleich die barocken Anlagen »grenzenlos« gedacht waren, blieb der Wunsch nach einer räumlichen Fassung des Gartens bestehen. Das Herzstück, das Parterre, war immer von hohem Baumbestand umschlossen.
Der Gartenstil des Barock ist untrennbar mit dem Namen André Le Nôtre verbunden. Sein erster epochemachender Entwurf war der Garten von Schloß Vaux-le-Vicomte, den er zwischen 1656 und 1661 ausführte.[73] Die Anlage ist wie eine riesige Lichtung völlig in einen hochgewachsenen Wald eingebettet. Vom Schloß aus gesehen wird die Waldkante mehrfach eingerückt und der Gartenraum dadurch sehr schön gegliedert. Zugleich wird die räumliche Tiefenwirkung und die ordnende Kraft der Hauptachse in raffinierter Weise verstärkt. Die Betrachtung zeitgenössischer Stiche zeigt, daß zur Entstehungszeit der raumbildende Wald bei weitem nicht seine heutigen prächtigen Dimensionen hatte.

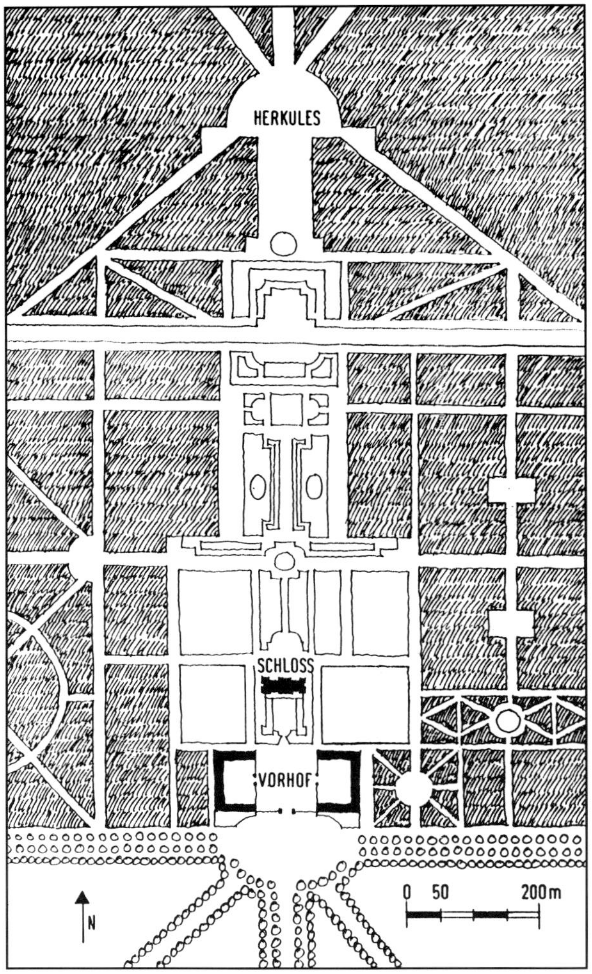

Strukturskizze des Barockgartens Vaux-le-Vicomte.

1662 beauftragte Ludwig XIV. Le Nôtre mit dem Bau einer noch weit prächtigeren Anlage in Versailles. Sie wurde um 1700 vollendet. Dieser Garten wurde von den Fürstenhöfen in ganz Europa zum Vorbild genommen. Auch in Frankreich entstanden unzählige Schloßgartenanlagen, die sich an Vaux-le-Vicomte und Versailles orientierten. Die einzelnen Gartenbereiche waren wie riesige Festsäle konzipiert und von einheitlichem Baumbestand gerahmt. In den Landschaftsgärten des 18. und 19. Jahrhunderts waren der zum Wald verdichtete Baumbestand und die in schönem Schwung verlaufende Waldkante ebenfalls ein wichtiges Mittel der Raumbildung. Wie auf Plänen oder Luftbildern zu erkennen ist, sind viele klassische Landschaftsgärten durch einen mehr oder minder dichten Grüngürtel eingefaßt. Er gibt der Komposition Hintergrund und Halt.
In der Gartenkunst des 20. Jahrhunderts werden Bäume ebenfalls als Mittel der Raumbildung eingesetzt. Unter den Gartenentwürfen von Friedrich Ostendorf finden sich sehr gute Beispiele, die zeigen, wie mit Bäumen auch im kleinen Hausgarten Räume gebildet werden können. Die Abbildung auf Seite 90 gibt einen für Ostendorf charakteristischen Plan wieder: Sechs im Halbrund angeordnete Obstbäume umfassen den 10 x 15 Meter messenden Vorhof eines kleinen Wohnhauses. Eine niedrige Hecke zeichnet die Halbkreisform nach und verleiht dem bescheidenen Gartenraum eine große klassische Geste. Auch Ostendorfs Zeitgenosse, der dänische Gartengestalter Carl Theodor Sørensen, benutzte Bäume als Mittel der Raumbildung. Zu seinen Arbeiten zählen nicht nur großartige Heckengärten, sondern auch von dichten Baumreihen umschlossene Hausgärten. Der in Abbildung auf Seite 90 wiedergegebene Entwurf Sørensens drückt die gleiche Intention aus, die von Ostendorf so formuliert wurde: »... ein Garten ist doch erst dann eigentlich das, was er sein soll, wenn er ein sicher abgesondertes, verborgenes und dem fremden Auge unzugängliches Fleckchen Erde ist ...«[74]
Diese Suche nach einer klaren, durch Bäume definierten Räumlichkeit ist auch bei vielen anderen Gartengestaltern zu Beginn unseres Jahrhunderts sehr ausgeprägt, so bei Max Laeuger, Fritz Schumacher, Fritz Encke, Leberecht Migge und Hermann Muthesius.
In der Gartenkunst der Gegenwart wird ebenfalls immer wieder auf die klassischen Formen der Raumbildung durch Bäume zurückgegriffen. Selbst das Baumrondell, das schon zum Repertoire der Renaissance- und Barockgärten gehörte, lebt als Grundtyp in immer neuen Variationsformen weiter. 1986 pflanzten die Gartenarchitekten Gisela und Volker Haarbauer auf dem Gartenschaugelände in Freiburg ein Rondell mit zwei konzentrischen Ringen von Zierkirschen. 1988 gestaltete Jacques Wirtz in einem Privatgarten im belgischen Kontich mit zwanzig Apfelbäumen ein Rondell, das von einer gut drei Meter hohen Hainbuchenhecke umschlossen wird. Etwa zur gleichen Zeit entstanden

Der um 1655 von André Le Nôtre geschaffene Garten Vaux-le-Vicomte, fünfzig Kilometer südöstlich von Paris, war der erste Höhepunkt der barocken Gartenkunst in Frankreich. Der geschlossene Baumbestand wirkt als vollendetes Mittel der Raumbildung.
oben: Blick von der Schloßterrasse über die 900 Meter lange Hauptachse des Gartens zur Herkulesstatue.
unten: Blick von der Herkulesstatue zum Schloß.

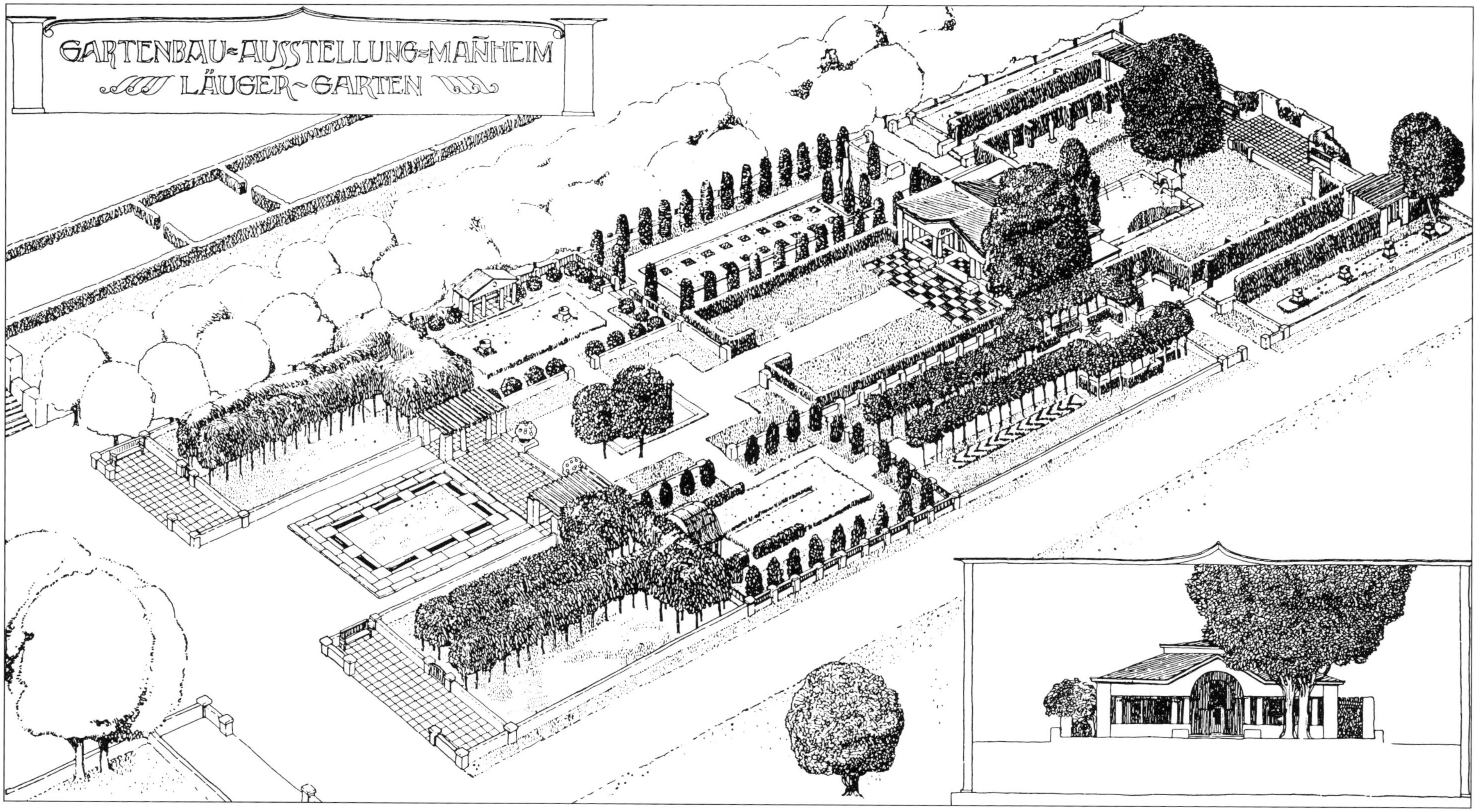
GARTENBAU-AUSSTELLUNG-MAÑHEIM
LÄUGER-GARTEN

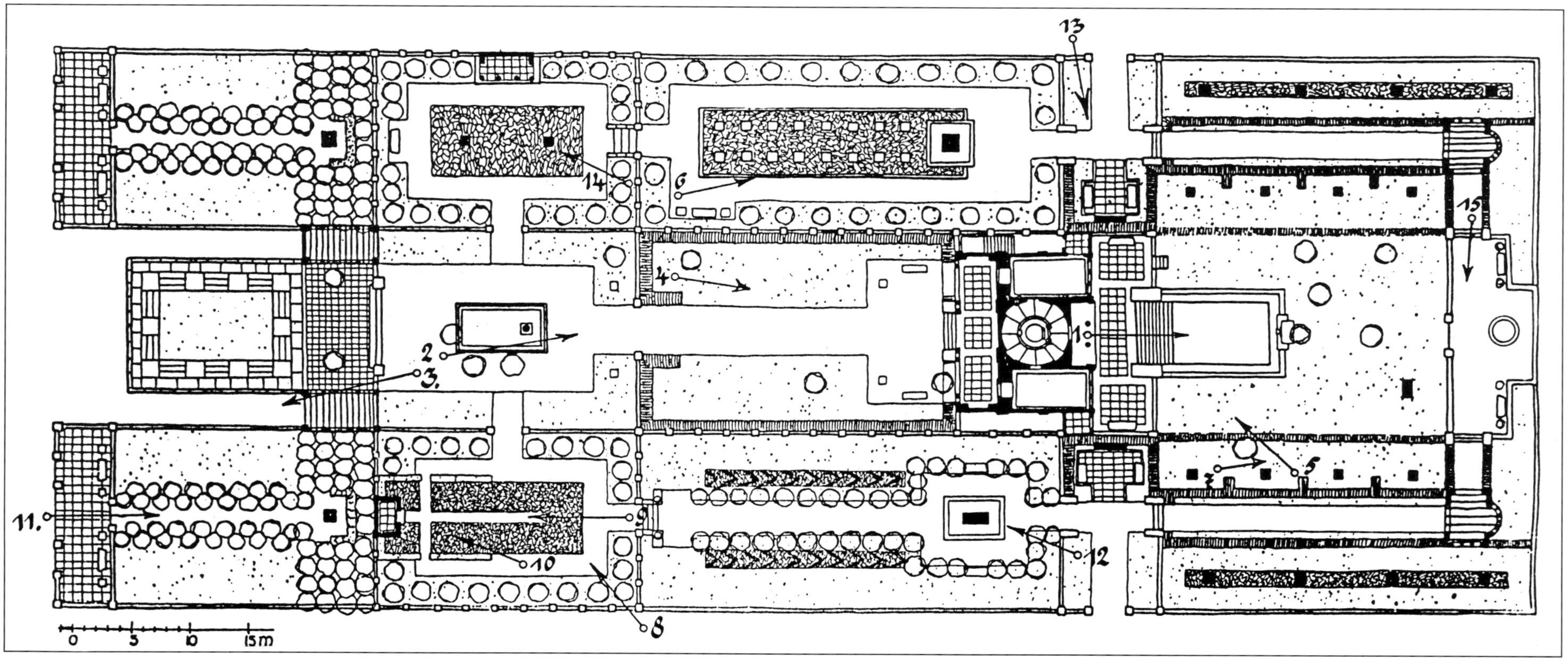
1
2
3.
4
5
6
7
8
9
10
11.
12
13
14
15
0 5 10 15m

linke Seite: Entwurf eines Ausstellungsgartens von Max Laeuger für die Mannheimer Gartenbauausstellung im Jahre 1907.
rechts: Entwurf von Gunnar Martinsson für den 1988 eingeweihten Schloßgarten Rastatt. Bäume sind das wichtigste Mittel der Raumbildung. Sie rahmen die Gartenkomposition, geben ihr Halt und Hintergrund. 1 Schloßterrasse, 2 zentrale Rasenfläche, 3 Glyzinienpergolen, 4 Zierkirschen-Bosketts, 5 Rosengärten, 6 Treillage-Pavillons, 7 Exedragärten.

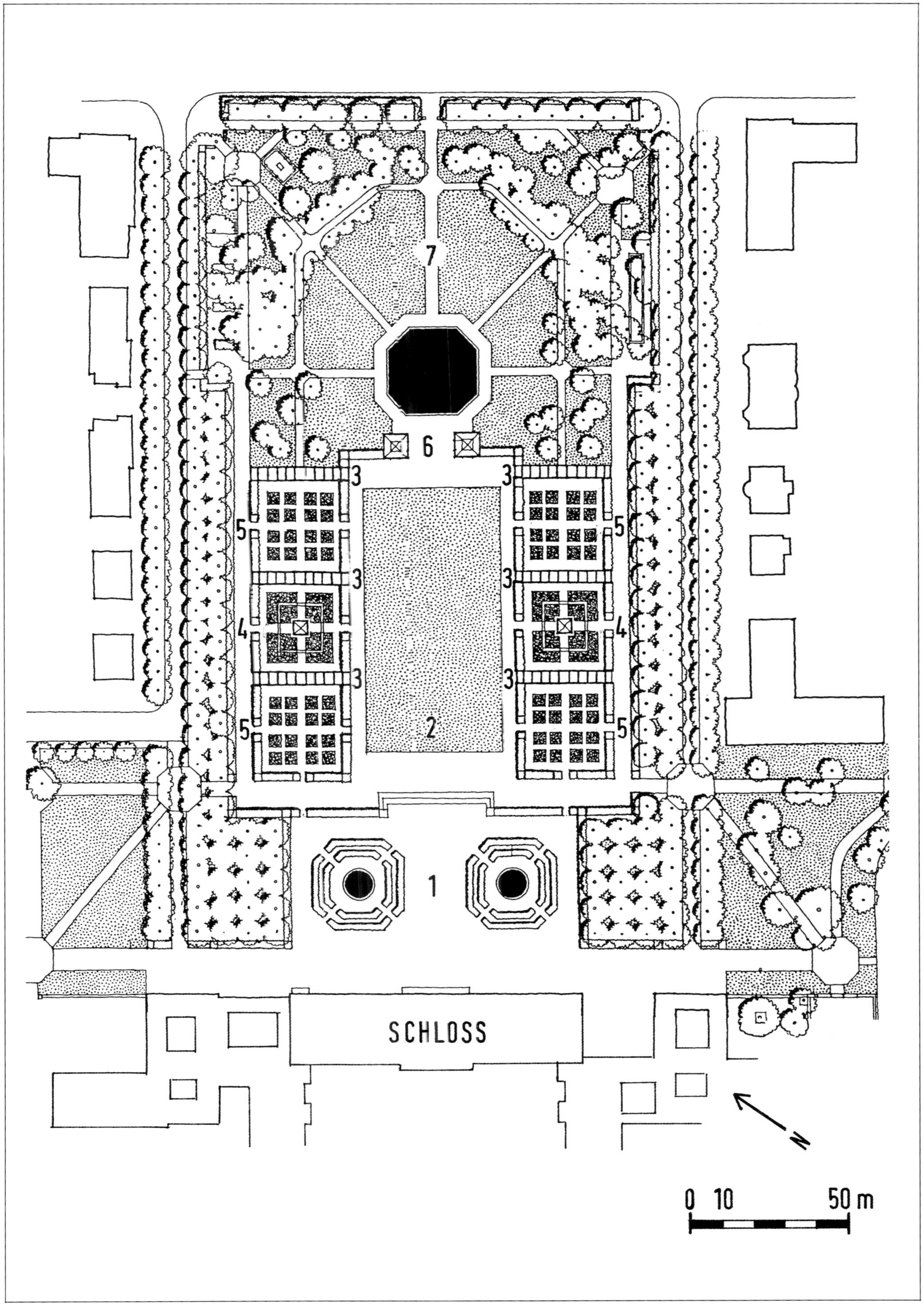

links: Im Jahre 1925 entwarf Carl Theodor Sørensen den Garten für das Pfarrhaus in Allerslev auf der Insel Fünen. Pyramidenpappeln bilden eine alles beherrschende Rahmenbepflanzung. Die Abbildung ist der 1993 erschienenen, von Sven-Ingvar Andersson und Steen Hoyer verfaßten Monographie entnommen. (C.Th. Sørensen – en Havekunstner)

rechts: Entwurf von Friedrich Ostendorf 1919. Der halbrunde, von einer Hecke eingefaßte Vorplatz dieses Wohnhauses wird von sechs Bäumen gerahmt.

in einem Privatgarten in Schoten zwei Rondelle mit beschnittenen Linden, in deren Schatten Besucherparkplätze ausgewiesen sind.[75]

Sowohl in den architektonisch als auch in den landschaftlich gestalteten Gärten besteht seitens der Gartenkünstler der Wunsch, die Raumkanten möglichst genau zu definieren. Dazu muß der rahmende Baumbestand möglichst einheitlich und dicht sein – bereits Francesco Colonna war sich darüber im klaren. In der Praxis erweist sich der Stammbereich der Bäume oft als problematisch, weil er zuwenig Geschlossenheit zeigt. In den Barockgärten schuf man Abhilfe, indem man die Baumpflanzungen mit raumbildenden Hecken ergänzte. Auch diese Gestaltungsidee hatte bereits Francesco Colonna gedanklich entwickelt. In den Landschaftsgärten versuchte man den direkten Blick auf die Baumstämme zu vermeiden, indem man entweder das Astwerk sich frei bis zum Boden entwickeln ließ oder indem man die Sockelzone mit Sträuchern auffütterte, im 19. Jahrhundert geschah dies vorzugsweise mit Rhododendron. Jacques Wirtz fand in jüngerer Zeit noch einige andere Lösungen für dieses gestalterische Problem.[76] Bei einer 1982 in dem belgischen Ort Meer fertiggestellten Gartenanlage unterpflanzte er das bestehende Pappelwäldchen mit Bambus. Bei mehreren anderen in den achtziger Jahren entstandenen Gärten entschied er sich für hohes Miscanthusgras. Die Unterpflanzungen schieben sich oft buchtenartig heraus. Wegen der absoluten Geschlossenheit ist die raumbildende Wirkung immer sehr überzeugend.

Wie hervorragend der moderne Gartengestalter Jacques Wirtz Bäume als Mittel der Raumbildung einzusetzen versteht, hat er bereits 1970 bei der Konzeption der Bremweide unter Beweis gestellt. In Deurne, am Stadtrand von Antwerpen, entstand auf einer ehemaligen Müllhalde ein fast dreißig Hektar großer Park, der fast die Eleganz eines Golfgeländes besitzt, obgleich er von gestaltlosen, dicht bebauten Wohnquartieren umgeben ist. Als erstes stellte Jacques Wirtz durch sanft ansteigende Erdwälle und dicht gepflanzte Buchen-, Ahorn- und Erlengehölze eine klare räumliche Trennung her. Die angrenzenden Stadtgebiete werden durch die Vegetation vollkommen verdeckt. So wurde der Park zu einer grünen Insel, die dem Besucher die Vorstellung vermittelt, in der freien Natur zu sein. Der Baumbestand zeichnet eine kräftig gebuchtete Kontur und umschließt eine weite, sich fast über einen Kilometer hinziehende Grünfläche. Es entstand das Bild eines romantischen Wiesentales. Man vergißt, in welcher Umgebung man sich befindet und welche Vorgeschichte dieser Ort hat.

Bei einer 1982 in dem belgischen Ort Meer fertiggestellten Gartenanlage unterpflanzte Jacques Wirtz ein bestehendes Pappelwäldchen mit Bambus und steigerte dadurch die raumbildende Wirkung der Waldkante.

Solitärbäume im Garten

»Eine alte Linde oder ein gekrümmter Nußbaum können einen Anblick bieten, der durchs Auge hindurch die Seele so ausfüllt wie kein Gemälde von Claude Lorrain. Ein einziger alter Ahorn adelt einen ganzen Garten.« Hugo von Hofmannsthal 1905[77]

Erst in der Gartenkunst des 18. Jahrhunderts wurde der Solitärbaum als Gestaltungsmittel entdeckt. Wie die Stiche in der *Britannia Illustrata* zeigen, gab es zwar vereinzelt Solitärbäume als Markierung von Beetmittelpunkten, aber im wesentlichen wurde der Baum immer nur als raumbildendes und formbares Material betrachtet. Man vermochte keinen Reiz an der malerischen Individualität des Einzelbaumes zu entdecken, es sei denn, es handelte sich um einen kunstvoll beschnittenen oder einen exotischen Baum.
Zu Beginn des 18. Jahrhunderts verglich der Gartenkritiker Alexander Pope die topiarisch geformten Bäume mit den von der Etikette des Hofstaates gestutzten Höflingen. Der frei wachsende Baum hingegen wurde von ihm als Sinnbild der freien Entfaltung des Menschen propagiert.[78]
In den Landschaftsgärten wurden Solitärbäume zu einem der wichtigsten Gestaltungsmittel.
Christian Hirschfeld, Verfasser der 1779 erschienenen *Theorie der Gartenkunst*, schlägt Gärten für die verschiedenen Tages- und Jahreszeiten vor und empfiehlt dafür die jeweils geeigneten Baumarten. Für den Morgen rät er zu »Bäumen von zarten, dünnen, gefiederten und leichten Blättern, die einen gemilderten Schatten verstreuen als Vogelbeerbaum, Zitterpappel, Robinie«. Für den Mittagsgarten, der »Schatten und Kühlung« bieten soll, empfiehlt er Bäume, »die sich durch Reichtum und Größe des Laubwerks auszeichnen als die großblättrige Linde, die Kastanie, Ahorn, Catalpa, Platane und Tulpenbaum«. Für den Abendgarten schlägt er vor, »solche blühenden Sträucher und Bäume zu wählen, die vornehmlich des Abends ihre Wohlgerüche zu verspenden pflegen, als Syringen ...«.[79]
In der Gartenkunst des 20. Jahrhunderts wird auch der Hausgarten zu einem Thema künstlerischer Gestaltung. Aufgrund seines kleineren Maßstabes erlangt der einzelne Baum hier oft größte Bedeutung. Bei der Neuanlage von Gärten werden vorhandene Bäume meist sehr respektvoll in die Planung einbezogen. Im Schatten des Hausbaumes ist Platz zum Sitzen, Ruhen, Liegen, Lesen und Essen. Die Bewohner des Hauses erleben durch ihn den Wechsel der Jahreszeiten mit immer neuen schönen Bildern

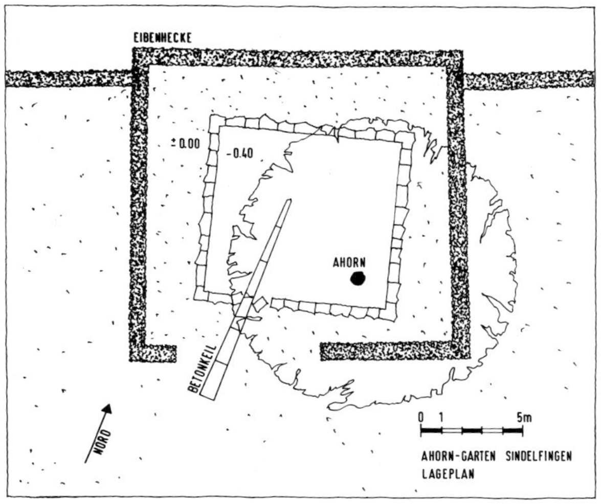

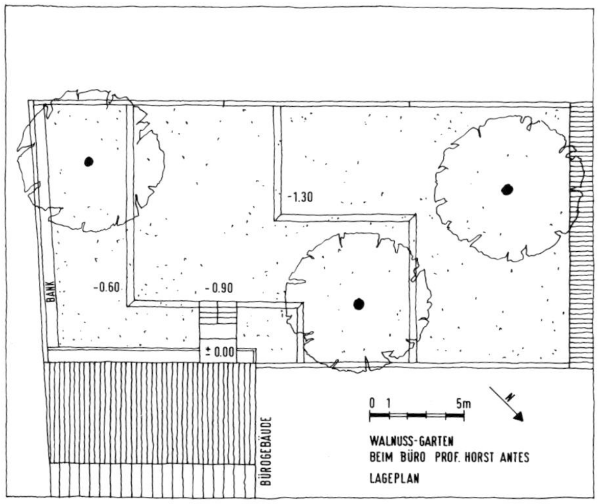

– verschneite kahle Äste im Winter, die Frühjahrsblüte, das volle Laub des Sommers, die Farbigkeit des Herbstes und bei Obstbäumen zusätzlich verlockende Früchte. Ein kräftiger Solitärbaum im Hausgarten ist nicht zuletzt auch für die Kinder unentbehrlich zum Erproben ihrer Kletterkünste.
Oft sind großkronige Einzelbäume bei der Gartengestaltung ein willkommenes Mittel, um unschöne Aussichten zu verdecken. Schon Hirschfeld wußte, daß sich »alle mißfälligen Gegenstände und Ansichten leicht und wohlfeil genug durch einen Baum oder ein Gebüsch verdecken lassen«.
Die Wirkung eines Solitärbaumes kann durch die besondere Gestaltung des Fußpunktes gesteigert werden. Im Küchengarten von Hidcote Manor in der Grafschaft Gloucestershire gibt es ein Beispiel für die geschickte Einbindung eines Solitärbaumes. Der Fußpunkt einer schönen alten Robinie ist kreisrund mit Immergrün unterpflanzt. Dieser grüne Sockel im Garten wirkt wesentlich ansprechender als eine einfache Baumscheibe mit blanker Erd- oder Mulchschicht.
Eines der schönsten Beispiele für die bewußte Herausstellung eines Solitärbaumes findet man ebenfalls in Hidcote Manor. Als Abschluß des *Theatre Lawn,* einer 110 mal 35 Meter großen Fläche feinsten englischen Rasens, wächst eine mächtige alte Buche. Da sie auf einem um einige Stufen erhöhten kreisrunden Plateau steht, das zudem noch von einer Eibenhecke eingefaßt wird, präsentiert sich dieser stattliche Baum wie auf einem Podest. Das Ensemble beweist die Genialität des Entwerfers, denn als Johnston diesen Gartenraum plante, stand die Buche bereits als ausgewachsener Baum – allerdings etwa einen Meter höher als die konzipierte große Rasenfläche. Johnston sah sich gezwungen, auf den erhöhten Standort des Baumes zu reagieren. Das kreisrunde Plateau ist im Kontext des Gesamtentwurfs eine faszinierende Lösung.
Dem Gartenarchitekt Jörg Stötzer stellte sich 1990 bei der Landesgartenschau in Sindelfingen in einem der Themengärten das umgekehrte Problem. Hier war ein schöner alter Ahorn in die Konzeption zu integrieren, der etwa vierzig Zentimeter tiefer als die umgebende Rasenfläche stand. Stötzer fand seine Lösung nicht im »Verschleifen« der unterschiedlichen Höhen, sondern im bewußten und deutlichen Herausarbeiten der topographischen Gegebenheiten. Der Solitärbaum wird nun durch einen quadratischen Senkgarten von etwa neun mal neun Metern gerahmt. Eine breite Stufe aus gebrochenem Naturstein umschließt die Absenkung.
In dem Gartenhof, den der Künstler Horst Antes 1994 in Karlsruhe-Wolfartsweier als Ausstellungsraum für Skulpturen anlegen ließ, wurde ähnlich verfahren. In dem 400 Quadratmeter großen Garten, in dem drei ausgewachsene Walnußbäume standen, fiel das Gelände auf einer Länge von dreißig Metern um achtzig Zentimeter. Im Zuge der Umgestaltung wurde der Garten von Mauern umschlossen und die Topographie in drei exakt nivellierten Ebenen herausgearbeitet – ohne eine einzige Schubkarre Material zu ergänzen oder fortzuschaffen. Die Position der einzelnen Bäume wird nun durch das Linienspiel kleiner Böschungen fest umrissen. Dadurch werden die Bäume auf einen Sockel gestellt und selbst zum Ausstellungsobjekt erhoben.

Ein alter Walnußbaum bildet den Zielpunkt des lavendelgesäumten Hauptweges im Ettlinger Apothekergarten. Die von Karl Bauer geplante Anlage wurde 1988 anläßlich der Landesgartenschau fertiggestellt und ist noch heute ein gärtnerisches Schmuckstück der Ettlinger Altstadt.

oben links: Solitärahorn im Gartenschaugelände der Stadt Sindelfingen, Planung Jörg Stötzer.

unten links: Solitärweide in einem 1975 von Jacques Wirtz entworfenen Garten in Belgien.

oben rechts: Drei Walnußbäume im Garten des Künstlers Horst Antes. Das um etwa 80 Zentimeter abfallende Gelände wurde in drei Ebenen terrassiert. Die kleinen Rasenböschungen schaffen kräftige Konturen und definieren die Anordnung der Bäume.

unten rechts: Im Küchengarten des Landhauses Hidcote Manor in Gloucestershire. Die schöne alte Robinie ist kreisrund mit Vinca minor unterpflanzt.

Hicote Manor in Gloucestershire. Der als *Theatre Lawn* bezeichnete Gartenraum ist eines der großartigsten Ensembles dieses berühmten, um 1910 entstandenen Gartens. Lawrence Johnston hat in genialer Weise eine bestehende Buche in seine gestalterische Konzeption eingebunden.

Baumpaare

»Zwei Bäume im Zentrum von Eden – der Baum der Erkenntnis und der Baum des Lebens.«
1. Mose 2.9. und 3.24.

Baumpaare sind ein archetypisches Bild, das sich schon in vielen literarischen Dokumenten der Antike nachweisen läßt. Als bildnerische Umsetzung findet man es bereits in der ägyptischen Gartenkunst, so zum Beispiel auf einem 2000 v.Chr. entstandenen Siegel, das einen rechts und links von Bäumen flankierten Tempeleingang zeigt.[80] Baumpaare stehen in Zusammenhang mit dem »Gesetz der Zweiheit«, das viele Bereiche des menschlichen Lebens prägt und auch dem menschlichen Körper eingeschrieben ist – als Augenpaar, Ohrenpaar, Gliedmaßenpaar.

Aus Sicht des Gestalters haben Baumpaare vor allem zwei Funktionen. Erstens sind sie ein geeignetes Mittel zur Betonung einer Schwelle, eines Ein- und Übergangs, zweitens sind sie ein ausdruckstarkes Element der Rahmung, sie öffnen besondere Perspektiven.

In den großen historischen Werken der Gartenkunst ist das Motiv nur selten zu finden, weil der Maßstab hier nach größeren Lösungen verlangt, die nur mit vielen Bäumen zu erreichen sind. Erst in der Gartenkunst des frühen 20. Jahrhunderts, als vorwiegend Entwürfe für kleine Hausgärten entstanden, wird das Motiv des Baumpaares zum immer wiederkehrenden Topos.

»Vor der Stadt, von zwei großen Linden fast verdeckt, lag das unscheinbare weiße Haus.« Dies war für den Architekten Paul Schmitthenner, der in den zwanziger und dreißiger Jahren die prägende Persönlichkeit der *Stuttgarter Schule* war, Inbegriff der »köstlich einfachen« Werte der Architektur.[81]

Auch sein Zeitgenosse, der Karlsruher Baumeister und Professor Friedrich Ostendorf, Planer der Gartenstadt Rüppurr am südlichen Stadtrand von Karlsruhe, liebte das Motiv des von zwei Bäumen beschatteten kleinen Hauses. In seinem 1919 erschienenen, mit über vierhundert sehr lehrreichen Zeichnungen ausgestatteten Werk *Haus und Garten* zeigt er in vielen Entwürfen immer wieder neue Varianten dieses Gestaltungstyps.[82] Mächtige Baumpaare rahmen klassizistische Villen. Obstbaumpaare schmücken den Eingang kleiner Gartenstadthäuser, markieren Wegachsen, flankieren kleine Treppen, spenden Gartenhäusern und Gartenbänken Schatten.

Eingang eines ägyptischen Heiligtums, ca. 2000 v.Chr., nach einer Umzeichnung von Jean-Claude Hugonot.

Esther Claesson 1908, Entwurf für einen Hauseingang.

Der beabsichtigte gestalterische Effekt ist um so klarer, je deutlicher der Umriß der Bäume gezeichnet ist. Deshalb sind beschnittene Bäume als Baumpaare besonders beliebt. In jedem älteren Villenquartier findet man den von Eibenkegeln gerahmten Hauseingang. Auch heute wird dieses Gestaltungsmittel von dem belgischen Gartenarchitekten Jacques Wirtz immer wieder gern verwendet. Bäume mit kugelförmigen Kronen sind als Baumpaare ebenfalls besonders geeignet. Seit einigen Jahrzehnten bieten die Baumschulen Kugelrobinien oder Kugelahorne an. Mit ihrem hellen Laub und den dichten Kronen sind sie wie kaum andere Arten den kleinen Dimensionen des Hausgartens angepaßt.

Da die Baumpaare immer in einer sehr engen Beziehung zur Architektur oder zu architektonischen Elementen wie Hecken, Gartentreppen oder Sitzplätzen stehen, ist bei der Auswahl auch die Farbe ein wichtiges Kriterium. Vor allem muß vermieden werden, daß das Laub eine erdrückende dunkle Masse bildet. Hier fand das niederländische Ehepaar Cannemann Ende der sechziger Jahre eine eindrucksvolle Kombination, die oft kopiert wurde. In seinem von englischen Einflüssen geprägten Garten Walenburg in der Provinz Utrecht markierten sie die Wegachsen durch Goldulmenpaare, die vor den dunklen Eibenhecken einen äußerst markanten Kontrast bilden.

In ihrem von englischen Einflüssen geprägten Garten Walenburg bei Langbroek in der niederländischen Provinz Utrecht pflanzte das Ehepaar Cannemann an mehreren Stellen Paare von Gold-Ulmen (Umus carpinifolia »Wredei«). Sie harmonieren hervorragend mit dem gelbblühenden Frauenmantel und stehen in lebhaftem Kontrast zu den dunklen Eibenhecken.

In dem 1919 erschienen Werk Haus und Garten des Architekten Friedrich Ostendorf sind zahlreiche Zeichnungen enthalten, die Variationen des Themas Baumpaar zeigen.

Zwei Kastanien im Karmeralamtshof des Klosters Heiligkreuztal an der Oberschwäbischen Barockstraße. Zwei riesige alte Kastanien rahmen das bescheidene Portal dieses Gartenhofes.

Die Gartengestalterin Patricia van Roosmalen akzentuiert die architektonische Struktur ihres bei Maastricht gelegenen Gartens mit auffallenden Bäumen, hier mit drei Gold-Ulmen (Ulmus carpinifolia »Wredei«). Sie stehen in einem wirkungsvollen Kontrast zu der dunklen Eibenhecke und dem silbergrauen Laub der benachbarten Pappelpflanzung.

Eibenkegel und Buchsbaumkugeln rahmen den Eingang dieser Villa im belgischen Kortrijk. Die von Jacques Wirtz konzipierte Gestaltung greift auf das alte Motiv der grünen Pforte zurück.

Baumreihen

»Die einfachste rhythmische Gliederung ist in der Aneinanderreihung gleicher Elemente in gleichen Intervallen zu erblicken. Eine derartige Folge ist auch die Baumreihe.« Eberhard Fink 1955[83]

Nicht nur in der Musik, sondern auch in der Architektur und Gartenkunst gibt es rhythmische Strukturen. Die Grundrisse großer Gebäude, Fassaden- und Straßenabwicklungen sind ebenso durch Rhythmus bestimmt wie die Grund- und Aufrisse von Gartenanlagen. Baumreihen sind wohl eines der am besten geeigneten Mittel der Gartenkunst, mit denen Rhythmus ausgedrückt werden kann. Schon in den Gärten der ägyptischen Antike gab es lange Baumreihen, und vielleicht liegt dort sogar der Ursprung dieses Gestaltungselementes. Die Sykomoren, Dattel- und Doumpalmen waren jedoch weniger aus formalen Gründen exakt gereiht, sondern vor allem, weil die Oasenwirtschaft einen wohlüberlegten und ökonomischen Umgang mit dem kostbaren Wasser erforderlich machte.[84] Die Bäume wurden über kleine Kanäle künstlich bewässert, und so war die regelmäßige Reihung notwendig. Zugleich garantierte dieses Regelmaß einen flächendeckenden Schattenwurf und eine eindeutige Raumbildung.

In den italienischen Renaissancegärten gab es nur vereinzelt Baumreihen als Gestaltungselemente, sie betonten vorwiegend die Grenzen und Raumkanten.[85] Erst die barocke Gartenkunst nutzte die Möglichkeiten, mit Baumreihen Rhythmus zu erzeugen, in großem Stile. Lange Reihen von Eibenkegeln oder zu Kugeln geschnittene Lorbeer- und Orangenbäumchen wurden seit Le Nôtre zum beliebtesten Mittel, um in den Parterres plastische und rhythmisierende Akzente zu setzen.

Die Stiche in der *Britannia Illustrata* zeigen die ganze Skala der gestalterischen Möglichkeiten. Die abgesenkten Rasenflächen der *bowling greens* sind auf allen vier Seiten durch Baumreihen eingefaßt. Die Wasserflächen der Bassins und Kanäle werden von Baumreihen gesäumt, und auch Stützmauern oder Geländeböschungen werden mit Baumreihen nachgezeichnet. Kugel-, Kegel- und Säulenformen von Wacholder, Zypresse und der irischen Säuleneibe waren wegen ihres zeichenhaften Umrisses zur Reihung besonders beliebt. Auf vielen Stichen erkennt man auch gemischte Baumreihen: Kugel- und Spitzkegel in stetem Wechsel.

In den architektonischen Gärten Englands sieht man noch heute viele eindrucksvolle Beispiele von Baumreihen. In einem um 1860 angelegten Gartenbereich von Montacute House in Somerset umschließen 34 beschnittene Eiben auf drei Seiten eine siebzig mal siebzig Meter messende Rasenfläche. Die Bäume stehen im Abstand von sechs Metern, eng genug, um eine klare Grenze zu zeichnen, weit genug, um Ein- und Ausblicke offen zu halten.[86]

Im Garten von Chatsworth House in Derbyshire ist die zentrale parterreartige Rasenfläche zu beiden Seiten mit einer langen Doppelreihe beschnittener Linden eingefaßt. Hier dient sie weniger der Rhythmisierung, sondern mehr als räumlicher Abschluß, als Horizontlinie und als Kontrapunkt zu den frei wachsenden Bäumen im Hintergrund. Auch im Landhausgarten von Rudyard Kipling, der heute im Besitz des National Trust ist, stehen zwei lange Reihen beschnittener Linden. Die Bäume sind im Abstand von drei Metern gepflanzt und setzen als geschlossene grüne Wand eine kräftige räumliche Zäsur.[87]

Auch in Gärten jüngerer Zeit werden Baumreihen als Gestaltungselement eingesetzt. Bei einem Villengarten im belgischen Kortrijk griff Russel Page auf das uralte Grundmuster der linear gereihten Obstbäume zurück. Durch das Kalken der Stämme erreichte er eine optische Verbindung zur Architektur und zugleich einen guten Kontrast zu der dunklen Eibenhecke des Hintergrundes. Er machte sich die gleiche Technik zunutze wie mancherorts in Bauerngärten, wo das Kalken der Stämme Ungeziefer fernhalten soll.[88]

In der Gartenkunst der Gegenwart – beeinflußt durch die vielbeachteten Freiraumplanungen in Barcelona und im Pariser »Parc de la Vilette« – wird das Gestaltungselement der raumbildenden Baumreihe oft noch in anderer Weise eingesetzt. Die Gartengestalter versuchen Erfahrungen der abstrakten Malerei, namentlich der zwischen 1910 und 1930 entstandenen Kompositionen Wassily Kandinskys, in ihre Gartenentwürfe zu übertragen. Die in Kandinskys Malereien ausgeführten, lockeren Gefüge aus Dreiecken, Scheiben, Wellenlinien und Geraden wurden zum Vorbild für moderne Freiraumkonzeptionen. Gekrümmte Wandscheiben, lebhafte Strukturen der Bodenbeläge, gekurvte und geschlängelte Wasserflächen und nicht zuletzt Baumreihen fügen sich zu Kompositionen im Stile Kandinskys. Die lange gerade oder geschwungene Baumreihe ist bei diesen Kompositionen immer eines der wichtigsten dynamischen und rhythmisierenden Elemente.

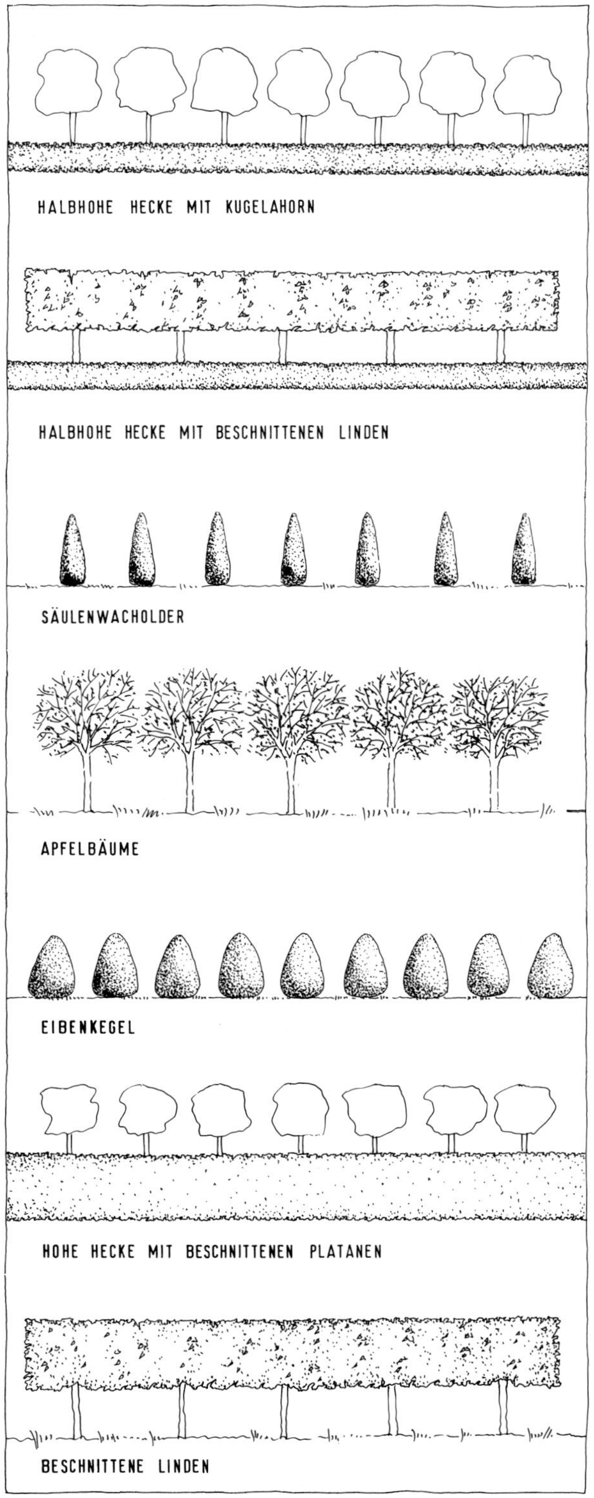

Verschiedene Formen von Baumreihen in der Gartenkunst.

Chatsworth House in der englischen Grafschaft Derbyshire. Eine Doppelreihe perfekt geschnittener Hainbuchen rahmt eine große Rasenfläche. Die geometrisch »domestizierte« Natur steht in wirkungsvollem Kontrast zu dem frei wachsenden Baumbestand des Hintergrundes.

Montacute House, westlich von Yeovil in der englischen Grafschaft Somerset, gilt als das besterhaltene Herrenhaus aus elisabethanischer Zeit. An der Nordseite des Gebäudes befindet sich ein quadratischer Gartenraum, der durch regelmäßig gereihte Säuleneiben und einen um etwa anderthalb Meter höher gelegenen, umlaufenden breiten Weg gerahmt wird.

Montacute House. Der Gartenhof wird durch ein von Balustraden gefaßtes Wasserbecken akzentuiert. Die langen Reihen von Säuleneiben rhythmisieren den Raum angenehm.

Alleen und Baumtunnels

»Auch dem Hauptgarten möchte ich einige freundliche Alleen wünschen, die zu beiden Seiten aus Reihen von Obstbäumen angelegt sind.«
Francis Bacon 1625[89]

Alleen gehören zu den ältesten Gestaltungselementen der abendländischen Gartenkunst. Wie die von Plinius d.J. verfaßte Gartenbeschreibung seines Landhauses belegt, war die Allee schon in der römischen Gartenkunst ein vertrautes Element.[90]
Im italienischen Renaissancegarten wurde die Allee als Gestaltungsmittel wiederentdeckt. Aus der 1459 von Leon Battista Alberti verfaßten Schilderung der Villa Quaracchi in Florenz geht hervor, daß die pergolagedeckte Hauptachse des Gartens sich in einer bis zum Arno führenden Allee fortsetzte.[91]
Auch in der *Hypnerotomachia Poliphili* wird eine lange »Allee von völlig ebenmäßigen Zypressen« beschrieben.[92]
Die Anfang des 16. Jahrhunderts von Domenico Fontana für Papst Sixtus V. gebaute *Villa Montalto* zeigte zum ersten Mal eine später immer wieder zitierte Gestaltungsform: die dreistrahlige Allee. Am Eingang des Gartens nahmen drei repräsentative Zypressenalleen ihren Anfang. Die mittlere führte zum Hauptportal der Villa, die beiden anderen zu seitlich des Gebäudes gelegenen Gartenbereichen.[93]
Eine Weiterentwicklung der dreistrahligen Allee waren die *Sternalleen*. Als Vorbild für alle Konzeptionen dieser Art gilt die Villa Mattei auf dem Palatin in Rom. Ein Stich von Giovanni Battista Falda stellt die Anlage aus der Vogelperspektive dar und zeigt, wie von einem runden Platz sechzehn Alleen in unterschiedliche Richtungen ausstrahlen.[94] Das Motiv der Sternalleen spielte vor allem bei den Jagdrevieren der Schlösser und Landhäuser eine wichtige Rolle. Sternförmige Jagdschneisen durchzogen die Wälder. Zum Teil waren sie zwar einfach nur in den Wald geschlagen, wurden dann aber oft als Alleen fortgesetzt. In der *Britannia Illustrata* findet man eine ganze Reihe Beispiele. In Deutschland ist neben den Schloßparks von Nymphenburg und Clemenswerth die 1715 gegründete Residenzstadt Karlsruhe das wohl beeindruckendste Beispiel für ein System von Sternalleen. Vom Jagdturm des Schlosses blickte man auf 32 radial verlaufende Alleen.[95] Noch heute bestimmen diese Achsen die Stadtstruktur von Karlsruhe.
Die Franzosen entwickelten eine besonders große Leidenschaft für Alleen. Dies beweisen alle gartentheoretischen Schriften des 17. Jahrhunderts. Baumgesäumte Straßen wurden als wichtigstes Gliederungselement angesehen, wobei zwischen gedeckter und ungedeckter, einfacher und doppelter Allee unterschieden wurde.[96] Jacques Boyceau untersuchte bereits 1638 eingehend die geeigneten Proportionen und stellte Empfehlungen über zweckmäßige Arten der Pflanzungen auf.[97]
Der Höhepunkt barocker Gartenkunst sind die Gartenanlagen von Versailles, die Ludwig XIV. 1662 von André Le Nôtre anlegen ließ. Die grandiosen Alleen von Versailles wurden zum Vorbild für viele Königs- und Fürstenhöfe in ganz Europa.
Im Barockgarten wurden Alleen oft mit hohen Hecken kombiniert. Entweder standen die Hecken als durchlaufende Wände knapp hinter den Baumstämmen oder in einem ausreichenden Abstand, so daß noch ein Fußweg Platz hatte.
Auch im 18. Jahrhundert, zur Blütezeit des Landschaftsgartens, wurde die Allee als Gestaltungselement nicht überall völlig verworfen. Gerade in Italien wurden in jener Zeit zahlreiche repräsentative Alleen angelegt. Obgleich Hirschfeld von jeglicher »künstlichen Anordnung der Bäume« abrät, duldet er vorhandene Alleen, er beklagt sogar die übertriebene Ausbreitung des englischen Gartenstils und die blinde Zerstörung vieler alter Alleen.[98]
Ende des 19. Jahrhunderts wird die Allee neuerlich zum Gestaltungsmittel der Gartenkunst. Reginald Blomfield und Inigo Thomas schwärmen in ihrem 1892 erschienenen einflußreichen Werk *The Formal Garden in England* von den schönen alten Alleen der Landsitze Melbourne Hall in Derbyshire und Badminton House in Somerset.[99]
Die Tradition der Gartenalleen wurde von allen großen englischen Gartengestaltern unseres Jahrhunderts fortgesetzt. Vita Sackville-West und ihr Mann Harold Nicolson pflanzten in Sissinghurst eine Allee mit beschnittenen Linden, die sie scherzhaft »Unter den Linden« nannten. Russel Page legte in Longleat eine Lindenallee an und Geoffrey Jellicoe bei Mottisfont Abbey und in Ditchley Park.[100] Lawrence Johnston säumte den Weg zu einem Aussichtspunkt seines Gartens Hidcote Manor mit einer Allee aus beschnittenen Hainbuchen. Eine Besonderheit englischer Gartenkunst sind Alleen aus Säuleneiben. Zu den schönsten Beispielen zählt der *Yew Walk* von Montacute House in Somerset. Auf einer Länge von hundert Metern begleiten rechts und links je sechzehn Säuleneiben den Weg zu einem Teepavillon.
Der sehr viel kleinere Maßstab der heutigen Gärten macht die Anlage von Alleen schwierig. In den meisten Fällen kommen nur kleinkronige, langsam wachsende oder gut zu beschneidende Arten in Frage. Kleinere Alleen werden heute vor allem mit Linden, Kugelrobinien, Kugelahorn und auch Obstbäumen gepflanzt.
Eine Variante der Allee führte die französische Gartenkunst im 17. Jahrhundert ein: das *Berceau*, den Laubengang oder Baumtunnel. Es wurde unterschieden zwischen »natürlichen« und »künstlichen« Baumtunnels. Im einen Fall wurden die Äste der Alleebäume mit Hilfe von Drähten über dem Weg verbunden, so daß sie ein dichtes Gewölbe bildeten. Im anderen Fall errichtete man Treillagen aus Holz oder Metall, an denen die Zweige geleitet und so in architektonische Form gebracht wurden. In der Regel wurden diese Baumtunnels mit Hainbuchen ausgeführt. Ein eindrucksvolles künstliches *Berceau* befindet sich im Garten des niederländischen Schloßgartens von *Het Loo* bei Apeldoorn. Die in Eichenholz ausgeführten Treillagen sind eine Rekonstruktion aus dem Jahre 1979. Doch wie ein um 1700 entstandener Kupferstich zeigt, entspricht die heutige Form ganz dem historischen Bestand.[101] Das Vorbild für dieses gepflegte Berceau ist letztlich in den italienischen Pergolen zu suchen. Die Hainbuchentunnels gleichen in vieler Hinsicht der großen Pergola der Villa d'Este, wie sie der Stich von Etienne Dupérac aus dem Jahre 1573 wiedergibt.[102] In englischen Gärten werden die Baumtunnels häufig mit Apfel- oder Birnbäumen gebildet, die mit ihren Blüten im Frühjahr und den Früchten im Herbst die Sinne erfreuen. Eine besondere Augenweide sind auch die Goldregentunnels. Das großartigste Beispiel befindet sich in Bodnant Gardens in Wales.[103]
Schöne Beispiele für natürliche *Berceaux* gibt es in den Niederlanden. Das kleine Wasserschloß Weldam in der Provinz Overijssel hat einen herrlichen Hainbuchentunnel von etwa siebzig Metern Länge. Man sieht ähnliche Baumtunnels oft auch in kleineren Gärten. Jaap Niewenhuis und Paula Thies, die seit dreißig Jahren in dem kleinen Ort Welsum in der Provinz Overijssel einen von klassischen Gestaltungsformen inspirierten Garten aufgebaut haben, pflanzten mit Linden einen Baumtunnel. Ausgerichtet ist dieses *Berceau* auf eine besonnte Gartenbank, während zwei Obeliske den Auftakt dieses Ensembles bilden. Erst beim Rückweg stellt man fest, daß die vermeintlich kostbaren Sandsteinobelisken raffinierte, auf Zinkblech gemalte *trompe l'œils* sind.

Villa Marcello, bei Levada di Piombino Dese, Provinz Venetien. Die Luftaufnahme zeigt deutlich die Gesamtkomposition dieses im 17. Jahrhundert nach dem Vorbild der Palladio-Villen entstandenen Landgutes. Die Alleen verflechten das Herrenhaus mit den umgebenden Ländereien.

Die um 1690 von Jan Stoopendaal gefertigten Stiche von Schloß Zeist bei Utrecht lassen ahnen, welch gestalterischen Reichtum man bei der Konzeption von Alleen entwickelt hatte. Die Anordnung in Zweier- oder Dreierreihen, die Kombination mit Hecken, die Ergänzung mit Eibenkegeln und schließlich die klar definierte Gestaltung des Bodens in Rasenbänder und Splittflächen gehörten zum Repertoire barocker Gartenkunst.
oben: Die Hauptallee mit Blick auf das Schloß.
unten: Die Hauptallee vom Schloß zum Eingang.

Jan Stoopendaal, 1690, Schloß Zeist. Die in der Vogelperspektive dargestellte Gesamtschau des Gartens ist auf Seite 85 zu sehen.
oben: Eine der Alleen hinter der Exedra des Fischteiches.
unten: Ansicht der steinernen Brücke in Richtung der Sternenbosketts.

Die 100 Meter lange Eibenallee von Montacute House in der englischen Grafschaft Somerset ist eines der schönsten Ensembles dieses Landhausgartens.

Die sehr dichtgepflanzte, schmale Birkenallee
von Hywett Garden in Ohio ist unvergleichlich reizvoll.

links: Hainbuchentunnel Het Loo, Provinz Gelderland, Niederlande.

unten: Der Hainbuchentunnel von Schloß Weldam bei Goor in der niederländischen Provinz Overijssel ist wohl eines der eindrucksvollsten Beispiele eines Baumtunnels.

rechts: Jaap Niewenhuis und Paula Thies pflanzten vor etwa fünfzehn Jahren in ihrem Garten in der niederländischen Provinz Overijssel einen Baumtunnel aus Linden. Bei einer Abmessung von fünfzig Metern Länge und vier Metern Breite ergibt sich ein sehr schönes Ensemble. Der Tunnel wird von zwei Obelisken gerahmt. Erst beim zweiten Hinsehen stellt man fest, daß sie raffinierte, auf Zinkblech gemalte *trompe l'œils* sind.

Baumgruppen

»Die Bepflanzung des Gartens muß heiter und fröhlich sein. Wohlgeordnete Gruppen und Haine von schönen Baumarten … bieten hier ihren Reiz an.«
Christian C. L. Hirschfeld 1779[104]

Die klassischen Landschaftsgärten des 18. Jahrhunderts sind Kompositionen aus modelliertem Gelände, Wasserflächen, Waldstücken, Baumgruppen und Solitärbäumen. Verkleinerte Kopien antiker Tempel, Brücken, Exedren, Denkmäler und Skulpturen schaffen zusätzliche Blickpunkte. Schaf- und Rinderherden, deren Anblick als malerisch empfunden wurde, vervollständigten das beabsichtigte Gesamtbild. Auch wenn bei den Landschaftsgärten alles natürlich anmutet, sind sie doch raffinierte und aufwendig gestaltete Kunstwerke, arkadische Inszenierungen. Zu ihrer Entstehungszeit waren sie aber zugleich der politisch-ideologische Ausdruck eines neuen Freiheitsgefühls und steckten voller Anspielungen und symbolischer Bezüge.
Die zwischen 1730 und 1755 entstandenen Entwurfszeichnungen der großen Protagonisten des Landschaftsgartens William Kent und Lancelot Brown zeigen als besonders charakteristisches Gestaltungselement die *clumps,* dicht gepflanzte Gruppen von fünf bis etwa dreißig Bäumen. Ihre Anordnung zeigt meist eine Tendenz zum ovalen oder kreisförmigen, recht geschlossenen Gesamtumriß.[105]
Auch für Hirschfeld sind Baumgruppen dieser Größenordnung ein geeignetes Gestaltungsmittel des Landschaftsgärtners. Als Verfechter des Landschaftsgartenstils dachte er bei dem Stichwort »wohlgeordnete Gruppen« vor allem an frei komponierte Baumgruppen, deshalb rät er in seiner *Theorie der Gartenkunst* auch ausdrücklich von einer »künstlichen« Anordnung der Bäume ab. Vielmehr sollen die Bäume »hin und wieder in freien Gruppen, bald größer, bald kleiner, bald mehr, bald weniger voneinander entfernt« angeordnet werden.[106]
Er untersucht sehr ausführlich den Aufbau von Baumgruppen.[107] Bei Zweiergruppen beklagt er, daß sie »keine Abwechslung« bieten. Dreier-, Vierer- und Fünfergruppen erscheinen ihm nur dann geeignet, wenn »Regularität« vermieden wird. Hirschfeld hält unregelmäßige Gruppen von sechs, sieben oder mehr Bäumen für besonders reizvoll. Er weist auf die gestalterischen Möglichkeiten hin, durch eine entsprechende Anordnung der Baumgruppen den Blick zu lenken: »Man kann die Prospekte vervielfältigen oder bald durch weitläufig gepflanzte, bald durch enger sich zusammenziehende, bald durch sich auftürmende, bald durch niedrige Bäume und dahinsinkendes Buschwerk, bald durch heitere, bald durch finstere Gruppen viele treffliche Aussichten bilden, zwischen welchen das Auge in die Ferne geleitet wird.«[108] Schließlich spricht Hirschfeld auch die Möglichkeit an, den Reiz der Topographie durch die geschickte Plazierung von Baumgruppen zu steigern. Er führt aus: »Man kann Hügel aufwerfen, ihren Gipfel mit hohen Baumgruppen noch mehr erhöhen und ihre hinfließenden Abhänge zu schönem Rasen bereiten.«[109]
Ein immer wiederkehrendes Thema des Landschaftsgartens ist die »Baumgruppe auf einer Insel«. Die pappelbestandene Insel, die der Marquis de Girardin 1778 im Park von Ermenonville für die Grabstätte von Jean Jacques Rousseau anlegen ließ, war Vorbild für viele ähnliche Konzeptionen. Vielleicht erfreute sich das Thema so großer Beliebtheit, weil sich hier zwei Archetypen überlagern – Baum und Insel.
Friedrich Ludwig von Sckell führte im ausgehenden 18. Jahrhundert die Gestaltungsprinzipien des englischen Landschaftsgartens in Deutschland ein.[110] Das Hauptmotiv seiner Landschaftsgärten, zu denen unter anderem der Schönbusch und das Schöntal bei Aschaffenburg, der Schloßpark Biebrich bei Wiesbaden, der Englische Garten und der Nymphenburger Park in München gehören, ist das langgezogene, gewundene Wiesental. Sanft gebuchtete, dicht bepflanzte Ränder bilden klare Raumkanten und umschließen eine freie Zone in der Mitte. Dieser Bereich wird durch Baumgruppen und Solitäre belebt, die sich von den Rändern her in sie hineinschieben.
Peter Joseph Lenné gehörte zu den bedeutendsten Gartengestaltern des 19. Jahrhunderts.[111] Von 1816 bis 1866 war er Gartendirektor in Potsdam und plante zahlreiche Erweiterungsmaßnahmen der Gärten von Schloß Sanssouci, vielfältige Verschönerungen der Havellandschaft um Potsdam sowie den Berliner Tiergarten und viele andere Grünräume der Stadt. Obgleich seine Planungen auch Alleen und geometrisch geordnete Baumpflanzungen zeigen, ist das Werk Lennés insgesamt dem Landschaftsgartenstil zuzuordnen. Auch für ihn sind frei komponierte Baumgruppen eines der wichtigsten Gestaltungselemente. Doch seine Kompositionen sind unruhiger als die Entwürfe von Sckells. Bei Lenné sind die Baumgruppen oft im Zentrum dicht gepflanzt und lösen sich dann nach außen in Solitär-, Zweier- und Dreierstellungen auf. Der Gesamtumriß der Gruppen, die häufig die Ausdehnung kleiner Waldstücke haben, zeichnet sich immer nur sehr locker ab.
Thomas Mawson (1861-1933), der als Architekt eher dem *formal garden* zugetan war, widmete in seinem 1900 erschienenen Werk *The Art and Craft of Garden Making* auch dem Landschaftsgarten ein Kapitel.[112] Für ihn sind Solitärbäume, kleine Baumgruppen und Waldstücke als plastische und raumbildende Elemente die bedeutendsten Gestaltungsmittel des Landschaftsgartens. Sehr wichtig ist ihm das Freihalten von weitreichenden Blickachsen und die Staffelung von Vorder-, Mittel- und Hintergrund. Wie alle anderen Gestalter von Landschaftsgärten bevorzugt auch Thomas Mawson Laubbäume für die Baumgruppen. Schon von Sckell störte sich am »melancholischen Charakter« der Nadelbäume, empfand sie als zu dunkel und zu wenig malerisch.[113]
Ein in jüngerer Zeit als frei komponierter Landschaftsgarten angelegter größerer Park ist der 1972 fertiggestellte, etwa zweihundert Hektar große Münchner Olympiapark, der von den Architekten Behnisch und Partner geplant wurde. Eine intensiv modellierte Landschaft, eine kräftig gebuchtete Wasserfläche, Baumgruppen und Solitäre fügen sich mit der Zeltdachkonstruktion der Sportstätten zu einer harmonischen Gesamtkomposition. Durch den Fernsehturm wird sie noch um eine vertikale Komponente ergänzt. Der Baumbestand des Olympiaparks ist in den vergangenen 25 Jahren erfreulich gewachsen. In der unmittelbaren Nachbarschaft der Sportstätten befinden sich viele Linden, in den Uferbereichen des kleinen Sees stehen Weiden, beim Radstadion stößt man auf Gruppen von Ginkgo und eine hufeisenförmig angeordnete Pflanzung von Säuleneichen. Unterhalb des Olympiaberges setzen Birken helle Akzente.
Der Blick auf die Gartenkunst aller Epochen und Stilrichtungen zeigt, daß das Gestaltungselement der Baumgruppe nicht nur in frei komponierter, sondern immer wieder auch in geometrisch gebundener Form verwendet wurde.
In der Renaissance und im Barock findet man häufig das Motiv des Baumrondells. Zeitgenössische Stiche und Malereien zeigen zwar hin und wieder auch regelmäßige Vierer- und Fünferanordnungen, doch bleiben sie eher ein unbedeutendes Element. Im 18. Jahrhundert wurden diese Formen als »unnatürlich« abgelehnt. Erst in der Gartenkunst des 20. Jahrhunderts werden geometrisch geordnete

Kedleston Hall, Grafschaft Derbyshire, Mittelengland. Das von Robert Adam im späten 18.Jahrhundert entworfene Landhaus gehört zu den schönsten Beispielen klassizistischer Architektur in England.
Der umgebende Landschaftsgarten ist eine raffinierte Komposition aus Baumgruppen, Solitärbäumen, Wasserflächen und einer Rahmenbepflanzung.

Baumgruppen zum festen Repertoire der Gartengestalter.
Unter den modernen Gartenarchitekten hat sich besonders Gunnar Martinsson mit diesem Gestaltungselement befaßt.[114] In seinen Entwürfen finden sich immer wieder die von ihm als »Baumpakete« bezeichneten, dicht und regelmäßig gepflanzten Baumgruppen.
1979 erhielt Gunnar Martinsson den Planungsauftrag für die Neuanlage des Schloßgartens von Rastatt. Die barocke, nie ganz fertiggestellte Gartenanlage war schon lange nicht mehr erhalten, und auch von dem »neuzeitlichen Volksgarten«, den der Karlsruher Gartenarchitekt Max Laeuger 1926 hier geplant hatte, war nicht viel geblieben. Eine Rekonstruktion des Barockgartens wurde zwar erwogen, dann jedoch ausgeschieden, vor allem weil das Gelände nicht mehr in altem Umfang zur Verfügung stand und man nur Teilbereiche hätte rekonstruieren können. Man entschied sich schließlich bewußt für eine »moderne« Lösung.[115] Nach jahrelangen, zeitaufwendigen Vorplanungen und zweijähriger Bauzeit konnte der Garten 1988 eingeweiht werden. Eine zentrale Hauptachse, zwei Seitenachsen und die Raumfolge von Schloßterrasse, Parterrezone und Exedragarten bilden das strukturelle Gerüst. Herzstück des Gartens ist das Parterre mit seinem symmetrisch aufgebauten Dreierblock aus einer zentralen großen Rasenfläche und zwei flankierenden Pflanzbereichen. Diese sind durch Glyzinienpergolen in je drei Gartenkabinette unterteilt. Die beiden mittleren sind mit Baumgruppen von je sechzehn japanischen Zierkirschen bepflanzt. Zweimal im Jahr ziehen sie die besondere Aufmerksamkeit des Besuchers auf sich – im Frühjahr mit ihren Blütenwolken und im Herbst mit ihren leuchtend orangeroten Baumkronen.
Im Jahre 1992 gestalteten Gunnar Martinsson und Karl Bauer die Außenanlagen des vielbeachteten, von James Stirling entworfenen Produktionsgebäudes der Braun AG in Melsungen.[116] In der zwar makellosen, aber etwas montonen, von bewaldeten Höhenrücken, Wiesen und Feldern bestimmten Landschaft wurden durch zweiundzwanzig ellipsenförmige Lindengruppen überraschende und kräftige Akzente gesetzt. Die jeweils mit sechzehn Linden regelmäßig bepflanzten Ellipsen sind mit weißem Kalksteinsplitt ausgelegt und durch ein in den Boden eingelassenes Stahlband exakt von der umgebenden Rasenfläche abgesetzt. Schon wenige Jahre nach der Pflanzung haben die Baumgruppen, die wie eine moderne Variante der englischen

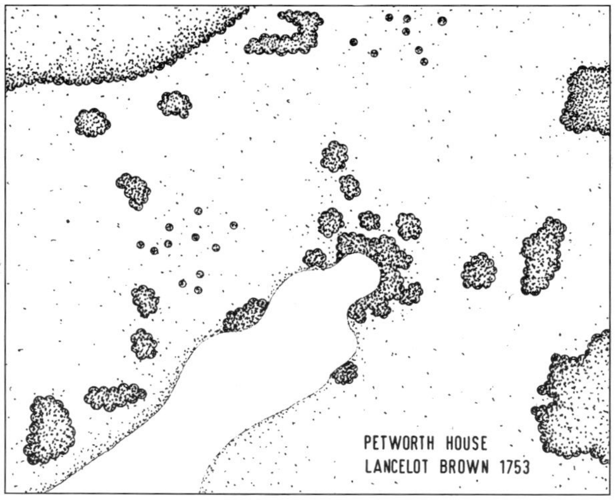

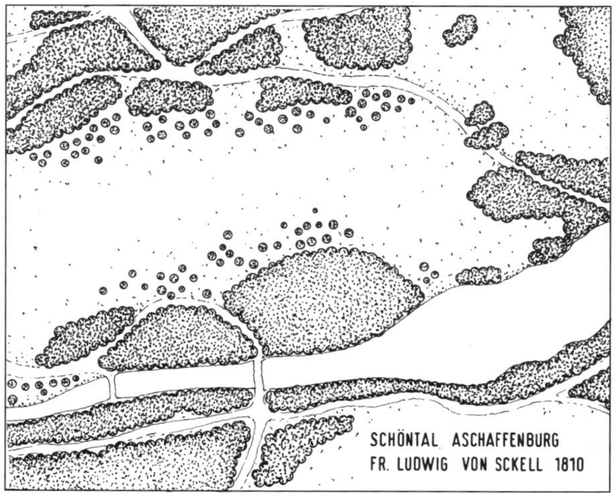

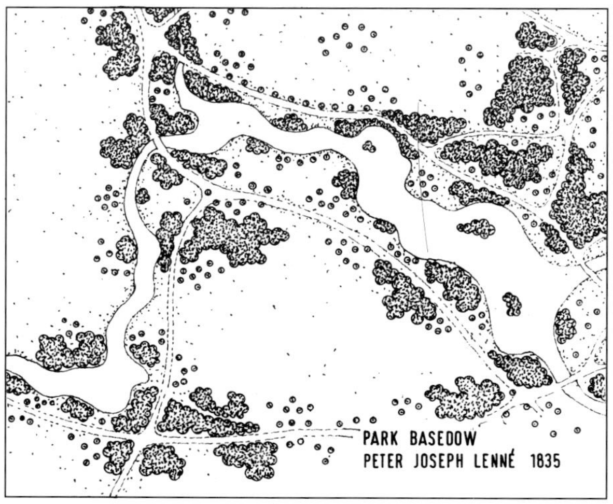

clumps wirken, ein wohltuend üppiges Grünvolumen entwickelt und sind bereits heute sehr prägnante Erscheinungen im Landschaftsbild.
Gunnar Martinsson und Karl Bauer entschieden sich für die Ellipse, weil sie als Grundrißfigur nicht so statisch wirkt wie die Kreisform. Die Ellipse ist zwar ebenso eindeutig wie der Kreis, stellt jedoch Beziehungen zur Umgebung her und wirkt natürlicher und lebendiger als die Kreisform. Dem dänischen Gartenarchitekten Carl Theodor Sørensen (1893–1979) gebührt das Verdienst, die ovale Grundrißfigur in die moderne Gartenkunst eingeführt zu haben. Von den frühen dreißiger Jahren bis in die siebziger Jahre arbeitete er in seinen Entwürfen immer wieder mit dieser Form.[117]
Karl Bauer hat das Motiv der ovalen Baumgruppe bei der Gartengestaltung auf der Tiefgarage eines Karlsruher Verwaltungsgebäudes noch einmal mit viel Raffinement variiert.[118] Der knapp 3000 Quadratmeter große Gartenhof ist mit fünf ovalen Bauminseln gestaltet. Die etwa achtzig Zentimeter höher liegenden, von Betonformteilen umschlossenen Bauminseln messen acht mal vier Meter und stehen wie übergroße Pflanzschalen auf der Rasenfläche des Tiefgaragendaches. Sie sind mit je dreizehn kleinkronigen Bäumen bepflanzt.[119] Durch die leichte Neigung in Längsrichtung und den nach oben verjüngten Querschnitt der »Pflanzschalen« wirken diese überaus elegant und dynamisch. Karl Bauer hat in überzeugender Form einen Weg gefunden, auf einem nur mit geringer Erdüberdeckung belastbaren Tiefgaragendach Baumgruppen anzupflanzen.
Ähnlich markant wie Baumgruppen auf einer Insel wirken baumbestandene Hügelkuppen. Dieses Motiv gehört nicht nur zum Repertoire des Landschaftsgartens, sondern auch des architektonischen Gartens. Gunnar Asplund und Sigurd Lewerentz bepflanzten um 1920 einen kahlen Hügel des Stockholmer Südfriedhofs mit einer geometrisch geordneten Ulmengruppe. Die Bäume umschließen einen quadratischen Gedächtnishof. Fünfzig Jahre später modellierte Walter Rossow auf dem Gelände des ZDF in Mainz-Lerchenberg fünf sanft ansteigende Rundhügel als Aussichtspunkte und Sitzplätze. Auf den Kuppen sind je zehn Linden kreisförmig angeordnet. Die große Zahl der Bäume und ihre besondere Lage gibt den Ensembles eine sehr große Ausdruckskraft. Vor einem leichtfertigen Kopieren dieses Themas sei hier jedoch gewarnt – nur ein großes und von sich aus reizarmes Gelände verträgt solche massiven topographischen Effekte.

Thomas Mawson widmete in seinem 1900 erschienenen Werk *The Art and Craft of Garden Making* auch dem Landschaftsgarten ein Kapitel. Für ihn sind Solitärbäume, kleine Baumgruppen und Waldstücke als plastische und raumbildende Elemente die bedeutendsten Gestaltungsmittel des Landschaftsgartens. Sehr wichtig ist ihm auch das Freihalten von weitreichenden Blickachsen.

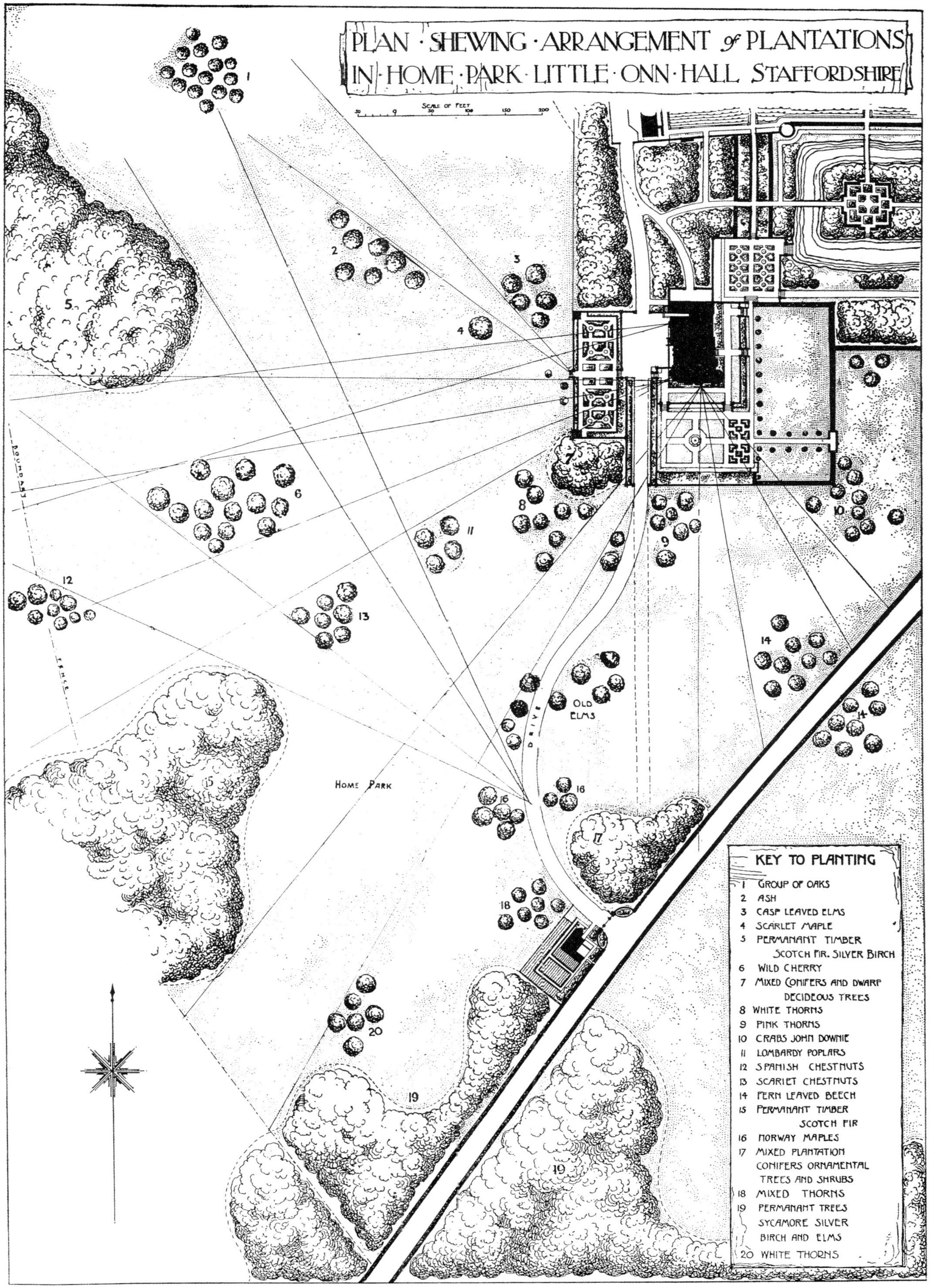

Rousseau-Insel im englischen Garten zu Wörlitz, bei Dessau. Die pappelbestandene Insel, die der Marquis de Girardin im Park von Ermenonville für die Grabstätte von Jean-Jacques Rousseau anlegen ließ, wurde zum Vorbild für viele ähnliche Anlagen.

oben: Der von den Architekten Behnisch und Partner und dem Gartenarchitekten Bernhard Grzimek geplante Olympiapark in München hat sich in den vergangenen fünfundzwanzig Jahren zu einem sehr schönen Landschaftsgarten entwickelt.
unten links: Hufeisenförmige Gruppe von Säuleneichen.
unten rechts: Ginkgo-Gruppe neben dem Radsport-Stadion.

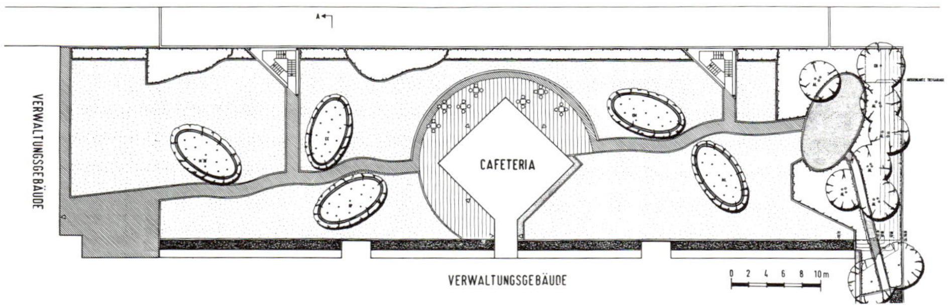

Gartengestaltung auf der Tiefgarage eines Karlsruher Verwaltungsgebäudes. Entwurf Karl Bauer. Die fünf ellipsenförmigen, etwa achtzig Zentimeter höher liegenden Bauminseln stehen wie übergroße Pflanzschalen auf der Rasenfläche des Tiefgaragendaches. Als Bepflanzung wurden kleinwüchsige Baumarten wie Zierapfel, Koelreuteria und Ebereschen gewählt.
unten: Blick auf die Cafeteria.
rechts: Blick vom Obergeschoß des Gebäudes.

Die Außenanlagen des ZDF in Mainz-Lerchenberg wurden um 1970 von Walter Rossow entworfen. Die Anlage zeigt, daß Baumgruppen auf Hügelkuppen zum immer wiederkehrenden Repertoire der Garten- und Landschaftsgestaltung gehören.

rechte Seite
oben: Schloßgarten Rastatt mit geometrisch geordneten Gruppen von japanischen Zierkirschen, Entwurf Gunnar Martinsson.
unten: Cornwell Manor in der englischen Grafschaft Oxfordshire. Vier Trauerweiden rahmen ein Wasserbecken, Entwurf Clough Williams-Ellis.

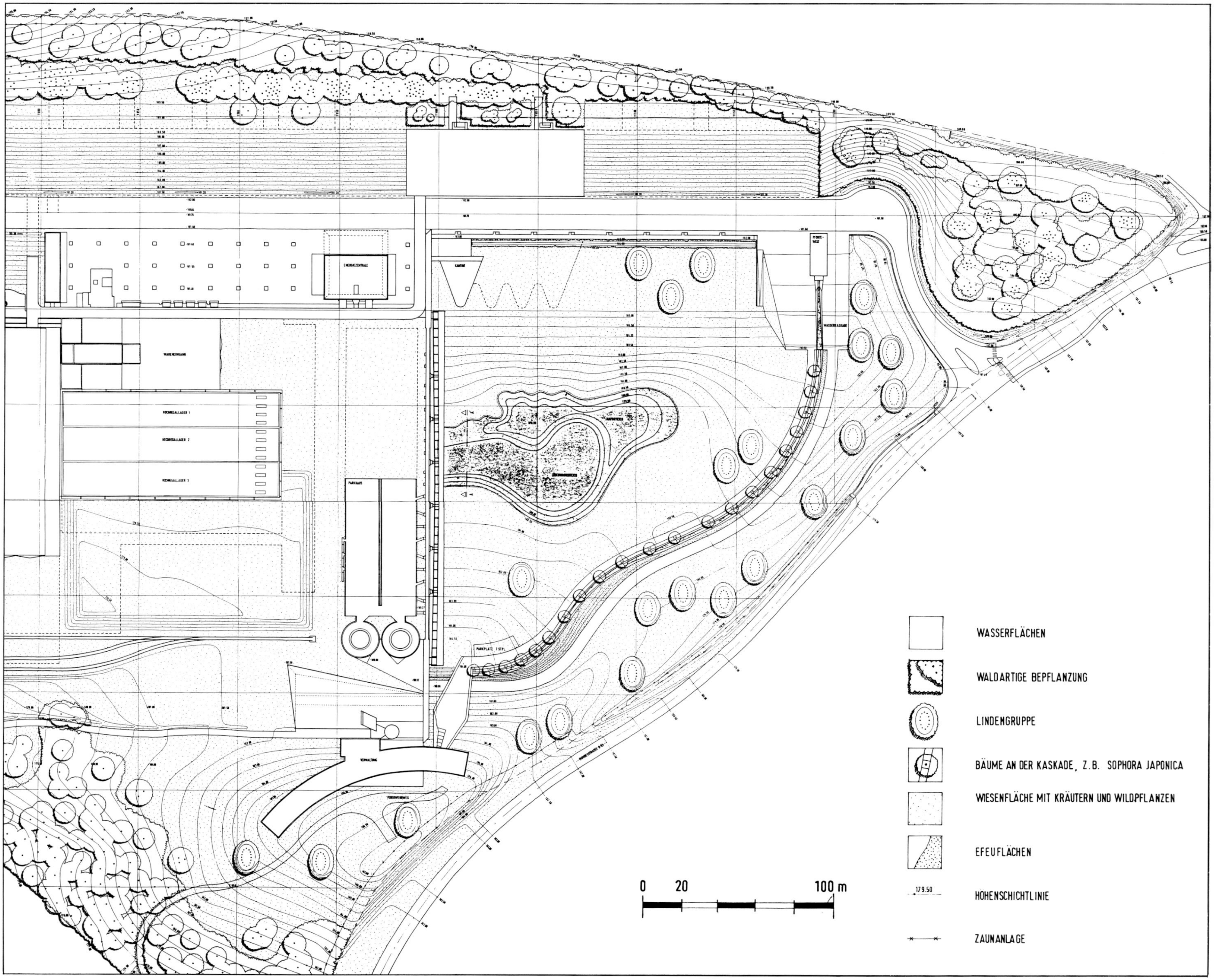

WASSERFLÄCHEN
WALDARTIGE BEPFLANZUNG
LINDENGRUPPE
BÄUME AN DER KASKADE, Z.B. SOPHORA JAPONICA
WIESENFLÄCHE MIT KRÄUTERN UND WILDPFLANZEN
EFEUFLÄCHEN
179.50
HÖHENSCHICHTLINIE
ZAUNANLAGE
0 20 100 m

Außenanlagen der Braun AG in Melsungen bei Kassel, Entwurf Gunnar Martinsson und Karl Bauer. In der zwar makellosen, aber etwas monotonen, von bewaldeten Höhenrücken, Wiesen und Feldern bestimmten Landschaft werden durch zweiundzwanzig ellipsenförmige Lindengruppen überraschende und kräftige Akzente gesetzt.

Baumgärten

»Wenn ich ein Stückchen Land besäße, ich würde mir ein kleines Wäldchen von Ebereschen pflanzen. Ein einziger der glühenden Bäume könnte schon das Glück des Spätsommers ausmachen ...«

Else Lasker-Schüler 1923[120]

Am Anfang der Gartenkunst stehen Baumgärten. Sowohl die Tempel- als auch die Palast- und Wohnhausgärten der alten Ägypter waren dicht und regelmäßig mit Bäumen bepflanzt. Aufgrund der zahlreichen überlieferten Malereien vermag man sich ein anschauliches Bild davon zu machen. Das wegen seiner unvergleichlich schönen Fresken berühmte Grab des Sennefer in Theben enthielt auch eine sehr aufschlußreiche Gartendarstellung. Das Original dieser Wandmalerei ist heute nicht mehr erhalten, doch der italienische Ägyptologe Hyppolito Rosellini fertigte um 1820 eine Kopie.[121] Die Originaldarstellung datierte aus dem Neuen Reich, etwa 1400 v.Chr., und war eines der bemerkenswertesten und schönsten Zeugnisse zur ägyptischen Gartenkunst. Zwar muß man davon ausgehen, daß hier nicht ein konkreter Garten abgebildet, sondern ein Idealbild vorgestellt wurde, doch gerade darin werden viele gartengestalterische Grundkonzeptionen ablesbar. Die Wandmalerei zeigte einen quadratischen, allseits von schützenden Mauern umschlossenen Garten mit einer großen zentralen Pergola und vier rechteckigen lotusbepflanzten Wasserbecken. Etwa zwei Drittel des Gartens wurden von Baumgärten eingenommen. Diese Gartenform zieht sich über einige Jahrhunderte als ikonographischer Grundtyp durch die ägyptische Gartenkunst.

In nebenstehender Abbildung ist eine vergleichsweise sehr einfache Form des Baumgartens wiedergegeben. In absoluter Symmetrie und Regelmäßigkeit reihen sich um ein zentrales Wasserbecken Sykomoren, Dattel- und Doumpalmen.[122]

In der griechischen Antike gab es nach unserem Verständnis keine Gartenkunst. Allerdings werden von den antiken Schriftstellern heilige Haine geschildert. Sie lagen meist außerhalb der Siedlungen an ausgesucht schönen Stellen und waren Orte der Götterverehrung. In diesen Hainen, die jährlich wiederkehrend zu bestimmten Zeiten aufgesucht wurden, befanden sich Tempel und Altäre, und unter den Bäumen fanden festliche Spiele statt. Wir haben uns diese Haine als lichte Waldungen vorzustellen, frei von Unterholz und mit Eichen, Steineichen, Platanen, Pappeln oder Zypressen bestanden. Eine Einheitlichkeit und ein strenges Regelmaß der Bepflanzung ist nicht anzunehmen.

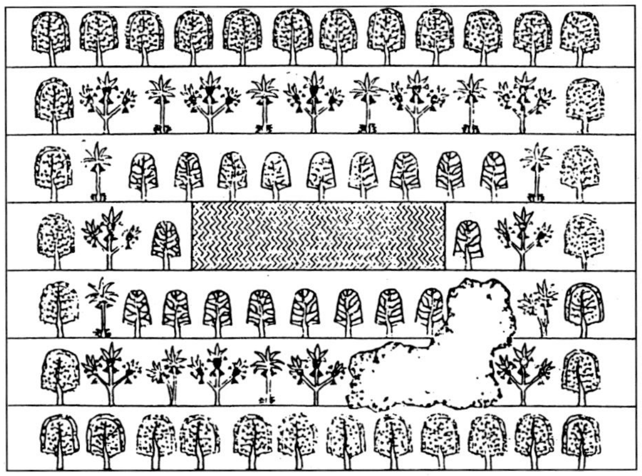

Garten des Amenemhet, Wandmalerei in Theben, etwa 1500 v.Chr., nach einer Umzeichnung von Jean-Claude Hugonot aus dem Buch *Le jardin dans l'Egypte ancienne.*

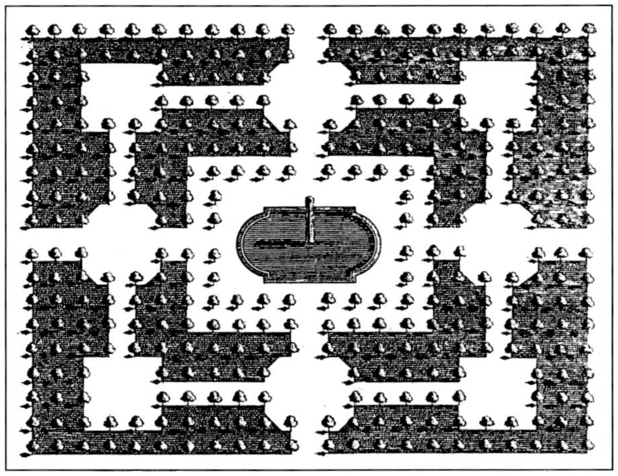

Vorschlag für ein Boskett von Dézallier d'Argenvilles.

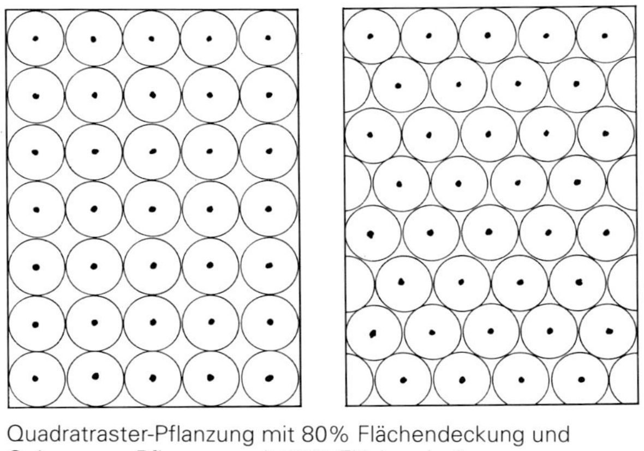

Quadratraster-Pflanzung mit 80% Flächendeckung und Quinconces-Pflanzung mit 90% Flächendeckung.

Auch in Francesco Colonnas Beschreibung der Insel Kythera waren Baumgärten von großer Bedeutung. Sie nahmen mehr als die Hälfte der Insel ein. Die Bäume waren nach Arten getrennt und standen in zwanzig separaten Feldern, die als breiter, kreisrunder Grüngürtel die Insel umschlossen. Es gab Felder, auf denen ausschließlich Lorbeer, Eichen, Edelkastanien, Quitten- oder Johannisbrotbäumen standen, auf anderen wuchsen Zypressen, Zedern, Kiefern und Pinien oder Ulmen, Linden und Eschen, in einem anderen Feld Nuß- und Mandelbäume. Es gab einen Dattelpalmenhain, eine Olivenpflanzung sowie ein Pappelwäldchen.[123]

Viele der von Francesco Colonna nur literarisch formulierten Gestaltungsgedanken wurden in der barocken Gartenkunst konkrete Wirklichkeit, so auch die regelmäßig bepflanzten Baumgärten. Unter dem Namen *bosquet* wurden sie Anfang des 17. Jahrhunderts fester Bestandteil der höfischen Gärten. Die Bosketts boten der Hofgesellschaft Schatten und Kühle sowie einen angenehmen Kontrast zur weiten und oft sehr heißen Parterrefläche. In den Bosketts gab es lauschige Ecken, Schaukeln, Wippen, Rasenplätze für Ball- und Kugelspiele, Labyrinthe, kleine Heckentheater, Skulpturengruppen und Wasserspiele. In der Regel waren sie von hohen Hecken umschlossen und im Inneren durch ein geometrisches Wegenetz gegliedert. Besonders beliebt war vor allem die sternförmige Anordnung der Wege, wie es bereits auf einem 1614 von Francini gefertigten Stich des Gartens Saint-Germain-en-Laye zu sehen ist. Auch der um 1615 von Isaac de Caus entworfene Hortus Pembrochianus von Wilton House in Wiltshire besaß zwei Sternbosketts.[124] Von den zentralen runden Plätzen, geschmückt mit Skulpturen von Bacchus und Flora, strahlen je acht Alleen aus. Die Sternbosketts blieben während des gesamten 17. Jahrhunderts ein immer wiederkehrendes Grundmodell. Was wären die Gärten von Schwetzingen, Nymphenburg, Schleißheim, Veitshöchheim bei Würzburg, La Granja bei Segovia, Schönbrunn bei Wien und Frederiksborg bei Kopenhagen ohne die ausgedehnten Sternbosketts? Zu den schönsten und gepflegtesten zählen wohl die Bosketts im Großen Garten von Herrenhausen bei Hannover. Hier gruppieren sich vier Sternbosketts in einer Abmessung von etwa zweihundert mal zweihundert Metern um ein großes rundes Wasserbecken mit Fontäne.[125] Die trapezförmigen Waldstücke sind von sauber ge-

Die in strengem Raster angepflanzten, auffallend hochstämmigen Linden im Schloßgarten von Schwetzingen fügen sich mit dem Skulpturenschmuck zu einem harmonischen Ensemble.

schnittenen Hainbuchenhecken eingefaßt und nur über ein kleines, von Sandsteinpfeilern gerahmtes Tor zugänglich. Diese Pforte signalisiert, daß hier ein Raum betreten wird, der seine eigenen Gesetze hat. Hier regiert nicht mehr der Ordnungswille der langen, geradlinigen Achsen, der mit Spannschnur geschnittenen Hecken und der gepflegten, lichten Kieswege, sondern die grüne Vielfalt des Dickichts unter alten Bäumen. Man sitzt auf schattigen Bänken, lauscht den Vögeln und verfolgt die kühnen Sprünge der Eichhörnchen. Auch wenn diese kleinen Waldstücke im Inneren ein sehr naturnahes Bild zeigen, sind sie nach außen hin fest in das Ordnungsgefüge des Gartens eingebunden.

Die durch den englischen Landschaftsgarten geprägte Gartenkunst des 18. Jahrhunderts lehnte die Geometrie und das Regelmaß der Bosketts ab. Doch die englische Gartenkunst des frühen 20. Jahrhunderts entdeckte die Baumgärten wieder. Das wichtigste Thema der edwardianischen Gartenkunst war der Landhausgarten, der auch einen *orchard*[126], einen Obstbaumgarten, in die Konzeption einbezog. Die Obstbäume standen hier immer in regelmäßiger Reihung. Schon im 16. Jahrhundert hatte man Untersuchungen über die zweckmäßigste Anordnung angestellt und war zu der Auffassung gekommen, daß entweder das Quadratraster oder die Anordnung gleich den fünf Augen eines Würfels – der Quincunx – die geeignetste Form der Anpflanzung ist.[127]

In der hervorragend restaurierten oberschwäbischen Klosteranlage Heiligkreuztal findet man eine zeitgenössische Variante des Baumgartenthemas. Der etwa fünfzig mal fünfzig Meter große Kameralamtsgarten wurde 1974 von Johannes Manderscheidt, der als Architekt für die gesamte Klostersanierung verantwortlich war, neu gestaltet. Der Garten war damals eine von Brennesseln überwucherte Brachfläche. Zunächst sah der Entwurf vor, den auf drei Seiten von hohen Mauern umschlossenen Gartenraum ganz mit Apfelbäumen zu bepflanzen. Doch die Bauherrschaft schreckte vor der Arbeit zurück, die Obstbäume mit sich bringen. Man entschied sich schließlich für eine flächendeckende Bepflanzung mit Kugelahorn. Die Bäume wurden im Raster von etwa 4,50 mal 4,50 Meter gepflanzt und bilden inzwischen ein fast geschlossenes Blätterdach. Die Einheitlichkeit der Rasterpflanzung wird durch zwei mächtige alte Kastanien neben dem Tor in der Nordecke des Gartens wohltuend durchbrochen. In diesem Baumgarten herrscht zu jeder Jahreszeit eine sehr meditative Stimmung, und offenbar wirkt er

Grundrisse einiger in diesem Kapitel dargestellten Baumgärten.

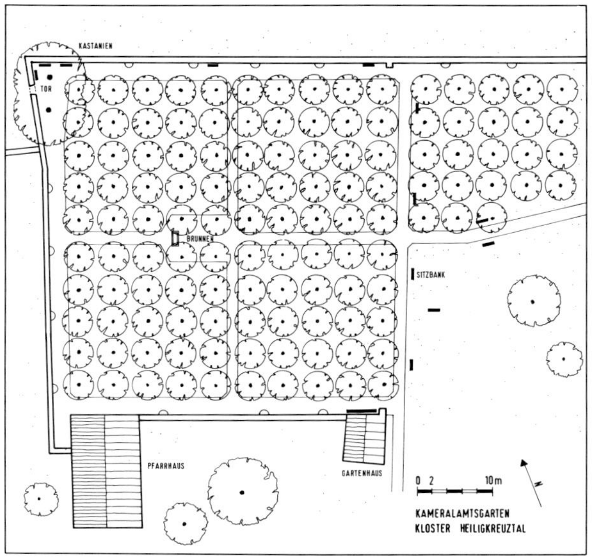

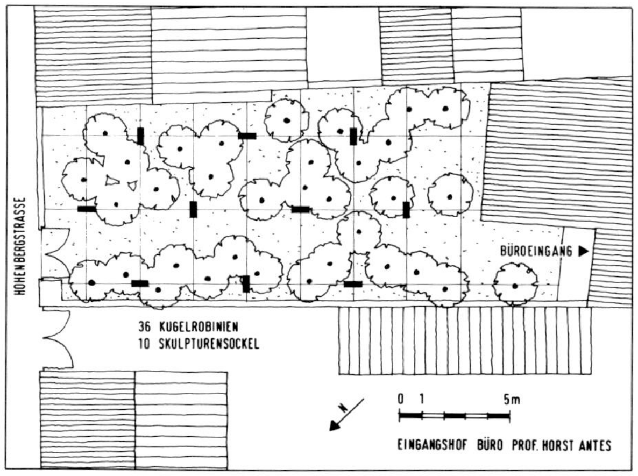

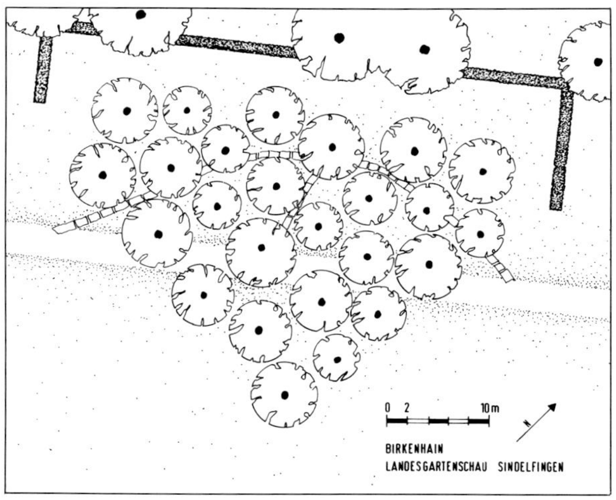

auch auf Vögel besonders anziehend – davon zeugen zahlreiche Nester in den Baumkronen.

Baumgärten lassen sich nicht nur im strengen Raster pflanzen, sondern auch in lockerer Form ohne geometrische Ordnung. Die so entstehenden Streupflanzungen haben ihren eigenen Reiz.

Eines der schönsten Beispiele für diese Gestaltungsform ist der Gartenhof beim Büro des Künstlers Horst Antes. Im Jahre 1972 erwarb er in einer gesichtslosen Karlsruher Vorortstraße das Betriebsanwesen eines Kohlenhändlers und baute es zum Büro und Archiv aus. Den knapp zweihundert Quadratmeter großen mauerumschlossenen Kohlenlagerplatz vor dem Gebäude ließ er als Baumgarten anlegen. Zunächst war an eine Rasterpflanzung gedacht, doch der Gartenarchitekt Gunnar Martinsson, den man hinzugezogen hatte, schlug eine Streupflanzung vor. In »natürlicher« Streuung wurden etwa drei Dutzend Kugelrobinien über den Hof verteilt. Nach zwanzig Jahren waren sie – obgleich jährlich geschnitten – zu einem ordentlichen Wald ausgewachsen. 1990 wurde der Gartenraum gestalterisch überarbeitet.[128] Einige kranke oder zu dicht stehende Bäume wurden entfernt, an anderen Stellen wurde nachgepflanzt. Die gesamte Hoffläche erhielt eine Decke aus hellem Kalksteinsplitt, und auf Gneissockeln wurden in strengem Raster zehn Stahlplastiken aufgestellt. Nun überlagern sich zwei Systeme – das Raster der Sockel und die ungeordnete Streuung der Bäume –, und dadurch entsteht ein großer Reiz. Trotz seiner geringen Abmessungen wirkt der Gartenhof sehr groß und atmet die unvergleichliche Atmosphäre eines »heiligen Haines«. 1995 entstand in einem hinter dem Gebäude gelegenen Gartenbereich ein zweiter Gartenhof (siehe Seite 130). Hier wurde mit der geometrisch gestalteten Topographie und drei Solitärbäumen ein Ensemble ganz anderer Art konzipiert. Aber auch in diesem Gartenhof sind Bäume das wichtigste Gestaltungselement.

Auf dem ehemaligen Gartenschaugelände in Sindelfingen befindet sich ein weiteres sehr gelungenes Beispiel für einen Baumgarten mit Streupflanzung. Der von Jörg Stötzer gestaltete Schattengarten, ein U-förmig von Eibenhecken umschlossener, etwa fünfhundert Quadratmeter großer Bereich, ist mit zwei Dutzend kleinwüchsigen Himalaja-Birken bestanden. Das Blätterdach der zart belaubten Baumkronen schafft ein lebendiges Wechselspiel von Licht und Schatten. Das helle Laub und die auffallend weißen Stämme der Bäume stehen in gutem Kontrast zu den dunklen Eibenhecken.

oben links: Platanenboskett im Schloßgarten von Veitshöchheim bei Würzburg.
oben rechts: Baumgarten mit Kugelahorn, Kloster Heiligkreuztal, Oberschwaben, Entwurf Johannes Manderscheidt.
unten: Lindenpflanzung im Schloßgarten von Schwetzingen.

Baumgärten lassen sich nicht nur im strengen Raster pflanzen,sondern auch in lockerer Form ohne geometrische Ordnung. Eines der schönsten Beispiele für diese Gestaltungsform ist der Gartenhof beim Karlsruher Büro des Künstlers Horst Antes. Der knapp zweihundert Quadratmeter große Hof ist mit drei Dutzend Kugelrobinien bepflanzt.

Auf dem von Jörg Stötzer konzipierten Gartenschaugelände der Stadt Sindelfingen bei Stuttgart reihen sich entlang des Hauptweges unterschiedlich gestaltete Gartenräume. Zu den eindrucksvollsten Ensembles gehört der »Schattengarten« mit einer Streupflanzung von 30 Himalaja-Birken (Betula utilis jacquemontii). Wegen des Kontrastes zu den dunklen Eibenhecken und dem benachbarten Buchsparterre wirkt diese Komposition besonders gelungen.

Farbenspiel mit Bäumen

»Der Gartenkünstler vermeide Einfarbigkeit ... Er denke nie, daß es gleichgültig sei, die Farben seiner Pflanzen, Stauden und Bäume durcheinanderzuwerfen, wie es der Zufall fügt, sondern daß Überlegung und Wahl erfordert wird, wenn er mittels der Farben eine glückliche Wirkung für das Auge hervorbringen will.« Christian C.L. Hirschfeld 1779[129]

In größeren Gärten und Parks spielen die Farben der Bäume als Gestaltungsmittel eine besonders wichtige Rolle. Die Skala der Grüntöne bildet die Grundlage der Komposition, die nach Hirschfeld »wohltätig stärkend und erquickend für das Auge« ist.[130] Gemäß seiner *Theorie der Gartenkunst* ist insbesondere für helle Farben und lebhafte Zusammenstellungen zu sorgen, »um Heiterkeit zu erwecken«.[131] Da im Hochsommer viele Baumarten ein zunehmend dunkles, stumpfes Grün bekommen, ist es in der Tat wohltuend, wenn durch helles Laub Akzente gesetzt werden. Trauerweide, Birke, Esche, Trompeten- und Walnußbaum bewahren das frische Grün des Frühjahrs bis weit in den Sommer hinein. Einen noch stärker belebenden Effekt hat das ganzjährig intensive Gelbgrün der Goldulme, der Robiniensorte »Friesia« sowie der gelben Thuja- und Eibenarten. Auch die Blaugrautöne einiger Tannen-, Zedern-, Kiefern-, Thuja- und Wacholderarten bereichern die Palette des Gartengestalters. Graugrüne Arten wie Silber-Linde, Silber-Birne und die silberlaubige Aralie sowie grünweiße Sorten von Hartriegel und Ahorn können im Farbenspiel ebenfalls eine wichtige Aufgabe erfüllen. In den Gärten des Mittelmeerraumes liefert der Ölbaum mit seinem hellen silbergrauen Laub einen Kontrast zum dunklen Grün der Pinien und Zypressen.

Hirschfeld verweist darauf, daß die Farben mit denen der benachbarten Gebäude und der umgebenden Landschaft korrespondieren und alles ein harmonisches Nebeneinander ergeben sollte. In England und den Niederlanden findet man häufig in der Nähe von dunkelroten Ziegelarchitekturen einzelne Blutbuchen. Diese Kombination kann einen vollendeten Farbklang ergeben, wenn sehr helle Farbtöne hinzutreten. Die Nachbarschaft von blühendem Goldregen zu ockerfarbenem Sandstein – etwa dem *honey stone* englischer Landhäuser – wirkt ebenfalls sehr harmonisch und besitzt einen ähnlichen Reiz wie die Verbindung des zarten Grüns der Linden mit den Gelbtönen barocker und klassizistischer Architekturen.

Im Herbst entfaltet sich das intensivste Farbenspiel der Bäume. Der Abbau von Chlorophyll und anderer Inhaltsstoffe erzeugt in den Blättern eine für jede Art charakteristische Pigmentierung. Nach Hirschfeld »gibt die Natur durch die Veränderung des Laubes Gemälde, die der Frühling und Sommer bei all ihrer Schönheit nicht haben«.[132] Bei diesen »Gemälden« sind die Gelbtöne am häufigsten und vielfältigsten: Das festliche Goldgelb der Kastanie, des Ginkgos und des Ahorns, das Mandaringelb des Tulpenbaumes, das Orangegelb des Kirschbaumes, das blasse Grüngelb der Linde und bei den Nadelbäumen das Ockergelb der Lärche. Die auffallendsten und beeindruckendsten Herbstfarben sind die Rottöne. Sie sind oft so intensiv, daß es unbedingt angeraten ist, die Bäume nur als Solitäre zu pflanzen und sie vor einem Hintergrund üppigen Grüns zu präsentieren. Das tiefe Granatrot des japanischen Feuer-Ahorns, das Karmin des Amberbaums und die Zinnobertöne der amerikanischen Rot-Eiche können sich erst im Zusammenspiel mit zurückhaltenden Kontrastfarben zur vollen Schönheit entfalten.

Auch der Überschwang der Gelbtöne verlangt nach einem Gegengewicht. Die Kupfertöne der Buchen, die Graubrauntöne der Eichen und das im Herbst allgemein sehr dunkle Grün der Nadelbäume wirken als beruhigende Kontraste. – Manche Laubbäume haben keine Herbstfärbung, und bei einer entsprechenden Komposition kann sich dies gestalterisch als großer Vorteil erweisen. Das Grün von Erle, Esche und Robinie wird im Herbst zwar zusehends fahler, bleibt aber bis zu den ersten Nachtfrösten erhalten. Auch immergrüne Gehölze können als beruhigende Kontrastpunkte eingesetzt werden. Schon Le Nôtre wußte um diesen Effekt und hat ihn sich zunutze gemacht. Im Herbst bilden die dunklen Eibenkegel im Garten von Vaux-le-Vicomte einen spannungsvollen Gegensatz zum gelbbraunen Laub der benachbarten Platanen. Viele Gartengestalter unseres Jahrhunderts, vor allem in England, knüpften daran an und benutzten geometrisches oder figürliches Eibentopiary als Form- und Farbkontrast zu den Laubbäumen.

Die Leidenschaft der englischen Aristokratie, in ihren Parks Bäume zu sammeln, ließ Anfang des 19. Jahrhunderts eine völlig neue Gartenform entstehen – das Arboretum. Erklärtes Ziel dieser Anlagen war das Ausstellen seltener Baumarten, ihr farbliches Zusammenspiel und das Arrangement eines Farbenfeuerwerks im Herbst. Oft wurden bestehende Landschaftsgärten oder geeignete Waldstücke zu Arboreten umgestaltet. Bald eiferte man den englischen Vorbildern auch auf dem Kontinent nach. In Belgien, den Niederlanden, Frankreich und auch in Osteuropa legte man vielerorts Arboreten an. In Deutschland entstanden sie vor allem im Zuge des Ausbaus von Kuranlagen. Besonders in Hessen wurden zahlreiche Kurparks als Arboreten gestaltet. In den Kurorten Bad Camberg, Bad Homburg, Bad Nauheim, Bad Orb, Bad Soden und Bad Wildungen sind sie noch heute prägendes Element. Die meisten dieser Kurparks wurden in der ersten Hälfte des 19. Jahrhunderts eingerichtet, so daß der Baumbestand heute gut 150 Jahre alt ist.

Die bedeutendsten Arboreten Europas findet man in England. Viele Jahrzehnte lang galt Sheffield Park in Sussex als eines der eindrucksvollsten.[133] Der vierzig Hektar große Park war ursprünglich von »Capability« Brown und Humphry Repton als Landschaftsgarten angelegt worden. Zu Beginn des 19. Jahrhunderts wurde er von seinem Besitzer Arthur Soames zum Arboretum umgestaltet. Seit 1954 gehört Sheffield Park dem National Trust. Im Oktober 1987, als ein verheerender Sturm in ganz Südengland Hunderttausende von Bäumen niedermähte, wurde der Baumbestand von Sheffield Park weitgehend ruiniert. Zwar wurden Bäume nachgepflanzt, doch es wird Jahrzehnte dauern, bis der Garten wieder eingewachsen ist.

Das 1829 von Robert Holford angelegte Westonbirt Arboretum in der südenglischen Grafschaft Gloucestershire ist heute das wohl bedeutendste Arboretum in England.[134] Mit seiner außergewöhnlichen Sammlung von japanischen Ahornarten ist es im Herbst besonders sehenswert. Sein Ruhm war schon Anfang unseres Jahrhunderts derart groß, daß Lawrence Johnston um 1910 in seinem Garten Hidcote Manor einen großen Bereich ganz ähnlich konzipierte und *Westonbirt* nannte.[135]

Der nebenstehend wiedergegebene Garten Great Comp in Kent datiert aus einer völlig anderen Epoche.[136] Die etwa drei Hektar große Anlage wurde in ihren Hauptzügen in den späten fünfziger und sechziger Jahren von dem Besitzerehepaar Cameron angelegt. Die Konzeption der gewundenen Graspfade, die von Erikaflächen eingefaßt sind, erinnert an die Heidegärten, die in den fünfziger Jahren auch auf dem Kontinent sehr beliebt waren. Mit seiner großen Vielfalt von Bäumen, Sträuchern, Stauden und Kleingehölzen ist es eine poesievolle und sehr malerisch konzipierte Anlage. Das Farbenspiel von Nadelgehölzen und Immergrünen ist zu allen Jahreszeiten auffallend lebendig.

oben: In den späten fünfziger und sechziger Jahren entstand der Garten Great Comp in Kent. Mit seiner großen Vielfalt von Bäumen, Sträuchern und Kleingehölzen ist es eine poesievolle und sehr malerisch konzipierte Anlage.

unten: Der Schloßgarten von Zeist bei Utrecht zeigt ein für Parkanlagen des 19.Jahrhunderts sehr charakteristisches Farbenspiel. Den Grüntönen von Buchen, Ahorn und Eichen sind dunkle Rottöne von Blutbuchen und Gelbtöne von Goldulmen zugeordnet.

Herbstfärbung in den Parkanlagen zwischen Solmssee und Stourzdakapelle in Baden-Baden.

oben: Die fast hundertjährige Rotbuche fasziniert mit der Masse ihres farbigen Laubes.

unten: Tulpenbäume, Ahorn und Buchen entfalten im Herbst ein prächtiges Farbenspiel.

rechte Seite: Im Zentrum des Bildes eine Amerikanische Rot-Eiche (Quercus rubra L.) im Herbstschmuck.

Im Schatten der Bäume

»Wie lange müssen wir warten, ehe wir in unseren Anpflanzungen einen kleinen Teil der herrlichen Beschattung gewinnen, die uns ein Wald voll bejahrter Eichen und Buchen darbietet!«

Christian C.L. Hirschfeld 1779[137]

Der Wald wird vom Menschen als archetypisches Bild wahrgenommen und übte schon immer eine starke imaginative Kraft aus. Von dem als verehrungswürdig empfundenen Wald schrieb der römische Philosoph Seneca: »Erblickst du einen Hain von dichtstehenden alten, über die gewöhnliche Höhe aufragenden Bäumen, wo die Masse des ... Gezweigs den Anblick des Himmels ausschließt, dann gibt der riesige Baumwuchs ... dir das Gefühl von der Gegenwart einer Gottheit.«[138] Während im vorderasiatischen und mittelmeerischen Kulturbereich des Altertums vor allem das Bild des von guten Geistern beseelten Waldes vorherrscht, ist uns aus dem nordeuropäischen Kulturkreis eher der von bösen Geistern bewohnte Wald bekannt. Erlebte man im Süden den Wald meist als eine positive Kraft – stand er doch in Verbindung mit Wasservorkommen –, empfand man ihn im Norden oft als übermächtig und feindlich. Gemäß der antiken Mythologie standen die Wälder unter dem Schutz des Gottes Pan und waren von Nymphen bevölkert, die unter hohen alten Bäumen, an Quellen, Bachläufen und in Grotten wohnten.

In den italienischen Gärten der Spätrenaissance wurde der *Bosco*, das Wäldchen, zum festen Bestandteil der Gesamtkonzeption. Da gut beschattete Zonen im mediterranen Klima zu den größten Annehmlichkeiten eines Gartens gehören, mögen es Kühle und Schatten gewesen sein, die man hier suchte. Als ein Stück unveränderter wilder Natur war der *Bosco* aber auch das geeignete Gegenstück zur gebändigten Natur der anderen Gartenbereiche und besaß dadurch seinen besonderen Wert. Bei der um 1586 von Bernardo Buontalenti geplanten Medici-Villa Pratolino in der Nähe von Florenz war der *Bosco* das wichtigste Element der Gartenanlage.[139] Schnurgerade Wege durchzogen den mit Skulpturen und Wasserspielen reichgeschmückten Wald. Im Schatten der Bäume lagen Wasserbecken, Teiche und dämmrige Grotten. Der *Bosco* von Pratolino galt im 17. Jahrhundert als eine der größten Sehenswürdigkeiten Italiens. Großen Ruhm besaß ebenfalls der zwischen 1550 und 1580 von Vicino Orsini angelegte *Bosco Sacro* in Bomarzo. Auch hier ist der Wald im Zusammenspiel mit dem Skulpturenprogramm das bestimmende Thema.[140] Selbst in dem überaus klar konstruierten Garten der Villa Gamberaia in Settignano bei Florenz gibt es ein kleines Steineichenwäldchen.[141] Während der benachbarte, perfekt gestaltete Parterregarten voll im Sonnenlicht liegt, herrscht im Wäldchen immer ein sanfter Halbschatten. Dieser scheinbar nebensächliche Gartenbereich hat einmal im Jahr seine große Stunde – im Spätsommer, wenn nach dem ersten längeren Regen Abertausende von Alpenveilchen erblühen.

In den Barockgärten ist der Wald einerseits in den regelmäßig bepflanzten Bosketts, anderseits in den von langen Schneisen durchzogenen Jagdgebieten das bestimmende Element. Die Bosketts und Waldbereiche wurden zumeist mit Skulpturengruppen geschmückt, deren Motive auf die antike Mythologie Bezug nahmen.

Während im Barockgarten große, dichte Wälder einbezogen wurden, gehörten zur Konzeption des Landschaftsgartens lediglich kleinere Waldstücke. Sie interessierten die Gestalter in erster Linie als Masse, Umriß und Schattenzone und weniger als gärtnerisch gestaltete Räume. Hirschfeld stellt in seiner *Theorie der Gartenkunst* neben *Berggarten* und *Talgarten* auch den *Waldgarten* als eigenen Typus vor. Der Waldgarten hat nach Hirschfeld »den Charakter des Waldes, und mit ihm die ganze Mannigfaltigkeit der Waldszenen gemein. ... Die Waldlage gibt nicht bloß in warmen Ländern eine beneidenswerte Bequemlichkeit, sie hat auch den Vorteil, daß, indem schon die Natur vorgepflanzt hat, die übrigen Verschönerungen sich leichter in diese Pflanzungen eintragen lassen. Und wie wenig vermag die fleißige Kunst des Gärtners gegen die Hand der Natur!«[142] Die von Hirschfeld angesprochenen »übrigen Verschönerungen« bezogen sich nicht auf gärtnerische und pflanzliche Verschönerungen, sondern auf die Ausstattung mit kleinen Tempeln, Grotten, künstlichen Wasserfällen, Einsiedeleien, Ruinen, Ruhesitzen, Brücken, Toren, Monumenten und Inschriften.

Es ist das Verdienst des Engländers William Robinson im 19. Jahrhundert ganz neue gartengestalterische Möglichkeiten von Waldstücken entdeckt zu haben. Robinson war Autor der beiden epochemachenden und in zahlreichen Neuauflagen erschienenen Gartenbücher *The Wild Garden* (1870) und *The English Flower Garden* (1883). Ihr Einfluß auf die gesamte europäische Gartenkunst gilt als sehr bedeutend. Mea Allan bezeichnete Robinson 1982 gar als »größten aller britischen Gärtner«.[143] Robinson propagierte unter anderem den *Waldgarten*. Ganz im Gegensatz zum prätentiösen viktorianischen Zeitgeschmack erklärte er viele unauffällige heimische Wildpflanzen für gartenwürdig und schlug vor, diese in den waldartigen Bereichen des Gartens anzusiedeln. So kamen Schneeglöckchen, Buschwindröschen, Primeln, Sternhyazinthen, Maiglöckchen, Salomonssiegel, Veilchen, Vergißmeinnicht, Waldmeister, Fingerhut, Astilben, Funkien und Farne zu Gartenehren. Dieser Schritt war für die Entwicklung der Gartenkunst von allergrößter Bedeutung. Was für uns heute ganz selbstverständlich zum Staudensortiment eines Gartencenters gehört, mußte in seiner Schönheit erst entdeckt werden. In Deutschland war Karl Foerster ein wichtiger Wegbereiter dieser neuen Sehweise. Ein Waldgarten ist in drei Schichten angelegt – den hohen Bäumen, den halbhohen Büschen und den bodendeckenden Stauden und Zwiebelgewächsen. Robinson empfahl, die Pflanzen so zu arrangieren, daß zu allen Jahreszeiten etwas blüht und der Waldgarten durch seine Blütenteppiche immer ein freundliches Erscheinungsbild bietet. Dabei sollte trotz sorgfältiger Planung immer der Eindruck entstehen, alles sei natürlich und frei gewachsen.

Eine andere während des 19. Jahrhunderts in England entwickelte und später auch auf dem Kontinent weitverbreitete Form der Waldgärten sind die mit Rhododendren und Azaleen unterpflanzten Waldstücke. Diese zeigen die schönste und geeignetste Art und Weise, wie diese Gehölze in eine Gesamtkomposition eingebunden werden können.

Die nebenstehende Abbildung zeigt, daß sich auch moderne Gartenarchitekten der künstlerischen Gestaltung kleiner Waldstücke widmeten. Der italienische Gartenarchitekt Pietro Porcinai (1910–1986) führte in den sechziger Jahren Umgestaltungsmaßnahmen in einem Privatgarten bei Trivero in Piemont aus.[144] Die Aufgabe bestand vor allem darin, eine ebene Fläche um die Villa zu schaffen und das steil abfallende Gelände um das Wohnhaus im Einklang mit der umgebenden Landschaft neu zu gestalten. Es waren gewaltige Erdbewegungen notwendig, die Zufahrtsstraße wurde umgelegt und ein mit Natursteinplatten befestigter Rundweg angelegt. Im Zuge dieser Arbeiten entstand auch ein Bosco. Die Bäume wurden in beeindruckender Weise mit Ziergehölzen und Waldstauden unterpflanzt, so daß zu jeder Jahreszeit etwas in Blüte steht. Wenn im Mai alle Bäume frisch im Grün stehen und der cremefarbene Geißbart blüht, bietet der Garten ein zauberhaftes Bild.

Seite 137
Privatgarten in Trivero, Piemont, Entwurf Pietro Porcinai, um 1965. In dem kleinen *Bosco* dieser ausgedehnten und abwechslungsreichen Gartenanlage sind die Bäume in beeindruckender Weise mit Ziergehölzen und Waldstauden unterpflanzt.

Bei dem Landhausgarten einer Villa im belgischen Ort Meer unterpflanzte Jacques Wirtz die Bäume mit Buchsbaum, Efeu und Taglilien.

Der Englische Garten zu Wörlitz. Die Sichtachse vom Vorhof des Schlosses zum See ist frei von Unterholz und nur mit Efeu bepflanzt. Dieser Bodendecker ist eine der elegantesten Formen für eine Gestaltung im Schatten dichten Baumbestandes.

Picea A., FICHTE
Etwa 40 verschiedene Arten, die in den gemäßigten und kälteren Regionen der gemäßigten Zone vorkommen. Wuchs gewöhnlich pyramidal mit quirlständigen Ästen. Liebt frische, kalkarme, saure Böden, hohe Luftfeuchtigkeit und kühles Klima.

Pinus L., KIEFER, FÖHRE
Eine etwa 80 Arten umfassende Gattung, die auf der nördlichen Halbkugel vom Polargebiet bis in die Tropen und hier nur in den höheren Lagen vorkommt. Äußerst vielgestaltige Wuchsformen. Im Gegensatz zu allen anderen Koniferen stehen die Nadeln büschelweise zusammen.

Platanus x acerifolia, PLATANE
Bis 30 m hoher, breitausladender Baum mit grünlichweißer bis braungrauer Rinde, die sich in großen Placken ablöst. Freistehend senken sich die Äste bis zum Boden. Unübertroffener Alleebaum, außerordentlich widerstandsfähig gegen Großstadtemissionen.

Populus alba »Nivea«, SILBER-PAPPEL
Ein bis 30 m hoher Baum mit mächtiger breiter und runder Krone. Blätter unterseits schneeweißfilzig. Verträgt trockene und saure Standorte, ist aber genauso gut zur Uferbefestigung geeignet.

Populus nigra »Italica«,
ITALIENISCHE PYRAMIDEN-PAPPEL
Heimat Italien. Bis 25 m hoch und von schönem schlanken Wuchs. Besonders geeignet für Sicht- und Windschutzpflanzungen. Als Einzelbaum sehr auffallend.

Prunus L., KIRSCHE, PFLAUME, PFIRSICH, MANDEL, ZIERKIRSCHE
Eine etwa 200 Arten umfassende Gattung mit größtem Formenreichtum. Sommergrüne Bäume oder Sträucher, von denen die meisten in der gemäßigten Zone heimisch sind. Die schönsten Zierkirschen stammen aus Japan.

Quercus coccinea, SCHARLACH-EICHE
Heimat Nordostamerika. Bis zu 25 m hoher Parkbaum, mit rundlich lockerer Krone. Die etwa 18 cm langen Blätter sind glänzend grün, tiefgelappt und färben sich im Herbst intensiv rot.

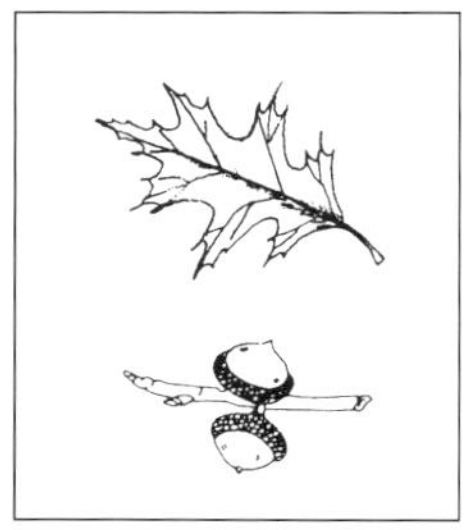

Quercus palustris, SUMPF-EICHE
Heimat Nordostamerika. Bis zu 30 m hoch. Geradstämmig mit breit kegelförmiger Krone. Äste fast horizontal abstehend. Rinde bleibt lange glatt. Schöne rote Herbstfärbung. Industriefester Einzel- und Straßenbaum für feuchte Lagen zu empfehlen.

Quercus robur,
STIEL-EICHE, SOMMER-EICHE
Heimat Europa bis Westasien. Einheimischer, bis 30 m hoher, mächtiger Baum mit tiefrissiger Rinde. In der freien Landschaft und in größeren Parks sind alte Eichen von besonderer Schönheit.

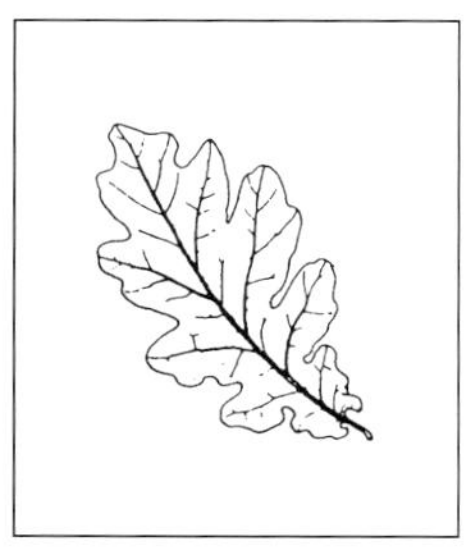

Quercus robur »Fastigiata«,
PYRAMIDEN-EICHE, SÄULEN-EICHE
Heimat Europa bis Westasien, bis 20 m hoch mit schmal kegelförmigem Wuchs. Im Herbst bleiben die braun gefärbten Blätter lange haften. Sehr dekorative Form für große Parks und Friedhöfe.

Baum und Stadtraum

Geschichte des Stadtgrüns

Städte sind Gärten Hans Scharoun, 1944

Städte sind keine Gärten Hanns Adrian, 1994[145]

Die Begriffe Stadt und Garten erzeugen zunächst diametral entgegengesetzte Vorstellungsbilder. Dennoch besteht ein tiefbegründeter Bezug, der sich auch etymologisch nachvollziehen läßt. Der Zusammenhang der Begriffe Stadt und Garten wird offenkundig, wenn man die Verwandtschaft der Wortstämme des englischen *town* (Stadt) und des holländischen *tuin* (Garten) mit dem deutschen Wort *Zaun* erkennt. In den slawischen Sprachen läßt sich ein ähnlicher Bezug nachweisen. Hier wandelt sich der Stamm unseres Wortes *Garten* zu den Endungen -grad, -gard und -gorod für *Stadt*. Die zugrundeliegende Bedeutung meint *Umwallung, Umwehrung*.
Stadt und Garten als Bereiche menschlicher Kultur waren ursprünglich beide durch Umfriedungen von der Natur abgesetzt. Bis zur Renaissance bestanden sie unabhängig nebeneinander. Das Bemühen, Stadt und Garten zur Einheit zu verschmelzen, zieht sich dann aber seit dem 17. Jahrhundert wie ein »grüner« Faden durch die Geschichte des Städtebaus.
Zwar gab es schon im Altertum baumbestandene Prozessionswege und Tempelbezirke, doch darf man davon ausgehen, daß die zentralen öffentlichen Plätze baumlos waren. Weder die griechische Agora noch das römische Forum besaß Baumbestand. Den erwünschten Schatten spendeten umlaufende Säulengänge.
Die Geschichte des Städtebaus zeigt, daß öffentliche Grünräume noch über Jahrhunderte die Ausnahme blieben. Auch die mittelalterliche Stadt kannte keine baumbestandenen Straßen und Plätze. Aus wirtschaftlichen Gründen mußte der stadtmauerumfriedete Bereich voll ausgenutzt werden und ließ keinen Platz für Grünräume. Zudem ließ das Naturgefühl der mittelalterlichen Gesellschaft den Bürger nicht nach Stadtgrün verlangen. Die Natur, die man oft genug als eine dem Menschen feindliche Macht erlebte und der man noch nicht mit romantischen Gefühlen begegnete, lag vor den Toren der Stadt, war ausgeschlossen.
Auch die architektonisch und städtebaulich so vorbildlich konzipierten Plätze der Renaissance und des Barock waren alle baumlos. Man denke an die großartigen Plätze Italiens, die Piazza del Campo in Siena, Michelangelos Kapitolsplatz in Rom oder Berninis Petersplatz im Vatikan. In der Baugeschichte des 14. bis 16. Jahrhunderts sucht man vergeblich nach baumbestandenen Plätzen. Den Baumeistern war der Anblick ihrer kunstvoll gegliederten Fassaden viel zu wichtig, als daß sie diese mit Bäumen verstellt hätten.
Auch im 17. Jahrhundert blieb Stadtgrün weiterhin die Ausnahme. Die um 1640 entstandenen Vogelperspektiven und Stadtansichten von Matthäus Merian belegen dies anschaulich. Zwar findet man hier gelegentlich Darstellungen von Bäumen, zum Beispiel bei Friedhöfen und Klostergärten oder auch Einzelbäume wie Gerichts- und Tanzlinden, doch waren sie noch keine konzeptionellen Elemente der Stadtstruktur.
Wie andere Dokumente belegen, entstanden im Laufe des 17. Jahrhunderts an verschiedenen Stellen Europas neue städtebauliche Idealvorstellungen, und erste Gedanken über Stadtgrün gewannen an Raum.
Eines der in diesem Zusammenhang bemerkenswerten Dokumente war der 1649 von Joseph Furttenbach in seinen *Traktaten über Baukunst* veröffentlichte Entwurf einer befestigten Idealstadt. Furttenbach sah in seinem Entwurf einen baumgesäumten Festungsgürtel, einen Spitalgarten und, mitten in der Stadt, einen baumbestandenen Münsterplatz vor. Innerhalb der Stadtmauern war auch ein »holdseliges Wäldlein«, also eine Art Stadtpark, ausgewiesen. In Furttenbachs Idealstadt sind Bäume eindeutig ein Gestaltungsmittel des Städtebaus.
Was für den in Augsburg lebenden Furttenbach noch städtebauliche Utopie war, war an anderen Stellen Europas bereits gebaute Wirklichkeit. Viele Dokumente belegen, daß baumgesäumte Straßen und Kanäle sowie von Baumreihen gekrönte Stadtwälle in den Niederlanden schon Anfang des 17. Jahrhunderts kein ungewohntes Bild waren. Der um 1615 entstandene Amsterdamer *Grachtengordel,* eine der ersten, in großem Stile planerisch entwickelten Stadterweiterungsmaßnahmen Europas, bestand aus einem Ring dreier baumgesäumter Grachten, jeweils von etwa 3 Kilometern Länge.
Die große Epoche des Stadtgrüns war das 18. und 19. Jahrhundert. Überall in Europa entstanden Boulevards, Promenaden, Stadtalleen, baumbestandene Plätze, Stadtparks und Volksgärten. Hintergrund dieser Entwicklung war die Tatsache, daß die Städte im Zuge der Industrialisierung und Landflucht ein enormes Wachstum erlebten. Sie verloren ihre Überschaubarkeit und den Kontakt zur Natur des umgebenden Landschaftsraumes. Die Bürger spürten den Verlust und begannen nun, die Natur in Form von öffentlichem Grün in die Städte zurückzuholen.
Wegbereiter dieser Entwicklung waren die Metropolen London, Wien und Paris. Die Weltausstellungen von 1851 (London), 1873 (Wien) und 1889 (Paris) verschafften den hier neu entstandenen städtebaulichen Gestaltungen internationale Beachtung. Schon bald folgte man überall in Europa den neuen Vorbildern. Von Lissabon bis Bukarest und von Athen bis St.Petersburg wurden nun grüne Achsen und Plätze angelegt.
Das 20. Jahrhundert bietet in bezug auf das Stadtgrün ein sehr facettenreiches Bild. Hatte man früher die Natur in die Stadt hereingeholt und grüne Enklaven für sie geschaffen, so fand um die Jahrhundertwende eine bemerkenswerte Umkehrung statt: Die Stadt wurde in die Natur hineingestellt. Das Modell der Gartenstadt, das von England ausgehend, zu Beginn unseres Jahrhunderts auch in Deutschland und den Niederlanden den Siedlungsbau beeinflußte, sah abseits der Metropolen und Großstädte separate und autarke Siedlungsbereiche vor, in denen sich Stadt und Garten zur Einheit verbanden. In all diesen Planungen spielten Bäume als Gestaltungsmittel eine wichtige Rolle, und in den Entwurfszeichnungen wurde ihnen stets große Aufmerksamkeit gewidmet.
Die im Geiste der 1943 verabschiedeten *Charta von Athen* entstandenen Wohnsiedlungen folgten einer ähnlichen Idealvorstellung, obgleich sie ein völlig anderes Erscheinungsbild bieten. Auch hier wurde die Stadt in die Natur hineingestellt. Schaut man sich die Entwürfe an, kann man feststellen, daß Bäume maßgeblich als Gestaltungsmittel, vor allem als Mittel der räumlichen Gliederung verstanden wurden.
Mitte der sechziger Jahre löste man sich von den Leitbildern der *Charta von Athen* und besann sich auf die alten Stadt- und Siedlungsstrukturen. In den folgenden Jahrzehnten waren Sanierungen in ganz Europa das wichtigste Anliegen der Stadtplanung. Die Baumaßnahmen waren stets auch mit der Neuanpflanzung von Stadtgrün verbunden, sei es in Form von baumbestandenen Plätzen und Höfen oder baumgesäumten Einkaufsstraßen und Fußgängerzonen. Oft wurden auch städtebauliche Resträume und freiwerdende Industrieflächen zu Grünräumen umgestaltet. Die Stadterneuerungsprogramme wurden zuerst in den Großstädten

links: Der Stich von Matthäus Merian zeigt eine Tanzlinde auf dem Marktplatz von Altötting bei Salzburg.
oben rechts: Die um 1670 entstandene Ansicht der westfriesischen Stadt Groningen belegt, daß im 17. Jahrhundert die Festungsanlagen in den Niederlanden oft mit Bäumen bestanden waren.
unten rechts: Merianstich von Basel. Hinter dem Münster gibt es hoch über dem Rhein einen kleinen, kanzelartig ausgebildeten Platz mit einer Tanzlinde.

Stich von Turin aus dem Jahre 1690. Die Baublöcke umschließen vielgestaltige Gartenhöfe. So sind zwar reichlich private Grünräume vorhanden, doch gibt es kein öffentliches Stadtgrün.

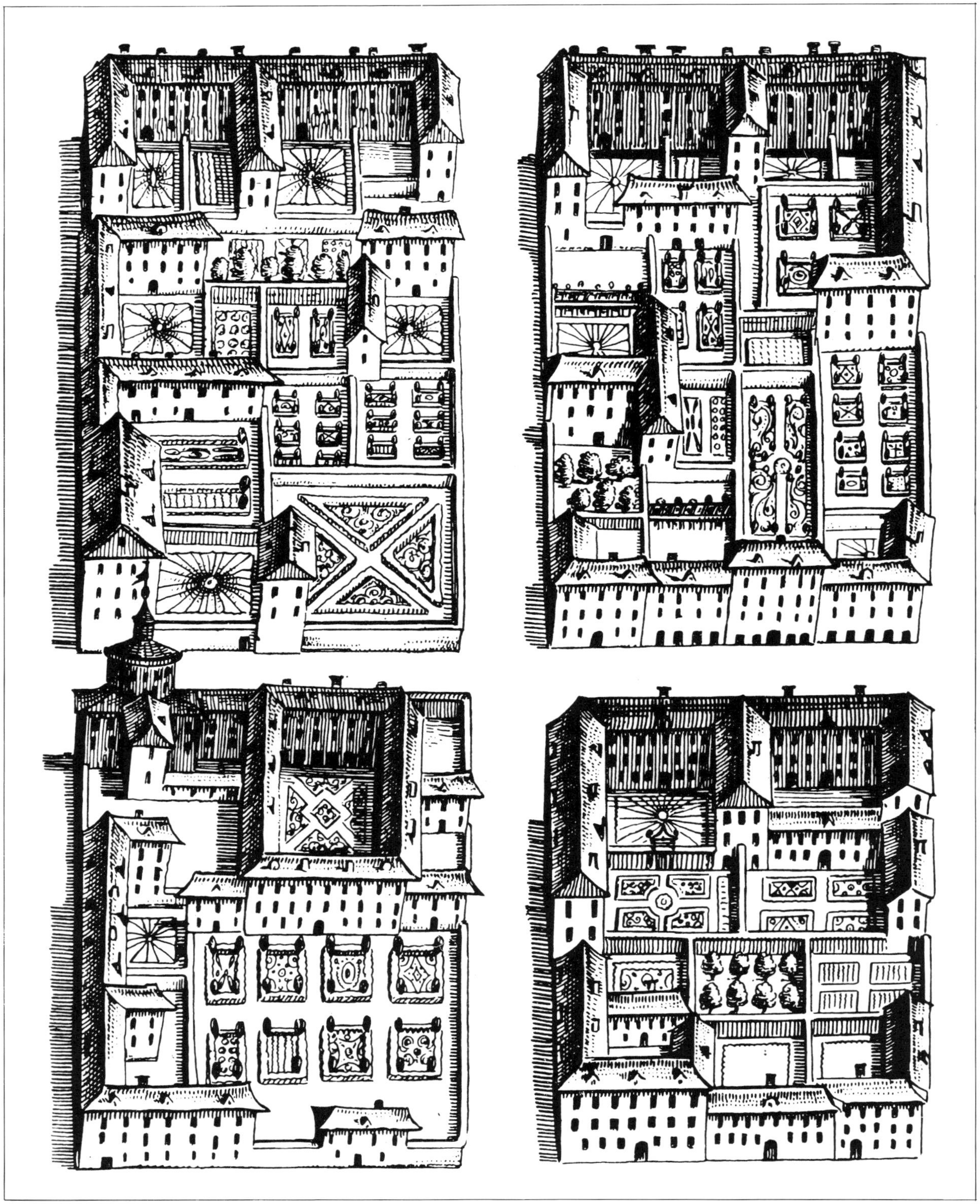

durchgeführt. Es folgten die Kleinstädte, und Ende der achtziger Jahre verlegte sich der Schwerpunkt auf Dorferneuerungsmaßnahmen. Alle diese öffentlich geförderten Entwicklungsprogramme waren mit Begrünungsmaßnahmen verbunden. Das Anpflanzen von Bäumen war eine ausdrücklich formulierte Zielvorstellung und wurde finanziell gefördert.

Städtebauliche Planungen seit den sechziger Jahren definieren nicht allein die Baustruktur, sondern auch die Grünstruktur, die dann planungsrechtlich im *Grünordnungsplan* festgeschrieben wird. In vielen deutschen Städten wurden im Zuge von Bundes- und Landesgartenschauen sowie der alle zehn Jahre stattfindenden Internationalen Gartenbauausstellung (IGA) neue Grünräume geschaffen. Bei dem Lamento über die vielen Unsinnigkeiten dieser Veranstaltungen sollte nicht übersehen werden, daß dadurch sehr oft Vorbildliches geschaffen wurde und es für die betreffenden Städte immer eine große Chance war, den gesamten Grünbestand neu zu ordnen. In Kleinstädten wie Schwäbisch Hall, Ettlingen, Sindelfingen oder Bietigheim-Bissingen beschränkten sich die Maßnahmen auf die grüne Umgestaltung einiger Altstadtbereiche, die Aufwertung der Uferzonen stadtnaher Gewässer und die Begrünung der Stadteinfahrten. In Großstädten wie Stuttgart, Hamburg und München hatten die Planungen das Ziel, großräumige Grünzusammenhänge herzustellen. Diese tragen ganz entscheidend zur Wohnqualität und zum Freizeitwert einer Stadt bei, und sie bremsen den Abwanderungsprozeß der Stadtbevölkerung ins Umland. Nach dem Verständnis der Planer hat das Stadtgrün heute vor allem ökologische, ästhetisch-kulturelle und soziale Funktionen. Es gliedert den Stadtkörper, schafft Identität und liefert Orientierungsmöglichkeiten, die oft mehr Bedeutung besitzen als die architektonischen Akzente.

Die beschriebenen Entwicklungen finden in den meisten Ländern Europas mehr oder weniger ausgeprägt ihre Entsprechungen. Grünstrukturen wurden zum wesentlichen Faktor des Städtebaus. 1992 schaute die Planerwelt fasziniert nach Barcelona und Sevilla. Zu den am meisten beachteten und am häufigsten publizierten Planungen anläßlich der Olympiade und der Weltausstellung gehörten baumbestandene Plätze, neu angelegte Parks und neu gestaltete Uferpromenaden. Auch die Großstädte Osteuropas – allen voran Prag – machten nach der Wende die Grünordnung zum erklärten Anliegen der Stadtplanung.

Granada, Blick von der Alhambra auf den Albaicín, das alte maurische Stadtviertel, das dem Burgberg gegenüberliegt. Die Stadt ist wohltuend durchgrünt, aber die Bäume stehen zumeist in privaten Gartenhöfen.

Baum und Platzraum

»Die Plätze machen eine vorzügliche Zierde der Städte, wenn sie ... von Baumpflanzungen und schönen Gebäuden umkränzt sind.«
Christian C.L. Hirschfeld 1779[146]

Im Altertum waren die Plätze in der Regel baumlos, wenngleich es einige Ausnahmen gab. Vor dem großen Amphitheater in Pompeji zum Beispiel befindet sich eine 100 x 150 Meter große Platzanlage – die Palästra –, die mit einer Doppelreihe von Platanen gesäumt war. Wie die Archäologen eindeutig nachweisen konnten, standen hier in schönem Regelmaß, U-förmig angeordnet und im Abstand von etwa sechseinhalb Metern, 72 mächtige Platanen. Allerdings war die Palästra kein öffentlicher Platz in unserem Sinne, sondern eine Art Sportplatz, auf dem Wettkämpfe durchgeführt wurden.
Noch im 17. Jahrhundert waren die Plätze üblicherweise baumlos. Als Sonnenschutz dienten Laubengänge. Auf den zeitgenössischen Stichen von Matthäus Merian findet man nur vereinzelt Darstellungen von baumbestandenen Plätzen, so bei den Kirch- und Gerichtsplätzen in Bern und Solothurn. Auf einigen Stadtansichten sind Tanzlinden auf den großen Plätzen dargestellt, zum Beispiel in den Schweizer Städten Fribourg und Einsiedeln sowie im elsässischen Mühlhausen und in Altötting bei Salzburg. Der Stich des am Zürichsee gelegenen Städtchens Rapperswil weist zwischen Schloß und Schützenhaus den baumbestandenen Luftplatz, den Übungsplatz der Schützen aus. Der Merian-Stich des Basler Petersplatzes ist besonders eindrucksvoll. Die Darstellung zeigt ihn mit dichtem Baumbestand, dessen Wildheit eher an einen Wald als an eine städtische Platzbepflanzung denken läßt. Der Stich zeigt aber auch deutlich, welch regen Zuspruch dieser schattige Ort bei den Bürgern fand. Der Petersplatz in Basel besteht noch heute und ist nach wie vor mit Bäumen bepflanzt, doch die von Merian wiedergegebene Atmosphäre besteht nicht mehr.
Zu den frühesten baumbestandenen Plätzen in Deutschland gehört der Marktplatz der kleinen, bei Dessau gelegenen Stadt Oranienbaum. Johann Georg II. von Anhalt baute sich um 1675 diese kleine Residenzstadt, die er zu Ehren seiner Frau, einer Prinzessin aus dem Hause Oranien, Oranienbaum nannte. Der quadratische, etwa hundert mal hundert Meter große Marktplatz war mit zwei Baumreihen umschlossen, im Mittelpunkt wurde als Wahrzeichen die etwa vier Meter hohe schmiedeeiserne Skulptur eines Orangenbaumes mit vergoldeten Früchten aufgestellt. Die Platzanlage ist noch heute erhalten und wird gerade denkmalpflegerisch saniert.
Im 18. Jahrhundert setzte sich dann allgemein die Tendenz durch, neuangelegte Plätze mit Bäumen zu bepflanzen. Insbesondere bei den Residenzstädten bestand seitens der Obrigkeit der Wunsch nach einem repräsentativen Stadtbild. Die schmückende Wirkung des Grüns und die abendliche Promenade unter Bäumen hatte man inzwischen überall in Europa zu schätzen gelernt. Zu den frühen und besonders konsequent ausgeführten baumbepflanzten Platzanlagen gehört auch der um 1730 entstandene Mannheimer Paradeplatz. Gemäß zeitgenössischen Berichten war er auf beiden Seiten mit Linden und Ulmen umschlossen.[147] So ist er auch auf einem 1758 von J.A. Baertels gefertigten Kupferstich mit einer vogelperspektivischen Gesamtschau der Residenzstadt Mannheim zu erkennen.[148] Die Darstellung zeigt aber auch, daß der nur zwei Häuserblöcke entfernt gelegene Marktplatz keinen Baumbestand besaß. Offenbar schien die Ausstattung der Exerzier- und Paradeplätze mit schattenspendenden Bäumen als besonders vorrangig. In einer 1769 von Friedrich Nicolai verfaßten Beschreibung der könglichen Residenzstadt Potsdam wird eine Garnisonsplantage erwähnt, »ein mit doppelten Reihen Lindenbäumen ringsum bepflanzter Platz«, der vorwiegend als Exerzierplatz diente.[149] Der weiteren Beschreibung ist zu entnehmen, daß die Bäume zu Kugeln geschnitten wurden. Nicolai verweist noch auf zwei andere unter Friedrich Wilhelm I. in Potsdam angelegte baumbestandene Plätze. Nach preußischer Sprachregelung wurden sie als »Plantagen« bezeichnet, was dem französischen Begriff Esplanade entspricht.
In Frankreich versteht man unter Esplanade eine vollständig mit Bäumen bepflanzte Platzfläche. Neben einer den Platz rahmenden Bepflanzung, wie bei der Palästra im Pompeji oder dem Paradeplatz in Mannheim, ist diese Form der flächendeckenden Rasterpflanzung der zweite Grundtyp der Platzgestaltung. In vielen Variationen durchzieht auch diese Gestaltungsform als ein immer wiederkehrendes Grundmuster die Baugeschichte. Zuletzt hat der Architekt Gustav Peichl das Motiv auf dem 1992 fertiggestellten Platz vor der Bonner Kunsthalle eingesetzt. In einem Raster von 4,50 mal 4,50 Meter sind hier 36 Kugelahorne gepflanzt. Freilich ist dies im Vergleich zu französischen Esplanaden nur eine zaghafte Miniaturausführung.
Die fast 400 mal 600 Meter messende Pariser Esplanade des Invalides und die 300 mal 400 Meter große Esplanade des Quinconces in Bordeaux zeigen das Motiv in einem ganz anderen Maßstab. Besonders schöne Beispiele von Esplanaden aller Größenordnungen findet man in der Provence – in Avignon, Aix-en-Provence, Nîmes und vielen anderen, auch kleineren Orten. Neben den ästhetischen Werten erfüllen die Bäume hier auch wichtige praktische Funktionen. Sie bewirken Kühlung und spenden lebensnotwendigen Schatten. Was wären die Märkte, Bistroterrassen und Bouleplätze Südfrankreichs ohne das schützende Dach der Platanen?

Der um 1650 von Matthäus Merian dokumentierte Basler Petersplatz war als baumbestandener Platz zu seiner Zeit sehr ungewöhnlich. Der Aufenthalt unter Bäumen fand aber offenbar schon damals großen Zuspruch.

Grundriß und Detailschnitt des Place des Vosges im Pariser Marais-Viertel.

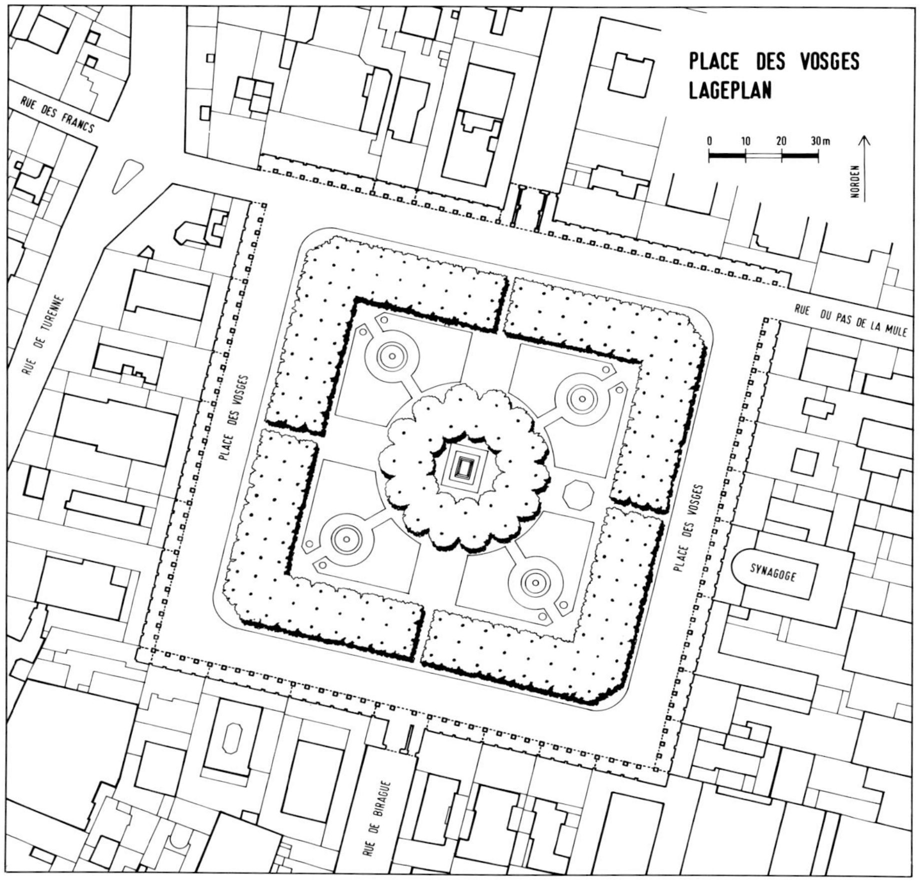

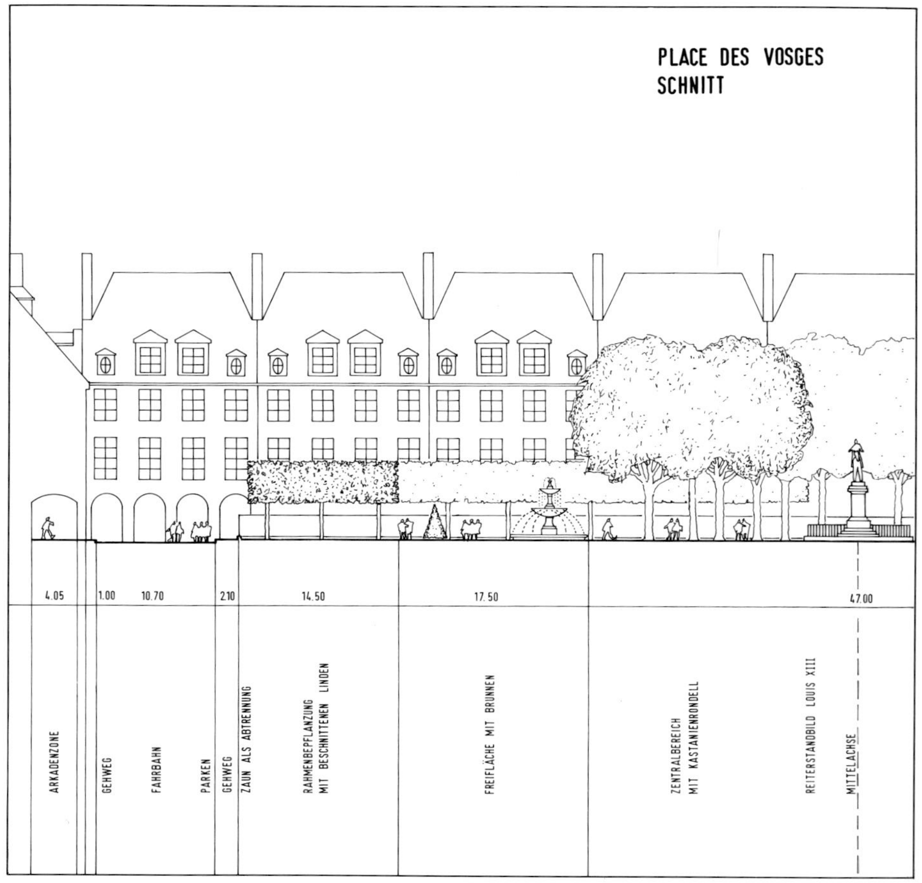

Place des Vosges

Der Place des Vosges im Marais-Viertel von Paris wurde 1612 anläßlich der Vermählung König Ludwig XIII. eingeweiht. Die Planung von Claude Chastillion für die bis zur Revolution Place Royale genannten Anlage sah einen quadratischen Platz vor, um den sich dreißig architektonisch gleichartige Adelspalais gruppierten. 1639 wurde in der Platzmitte ein Reiterstandbild Ludwig XIII. aufgestellt und die Platzfläche mit einem schmiedeeisernen Gitterzaun eingefaßt. Stiche des 18. Jahrhunderts zeigen innerhalb der Umzäunung Rasenflächen und Kieswege, doch keinen einzigen Baum. Erst in der zweiten Hälfte des 19. Jahrhunderts erhielt der Platz im Rahmen der von Eugène Haussmann und Adolphe Alphand durchgeführten Stadtsanierungen seinen Baumbestand. Als Vorbild dienten die Londoner Grünplanungen, denen seit der Weltausstellung 1851 auch auf dem Kontinent nachgeeifert wurde. Weil der Platz nach dem Bepflanzen mit Bäumen so sehr den englischen Anlagen entsprach, erhielt der Place des Vosges zu dieser Zeit den Beinamen Square Louis XIII., den er auf großen dunkelblauen Emailschildern noch heute trägt.

Die beschnittenen Linden, die heute den Platz so schön rahmen, wurden vor etwa zwanzig Jahren im Zuge einer Restaurierungsmaßnahme gepflanzt. Der Place des Vosges ist gewiß der schönste Platz von Paris, er darf sogar ohne weiteres zu den schönsten Plätzen Europas gezählt werden. Obgleich die Anlage ein vielbesuchter Anziehungspunkt für Touristen ist, bewahrt sie ihren Charakter als beschaulicher Volksgarten. Für die Quartiersbewohner bedeutet er ein unersetzliches Stück Lebensqualität. Auf den Bänken sitzen ältere Menschen, lesen, schauen dem Treiben zu oder füttern Tauben und Sperlinge. Am südlichen Rand des Platzes ist ein Kinderspielbereich angelegt. Er wird trotz der vergleichsweise bescheidenen Ausstattung auffallend gut besucht. Immer wieder sieht man auch Jogger, die hier im Karree ihre Bahnen ziehen – gewiß nicht der ideale Rahmen für diesen Sport, doch ein Ausdruck dafür, daß dieser gut einen Hektar große Grünraum von vielen wahrgenommen wird. Abends, nach Einbruch der Dunkelheit, wird der Platz abgeschlossen, so daß ungebetene Gäste ferngehalten werden und Vandalismus ausgeschlossen wird. Nur dadurch kann der perfekte Pflegezustand dieses Grünraumes auf Dauer gewährleistet werden.

Place des Vosges in Paris.
oben: Blick vom Mittelpunkt des Platzes in die Südost-Ecke.
unten links: Im südlichen Randbereich gibt es einen Kinderspielplatz unter Bäumen.
unten rechts: Im Zentrum des Platzes steht das von Bäumen gerahmte Reiterstandbild Ludwig XIII.

Grundriß und Schnitt der Kurhauskolonnaden in Baden-Baden.

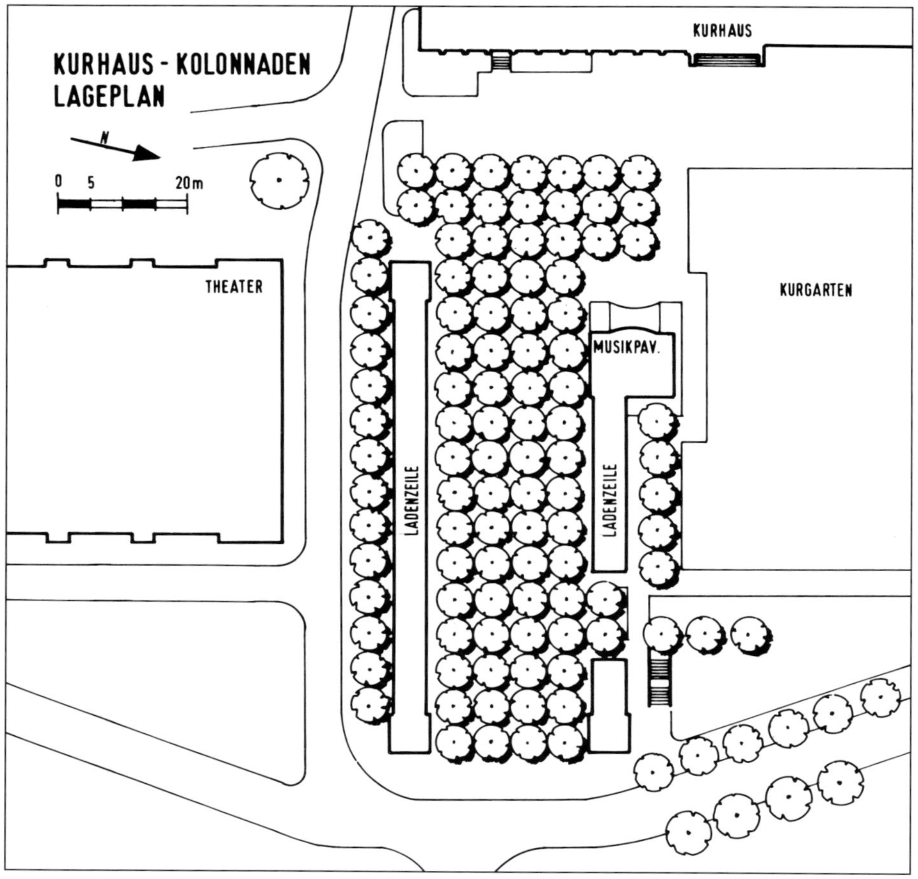

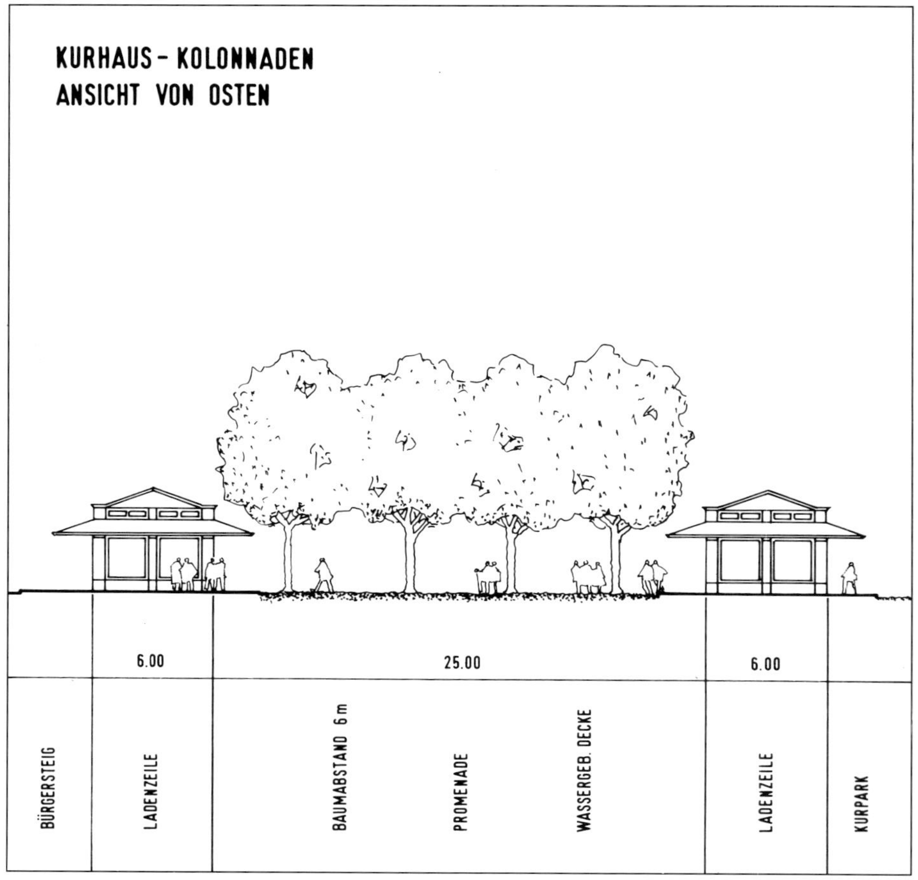

Kurhauskolonnaden in Baden-Baden

In Baden-Baden wird das letzte Wegstück von der Stadt zum Kurhaus von den Kurhauskolonnaden begleitet. Zwei etwa 80 Meter lange eingeschossige Ladenzeilen umschließen eine dicht mit vier Reihen von je 17 Kastanien bepflanzte Fläche. Die Bäume sind im Raster gepflanzt, stehen auf wassergebundener Decke und entsprechen in ihrer Gruppierung ganz den französischen Esplanaden. Es mag überraschen, aber die Anlage ist in ihrer Grundstruktur der älteste Teil der Baden-Badener Kuranlagen. Bereits 1750 gab es hier sechs Reihen Kastanien, unter denen während der Kursaison hölzerne »Krämerbuden« aufgeschlagen wurden. Im Jahre 1818 wurden nach einer Planung des markgräflichen Baumeisters Friedrich Weinbrenner die äußeren beiden Baumreihen entfernt und statt der provisorischen Holzbuden feste neue »Boutiquen« erbaut. Diese standen bis 1867 und wurden später durch die noch heute stehenden pavillonartigen Bauten mit ihren weit auskragenden Vordächern ersetzt. Der Neubau war gründlich vorbereitet worden. Bereits im Jahre 1864 gab es einen öffentlichen Wettbewerb für diese Umgestaltungsmaßnahme. Das Ergebnis war jedoch für die Stadtväter unbefriedigend, und sie beauftragten den Bezirksbaumeister K. Dernfeld mit dem Entwurf und der Ausführungsplanung. Es heißt, der Architekt sei eigens nach Paris gereist, um dort nach Vorbildern Ausschau zu halten. Es ist nicht überliefert, was hier seine besondere Aufmerksamkeit gefunden hat – waren es die Boutiquen des Palais Royal oder waren es die zierlich konstruierten Schutzdächer im Jardin du Luxembourg? Auch wenn sich keine unmittelbaren Bezüge herstellen lassen, ist der Einfluß der Reiseeindrücke auf die Konzeption der neuen Kurhauskolonnaden unverkennbar. Dem Gesamtensemble mit den eleganten Fassaden aus hellem Sandstein, die durch schlanke Pfeiler kleinteilig rhythmisiert werden, darf ohne weiteres Pariser Charme bescheinigt werden. In den sechziger Jahren hatte sich das Erscheinungsbild der Kolonnaden durch Umbaumaßnahmen seitens der einzelnen Ladeninhaber sehr zum Nachteil entwickelt. Dank einer vom Landesdenkmalamt durchgeführten Restaurierung in den Jahren 1991/92 wurde das einheitliche Bild des Ensembles wiederhergestellt. Das Angebot dieser kleinen Läden bestand schon im vergangenen Jahrhundert wie heute vorwiegend aus teuren Luxusartikeln. Das gepflegte grüne Ambiente macht die Waren offenbar besonders verführerisch. Es macht Spaß, hier zu flanieren und die Auslagen anzuschauen.

Zwei etwa 80 Meter lange, eingeschossige Ladenzeilen umschließen eine dicht mit vier Reihen Kastanien bepflanzte Fläche. Der Baumbestand läßt ein Ambiente entstehen, das an die französischen Esplanaden erinnert.

FACHHOCHSCHULE

Vorplatz der Fachhochschule Albstadt-Ebingen auf der Schwäbischen Alb, geplant von Karl Bauer. Der topographisch bedingte, sehr starke Geländesprung wurde mit einer hohen, elegant geschwungenen Stützmauer gefaßt und durch vier Lindenreihen gestalterisch aufgewertet. In Verbindung mit der Treppenanlage entstand ein herausragend schönes Ensemble.

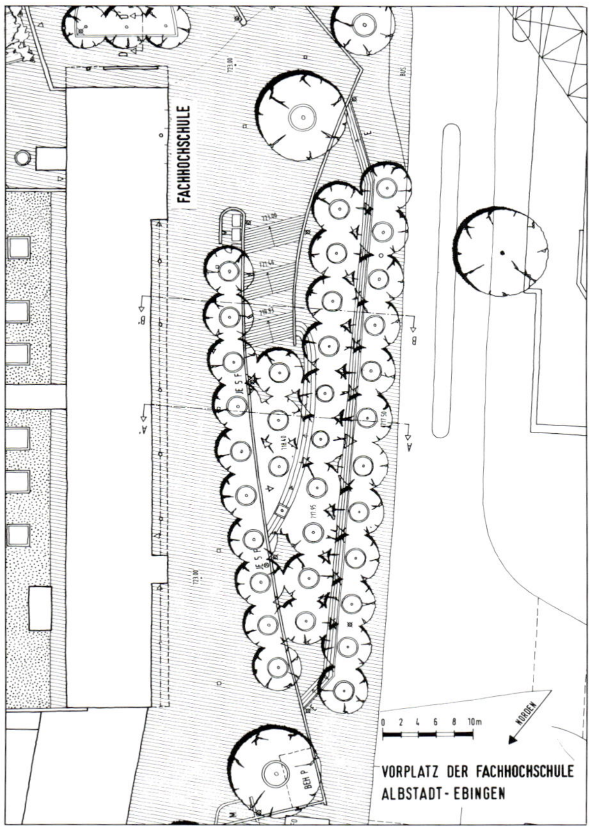

Die englischen Squares

»...für die Schönheit der Metropole, die Gesundheit und das Wohl der Bürger...«

John Nash, 1811[150]

Eine besondere Form baumbestandener Plätze findet man in England. Sie entstanden im Zuge der städtebaulichen Entwicklung des 18. und 19. Jahrhunderts. Westlich der Londoner Innenstadt, in der Nachbarschaft des Hyde Park, wurden binnen weniger Jahrzehnte viele ausgedehnte neue Wohnquartiere errichtet: Belgravia, Brompton, Knightsbridge, Chelsea, Kensington, Notting Hill, Bayswater, Paddington und Pimlico. Dem heutigen Betrachter zeigen sich diese Gebiete einerseits in einer erfreulichen Homogenität, andererseits ist durch die endlose und oft sehr schematische Reihung immer gleicher Haustypen auch Monotonie spürbar. Zahlreiche, in diese Wohngebiete eingestreute baumbestandene Plätze, die *Squares,* liefern wichtige Akzente und Orientierungspunkte.
Wer in alten Londoner Stadtplänen die Geschichte dieser Squares zurückverfolgen möchte, wird bereits in Kartierungen des 17. Jahrhunderts erste Anhaltspunkte finden. Die 1647 im Auftrag von König Charles II. entstandene Panoramakarte des Zeichners und Kupferstechers Hollar zeigt zum ersten Mal ein städtebauliches Strukturelement, das einem Square ähnlich ist.[151] Bemerkenswerterweise lautet der in die Karte eingetragene Name jedoch *Piazza.* Covent Garden Piazza entstand in den Jahren 1631 bis 1637 nach Plänen des königlichen Hofarchitekten Inigo Jones. Er hatte mehrere Italienreisen unternommen, und so ist die Namengebung Piazza als Bekenntnis zu den vielbewunderten italienischen Renaissanceplätzen zu verstehen. Im Unterschied zu Italien, wo herrschaftliche oder öffentliche Bauwerke die Plätze rahmen, wurden beim Projekt von Inigo Jones einige Dutzend Reihenhäuser zu einem Platzensemble zusammengefaßt. Die ersten Squares sind alle als rechteckige Plätze konzipiert, die zur einen Seite von einem Adelspalais begrenzt und auf den anderen drei Seiten von Wohnhauszeilen umschlossen werden.
Das Vorbild von Covent Garden Piazza machte schnell Schule, und die Eigenart dieser Platzgestaltung fand in dem Begriff *Square* bald einen eigenen Namen. 1661 enstand Bloomsbury Square, 1665 St.James Square und Leicester Square, 1676 Golden Square, 1680 Soho Square und 1684 Red Lyon Square. In der ersten Hälfte des 18. Jahrhunderts folgten Grosvenor Square, Hanover Square, Cavendish Square und Queens Square. Die Abmessungen dieser Platzanlagen, die größtenteils noch heute bestehen, liegen zwischen 75 x 75 Metern wie beim Golden Square und 160 x 175 Metern wie beim Grosvenor Square. Allerdings findet man in den Stadtplänen des 17. Jahrhunderts keinen Hinweis auf Baumbestand der Squares. Die Platzflächen waren befestigt und in unterschiedliche Funktionszonen gegliedert – Fahrbahnen für Kutschen, Fußwege und Promenaden. In der Mitte befanden sich dekorative Elemente wie Wasserbecken, Rasenflächen oder einfache Parterregärten. Obeliske, Denkmäler und Kandelaber unterstrichen die repräsentative Wirkung.

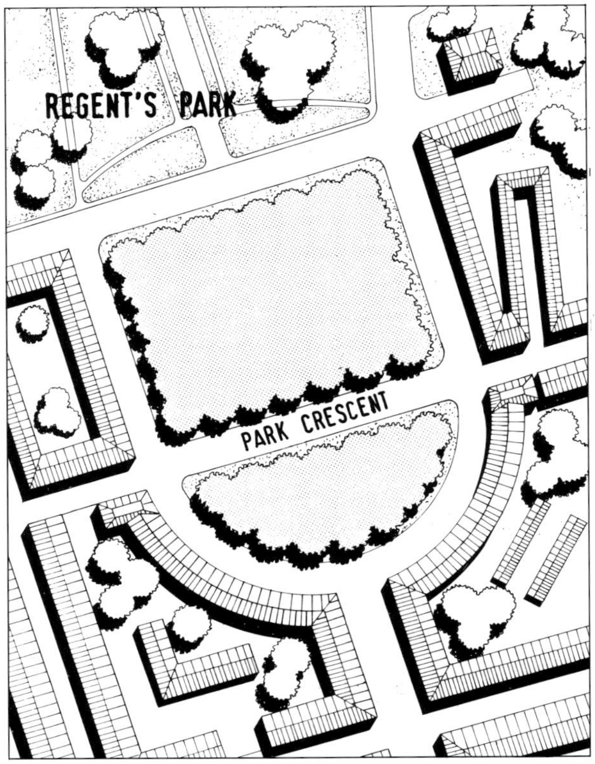

Ein um 1727 von John Harris gefertigter Stich des Red Lyon Square (S. 155) zeigt zum ersten Mal einen Square in seiner spezifischen Gestalt. Die von hohen schmiedeeisernen Zäunen umschlossene Platzfläche ist in einem regelmäßigen Raster mit 64 Laubbäumen bepflanzt. Diese Grünanlage bot den Bewohnern der angrenzenden Reihenhäuser einen schönen Ausblick und die Möglichkeit zur Promenade, außerdem steigerte sie den repräsentativen Charakter des Ensembles.
Es sollte allerdings noch einige Jahrzehnte dauern, bis sich diese Gestaltungsform durchsetzte. Erst um 1780, im Gefolge der durch den Landschaftsgartenstil neu entfachten Liebe zu den Bäumen, wurde der baumbestandene Square zum Standard. Ein zeitgenössischer Plan des um 1820 entstandenen Stadtteils Marylebone zeigt sieben neue Squares – allesamt mit Bäumen bestanden. Zur Weltausstellung 1851 erschien ein mit kleinen Illustrationen umrahmter Stadtplan. Auf diesem sind alle Londoner Squares, auch die aus dem 17. Jahrhundert datierenden Anlagen, durch grüne Kolorierung als baumbestandene Orte ausgewiesen. Auf dieser Karte findet man neben all den vorstehend genannten Squares auch die um 1825 gebauten, sehr großen Platzanlagen Eaton Square (530 x 72 Meter) und Belgrave Square (192 x 200 Meter). Die nahe des Victoria and Albert Museum, rechts und links der Brompton Road gelegenen Squares und Crescents, die hier in einer Luftaufnahme und Systemskizzen (S. 156) wiedergegeben sind, kann man auf dieser Karte ebenfalls entdecken.
Die *Crescents,* halbmondförmig gebogene Wohnhauszeilen, die einen Grünraum umschließen, sind eine Variante der Square-Konzeption. Der Architekt John Wood baute um 1770 in dem mondänen Badeort Bath mit dem Royal Crescent die erste Anlage dieser Art. Diese Wohnanlage fand in ganz England eine lange Reihe von Nachahmungen. Allein in der kleinen Stadt Bath wurde sie sechsmal kopiert. Im Jahre 1812 wurde von John Nash mit dem Park Crescent die erste derartige Anlage in London gebaut. Bald folgten weitere – um 1830 im Stadtteil Brompton der Egerton und Palham Crescent, 1850 der Royal Crescent an der Holland Park Avenue.[152]
Dank ihrer städtebaulichen und architektonischen Qualitäten gehören die Squares und Crescents auch heute noch zu den besten Adressen in London. Trotz der gesellschaftlichen Veränderungen und des damit verbundenen Wandels der Wohnvorstellungen bestehen die Ensembles in ihrer äußeren Form unverändert. Die Squares zeigen Möglichkeiten der Raumbildung mit Grün, die auf dem Kontinent kaum bekannt sind. Die hohe Qualität dieser klar definierten Grünräume läßt mit Unbehagen an das »Verlegenheitsgrün« in vielen unserer modernen Wohngebiete denken.
Auch wenn einige der Squares in der Londoner Innenstadt heute als öffentliche Grünanlagen genutzt werden, sind die meisten – entsprechend ihrer Grundkonzeption – immer noch private Grünräume. Die Anlagen sind von hohen gußeisernen Zäunen

linke Seite: Strukturplan des Park Crescent in London.

unten: Der um 1727 von John Harris gefertigte Stich des Red Lyon Square zeigt zum ersten Mal einen Square in seiner typischen Form. Die mit einem hohen Zaun umschlossene Platzfläche ist mit 64 Linden bepflanzt.

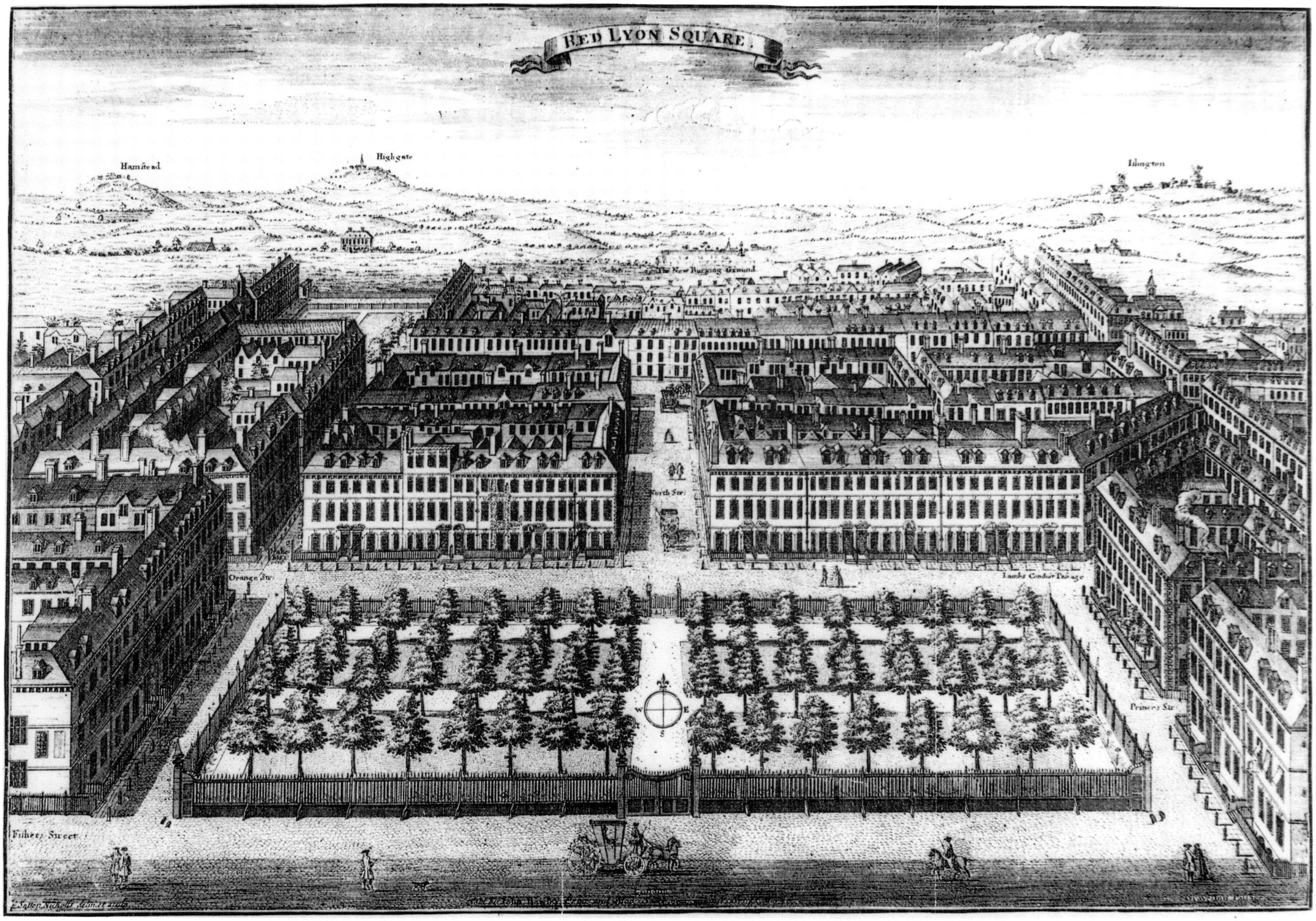

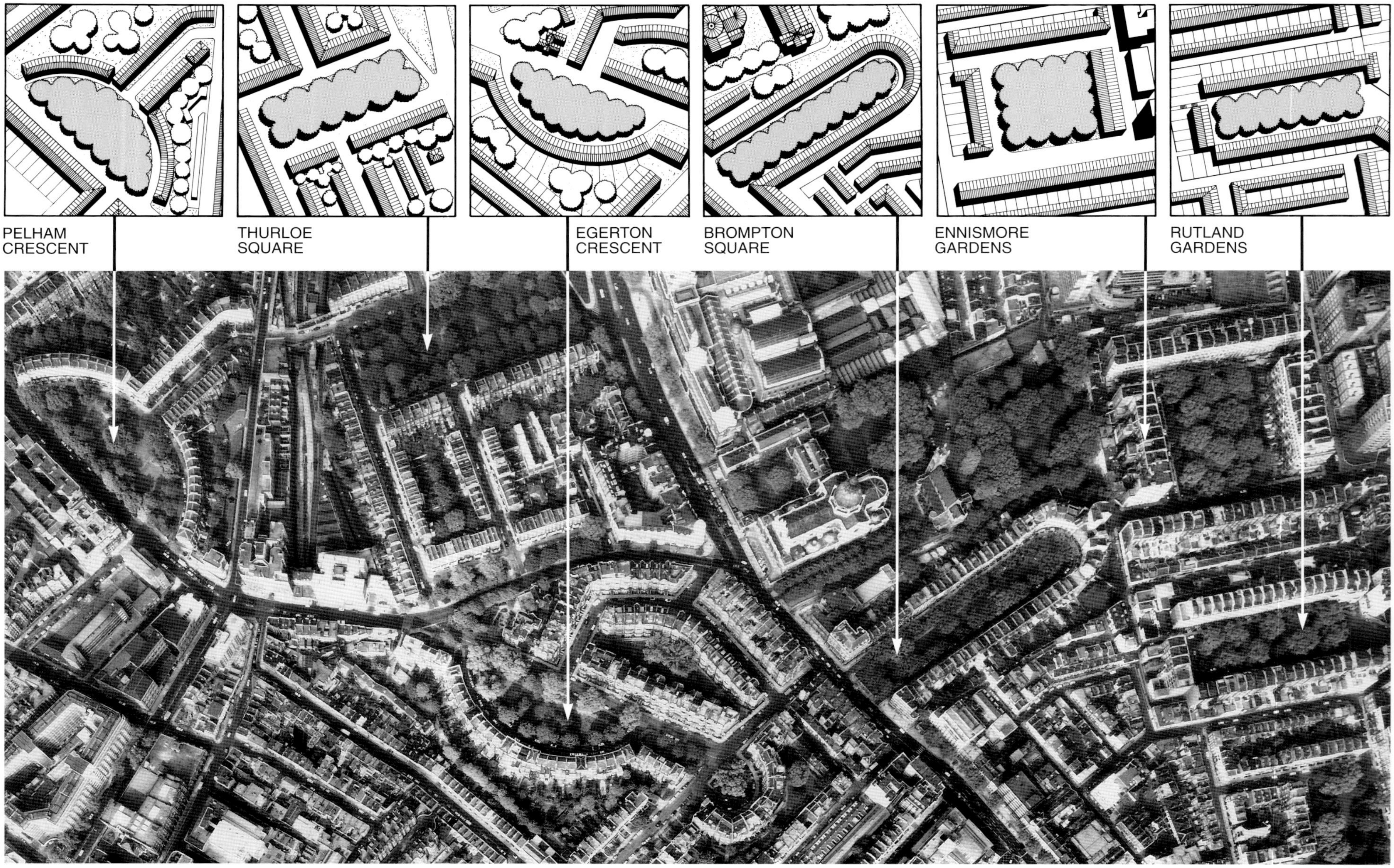

Das Luftbild zeigt die Wohngebiete um die Brompton Road in London. Hier liegen die Stadtteile Brompton, Knightsbridge und South Kensington. Baumbestandene Squares und Crescents schaffen eine ungewöhnlich intensive Durchgrünung.

umschlossen, und nur die Anwohner haben Zutritt. Dieses Privileg ist mit der Beteiligung an den Kosten für die Pflege der Anlage verbunden.
Eine Tafel neben dem Eingangstörchen schreibt die Gartenordnung fest: »Ballspiele und Fahrradfahren verboten, Hunde sind an der Leine zu führen.« Auch wenn die Grünräume nur selten von den Anwohnern genutzt werden, sind sie doch alle sehr gepflegt. Bei einigen der größeren Parks findet man auch Sondernutzungen wie Tennisplätze. Die meisten Anlagen verfügen über Kinderspielbereiche. Hier dürfen sie ungehindert lärmen; keiner der Anwohner wird sich dadurch gestört fühlen. Der hohe Zaun schützt die Kinder vor den Gefahren der Straße. Leider wird heute in vielen Fällen die Benutzbarkeit der Squares durch die Emissionsbelastungen der angrenzenden Straßen sehr eingeschränkt. Ihr Wert liegt vor allem darin, daß das Auge sich am Grün erfreuen kann. Nicht nur Anwohner, sondern auch Passanten und Autofahrer profitieren davon. In dem endlosen Ballungsraum London wird der Baumbestand der Squares und Crescents mehr denn andernorts als wohltuend empfunden. Auch die Verbesserung des Kleinklimas, besonders in den heißen Sommermonaten, die in den letzten Jahren auch auf den britischen Inseln keine Ausnahme waren, ist nicht unerheblich.

Nach umfassenden Restaurierungsmaßnahmen in den siebziger Jahren gehört der Eccleston Square im Stadtteil Belgravia zu den schönsten Londoner Squares. Der Grünraum ist als Privatzone von einem hohen Zaun umschlossen, und nur die Anwohner haben Zutritt.

Pelham Crescent im Stadtteil South Kensington. Der halbkreisförmige Grünraum schafft wohltuende Distanz zur stark befahrenen Fulham Road.

oben: Egerton Crescent im Stadtteil Brompton.
unten links: Prince's und Leinster Square im Stadtteil Bayswater.
unten rechts: Norland Square an der Holland Park Avenue im Stadtteil Kensington.

Baumbestandene Höfe

»Der Gerechte … wächst wie die Libanonzeder, gepflanzt im Hause des Herrn, in den Vorhöfen seines Tempels.« Psalm 91 ca. 500 v.Chr.

In einem Stadtgefüge bieten sich neben den Plätzen auch die Höfe zum Bepflanzen mit Bäumen an. Im Gegensatz zu den Plätzen, die öffentliche Räume sind und im urbanen Verkehrsnetz als Knotenpunkte dienen, sind Höfe verkehrsfreie Zonen. Als halböffentliche oder private Räume stehen sie immer in einer klaren funktionalen Zuordnung zu den umgebenden Gebäuden.

Die Stiche von Matthäus Merian und seinen Zeitgenossen belegen, daß grünbestandene Höfe ein wesentlich älteres städtebauliches Grundmuster sind als baumbepflanzte Plätze. Im folgenden sollen aus fünf europäischen Ländern baumbestandene Höfe vorgestellt werden. Zwar unterscheiden sie sich hinsichtlich Funktion und Anordnung der Bepflanzung, doch in ihrer Struktur entsprechen sie alle dem gleichen archetypischen Bild, das uns zu Recht an den *hortus conclusus*, den umfriedeten Gartenraum, denken läßt.

Das Grundmodell der grünen Höfe ist vielleicht am schönsten in den Beginenhöfen Hollands und Belgiens repräsentiert. Sie wurden von Beginen gegründet, ordensähnlichen Frauengemeinschaften, die im Hochmittelalter in den Niederlanden und Flandern viele Anhänger fanden. Die Beginen hatten sich Krankenpflege und Armenfürsorge zur Aufgabe gemacht. Sie lebten in klösterlicher Gemeinschaft, waren aber nicht wie in den Klöstern durch Gelübde bis ans Lebensende gebunden. Sie leisteten ihre Dienste meist außerhalb des Klosters, führten eigene Haushalte und fanden sich nur zum gemeinsamen Gebet zusammen. Auch wenn die Beginen wegen ihrer sozialen Werke bei den Bürgern hohes Ansehen genossen, sahen sie sich doch immer wieder durch die Kirchen bedrängt. Erst wurden sie durch die Inquisition als Häretiker und nach der Reformation als Papisten verfolgt. Während sie im katholischen Süden der Niederlande – dem heutigen Belgien – weiterhin wirken konnten, verloren sie im protestantischen Norden – den heutigen Niederlanden – bald an Bedeutung. Hier blieben nur zwei von den ehemals 37 Beginenhöfen erhalten: in Amsterdam und Breda. Von den 94 ehemals in Belgien bestehenden sind heute noch 14 Anlagen erhalten.

Die meisten Beginenhöfe wurden in den letzten Jahren restauriert und mit haustechnischen Einrichtungen den heutigen Bedürfnissen angepaßt. Zwar werden die Häuser mit ihren kleinen Kammern nur bescheidensten Ansprüchen gerecht, doch dafür können die Bewohner ein Stück Wohnumwelt von ungewöhnlicher Beschaulichkeit genießen. Die bauliche Konzeption der Beginenhöfe folgt dem Organisationsprinzip mittelalterlicher Klosteranlagen, wobei – ähnlich den Karthäuserklöstern – jeder Bewohnerin eine separate Wohneinheit zur Verfügung steht. Dieser ist ein kleiner Garten zugeordnet, meist hofseitig von den Häusern und von den Wegen durch Mauern oder Holzzäune abgegrenzt. Heute sind es Ziergärten, zu früheren Zeiten muß man sich hier wohl eher Gemüsegärten mit Obstbäumen vorstellen, und in der Mitte des Hofes befand sich – wie noch vor wenigen Jahren in St. Amandsberg bei Gent – eine kleine Viehweide statt einer gepflegten Rasenfläche. Wichtigster Gedanke bei der Konzeption der Beginenhöfe ist ihre innere Erschließung; alle Häuser sind über den Gartenhof erschlossen, der das Herzstück ist. Nach außen zeigen sich die Anlagen mit abweisenden, meist fensterlosen Mauern oder sind von einem trennenden Wassergraben umgeben.

Der Beginenhof von Brügge ist wohl der eindrucksvollste unter den belgischen Beginenhöfen. Er wurde im Jahre 1244 zum ersten Male urkundlich erwähnt. Bis zum 16. Jahrhundert hatte er sich zu einer recht ausgedehnten Anlage entwickelt, wie man auf einer 1562 datierten Karte ersehen kann.[153] Dann erlebte der Hof eine recht wechselvolle Geschichte. Über lange Zeit war er Flüchtlingslager für die Verfolgten aus den nördlichen Niederlanden, insbesondere für Nonnen anderer Ordensgemeinschaften. So kam es, daß der Hof noch bis Anfang des 19. Jahrhunderts sowohl von Beginen als auch von Zisterzienserinnen bewohnt war. Als 1930 die letzte Begine starb, stand der Hof bald leer. Nach gründlicher Sanierung wurde er 1937 von einer Benediktinerinnengemeinschaft bezogen und wird heute zum Teil als Altenwohnheim genutzt.

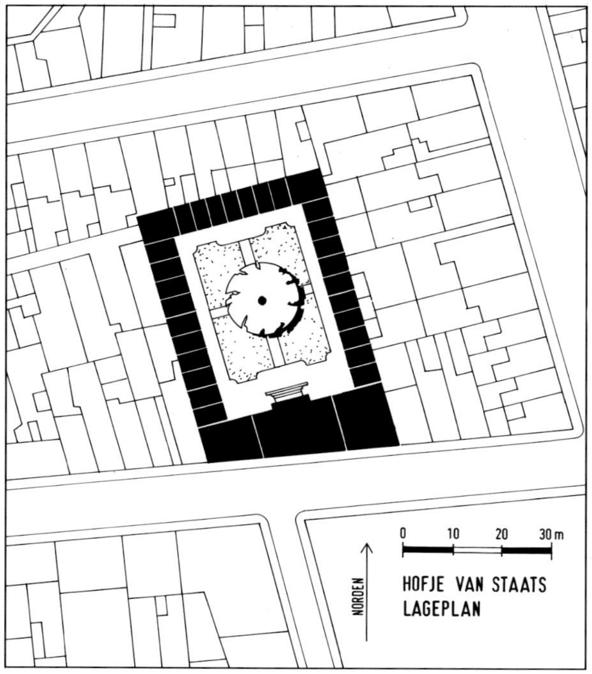

Lageplan des Hofje van Staats in Haarlem bei Amsterdam.

Der Binnenbereich der Anlage hat eine Grundfläche von etwa 8000 m² und ist mit etwa 100 Pappeln bepflanzt. Sie sind in einem lockeren Raster angeordnet, dessen Abstand knapp acht Meter beträgt. Die hohen und deutlich windschiefen Pappeln, die bei Herbststürmen bedrohlich rauschen, wirken zu manchen Jahreszeiten, insbesondere im Sommer, etwas dunkel, schaffen aber eine sehr stimmungsvolle Atmosphäre. In der Osterzeit, wenn die Wiese voll blaßgelber Narzissen steht, zeigt sich der Hof für einige Wochen im Festkleid. Danach, mit dem fortschreitenden Frühjahr, wächst er zu, die Wiese wuchert, und das Laub der Pappeln schließt den Raum nach oben. Die Einfachheit und Klarheit des Beginenhofes von Brügge wirkt wohltuend, im Vergleich zu der Miniaturhaftigkeit manch anderer. Er zeigt nicht kleinteilig stilisierte Gärtchen, sondern schlicht ein Stück flandrischen Waldes. Wer die lichten, voll mit wilden Hyazinthen bedeckten Wälder Belgiens kennt, kann deren Stimmung hier wiederfinden.

Der den Beginenhöfen zugrundeliegenden Baugedanke findet sich in abgewandelter Form auch in den niederländischen *Hofjes*.[154] Sie entsprechen, bis auf das Fehlen des Kirchengebäudes, den Beginenhöfen, sind allerdings in der Regel deutlich kleiner. Die Hofjes sind als städtebauliches Strukturelement fast überall in den alten Stadtkernen der Niederlande zu finden. In Amsterdam beispielsweise gibt es 27, in Haarlem 26 und in Leiden 32 solcher mehr oder minder großen Wohnhöfe. Es sind Orte der Ruhe, wo die Gesetze der Stadt aufgehoben scheinen und sich eine mitunter ländliche Idylle darbietet. Eine merkwürdig »artige« Welt: ein baumbestandener Garten mit Blumenbeeten, umgeben von ein, zwei oder drei Dutzend kleiner Häuser. Die Geschichte der Hofjes reicht zurück ins 14. Jahr-

Hofje van Staats, erbaut im Jahre 1730. Im alten Stadtkern von Haarlem gibt es 26 derartiger baumbestandene Höfe mit Altenwohnungen.

hundert. Wohlhabende Bürger oder auch gemeinnützige Bruderschaften stifteten kostenlose Unterkünfte für die Armen, die Alten oder die Kranken. Um sicher zu sein, daß die Anlage in ihrem Sinne weitergeführt werde, benannten die Stifter in ihrem Testament eine Abordnung von Verwaltern, die sich in der *Regentenkammer* konstituierte. Der Wohltätigkeitsgeist war oft gepaart mit etwas eitlen Hintergedanken; über den Eingängen der Hofjes wußten die Stifter ihren Namen auf steinernen Tafeln ruhmreich bewahrt. Im 17. und 18. Jahrhundert entstanden zahlreiche Hofjes, denn das Stiften eines solchen war für reiche Kaufleute eine ehrenvolle Angelegenheit. Die städtische Obrigkeit unterstützte diese privaten Sozialleistungen durch den Nachweis geeigneten Baugeländes und durch steuerliche Vergünstigungen. Da möglichst viele Häuschen zu errichten waren, lag die Form eines Hofes mit innenliegender Erschließung nahe. Das *Zusterhuis* in Utrecht aus dem Jahre 1357 zeigt bereits diese Konzeption, die dann über fast sechs Jahrhunderte hinweg bis in die dreißiger Jahre unseres Jahrhunderts Gültigkeit behielt. Inzwischen sind die älteren der Hofjes mehrfach restauriert und modern ausgestattet worden. Der Baugedanke – gemeinschaftliches Wohnen um einen baumbestandenen Gartenhof – hat für uns heute wegen seiner räumlichen Bestimmtheit wieder neue Faszination. Der Hof wird zu einer halböffentlichen Zone, die den Bewohnern Raum für Begegnung bietet.

Der Beginenhof von Brügge ist wohl der eindrucksvollste unter den belgischen Beginenhöfen. Der Binnenbereich der Anlage hat eine Grundfläche von etwa 8000 m² und ist mit fast 100 Pappeln bestanden.

In der Osterzeit, wenn die Wiese voll blaßgelber Narzissen steht, zeigt sich der Hof für einige Wochen im Festkleid. Danach, mit fortschreitendem Frühjahr, wächst er zu, die Wiese wuchert, und die Pappeln schließen mit ihrem dichten Laub den Raum nach oben.

links: Grundriß des Beginenhofes in Brügge.
rechts: Grundriß des Patio de los Naranjos in Sevilla.

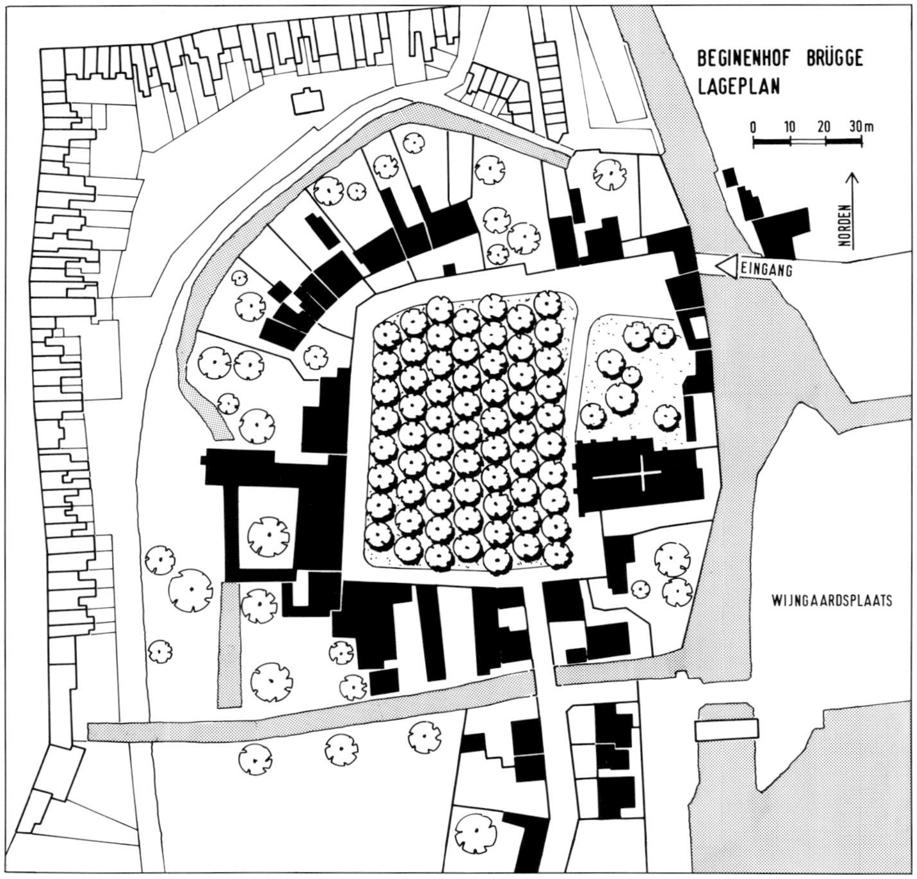

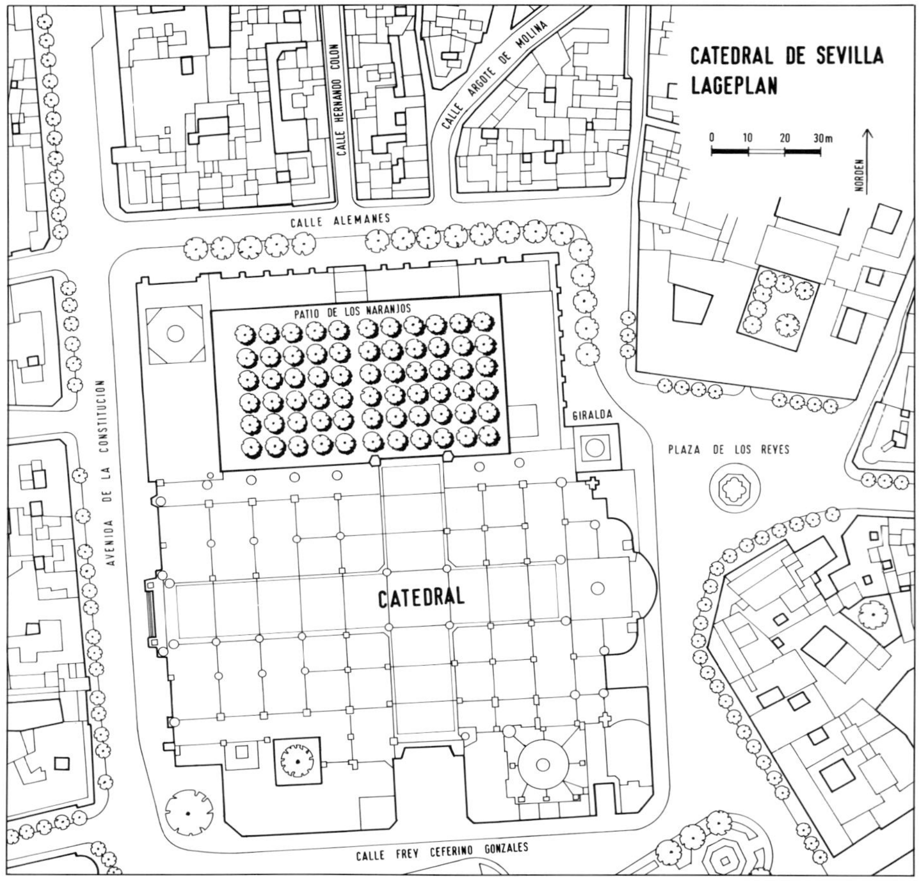

Die Richtigkeit der niederländischen Hofjes ist angesichts ihrer immer noch vorhandenen Funktionsfähigkeit und Anziehungskraft auf verschiedene Gruppen der Bevölkerung bewiesen. Für viele Alleinlebende – sei es in der Jugend, als Student oder im Alter ohne Familie – wird solch ein gemeinschaftsbezogenes Wohnen weiterhin einen Anreiz bieten.

Bei der Gestaltung des grünen Hofraumes finden sich die alten kompositorischen Grundmuster: eine genau in Hofmitte plazierte Solitärlinde beim Hofje van Staats in Haarlem ein Rondell gigantischer Platanen beim Arent Maartenshofje in Dordrecht oder ein Karree beschnittener Linden beim Klaeuwshofje in Delft. Im Amsterdamer Beginenhof steht eine riesige alte Kastanie. Das um 1620 fertiggestellte Heilige-Geest-Hofje in Den Haag ist noch heute mit verschiedenen Obstbäumen bepflanzt – ganz so wie ein Stich aus dem 18. Jahrhundert den Gartenhof wiedergibt.

Patio de los Naranjos

Der Patio de los Naranjos, der Orangenbaumhof der Kathedrale von Sevilla, ist ein Relikt der großen Moschee, die im Jahre 1172 unter der Herrschaft der Almohaden errichtet wurde.[155] Als Sevilla 1402 von den Christen zurückerobert und mit dem Bau der christlichen Kirche, einem der größten Gotteshäuser der Welt, begonnen wurde, blieben nur der Patio und die Grundstruktur der Moschee erhalten. Die Giralda, das einstige Minarett, wurde zum Wahrzeichen von Sevilla. Lange Zeit diente der Patio de los Naranjos als Friedhof für die Erzbischöfe und die Priester der Kathedrale. Über das frühere Aussehen des Hofes kann heute nur spekuliert werden, da keine verbindlichen Pläne und auch keine Photographien aus der Zeit vor 1948 existieren. Möglicherweise ist dies mit der Tatsache zu erklären, daß der Hof als Friedhof diente und der Öffentlichkeit nicht zugänglich war. Der Patio war immer schon mit Orangenbäumen bepflanzt, jedoch nicht in der strengen Einheitlichkeit wie heute. Neben den Orangenbäumen wuchsen früher dort auch Zypressen, Palmen und Weinstöcke.

Die heutige Gestaltung des Orangenhofes geht auf eine Planung des Architekten Felix Hernández Ende der vierziger Jahre zurück. Im Jahre 1948 erhielt der Patio den heute vorhandenen Ziegelbelag, der ein homogenes Bild schafft, und es wurden im strengen sechs Meter Raster 65 Orangenbäume und eine Magnolie gepflanzt. Der in der Mitte befindliche Brunnen ist aus maurischer Zeit, die vier an den Eckpunkten des Hofes entstanden im Zuge der erwähnten Restaurierung. Der Gedanke, die Bäume über ein im Raster verlegtes Kanalsystem zu bewässern, mag dem Planer angesichts der traditionellen maurischen Bewässerungssysteme gekommen sein, mit dem das kostbare Naß direkt, ohne große Verdunstungsverluste an die gewünschte Stelle geleitet wird.

oben links: Brunnen im Patio de los Naranjos in Sevilla.
oben rechts: Blick von der Giralda auf den Patio de los Naranjos.
Die heutige Gestaltung des Hofes geht auf eine um 1948 entstandene Planung des Architekten Felix Hernández zurück.
unten : Im strengen Raster von sechs Metern sind 65 Orangenbäume und eine Magnolie gepflanzt.

Grundriß und Detailschnitt des Palais Royal im 1. Arrondissement von Paris.

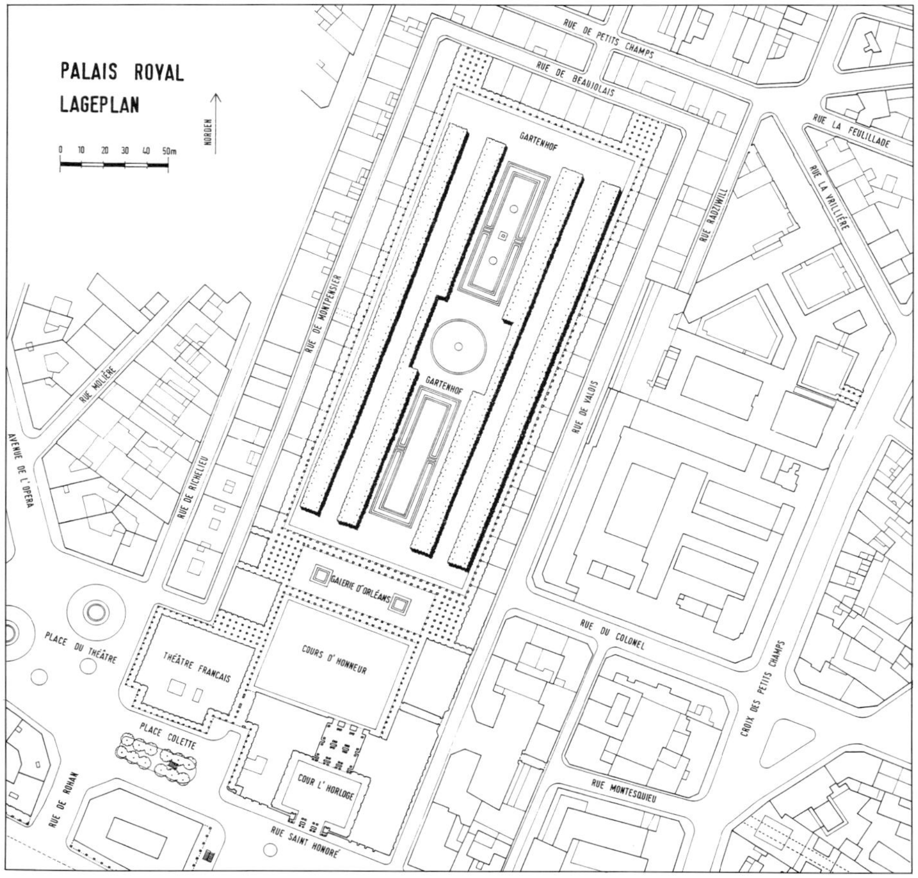

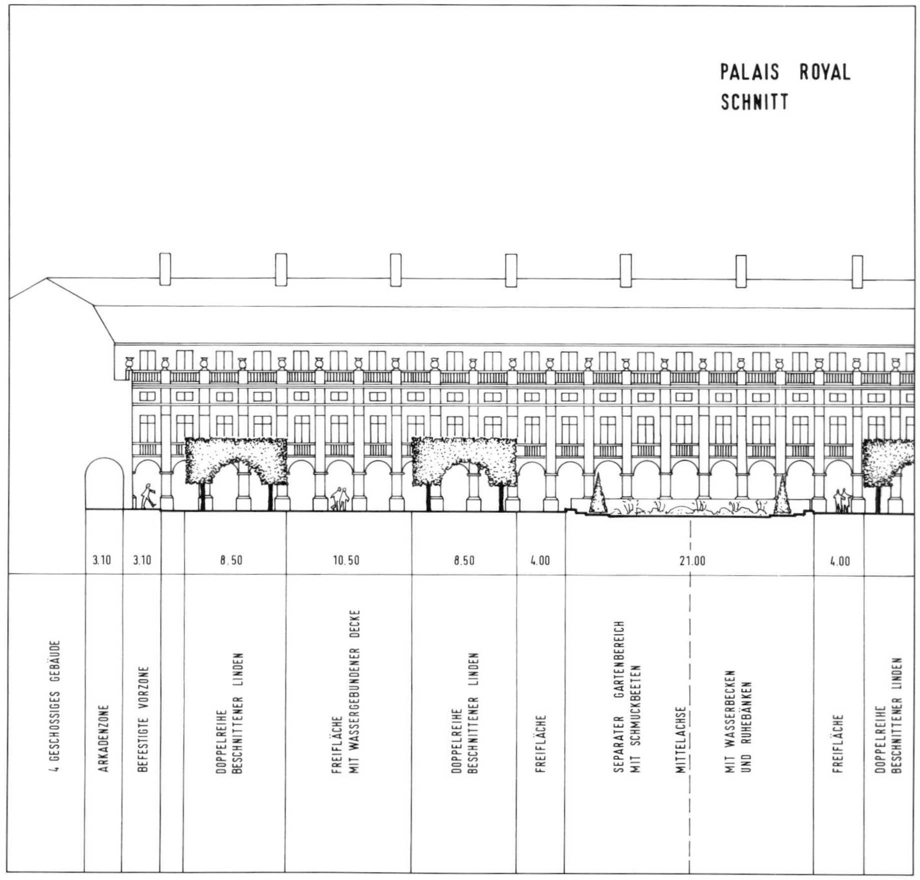

Das Palais Royal in Paris

Das Palais Royal, ursprünglich Palais du Cardinal, wurde 1629 von Kardinal Richelieu erbaut und erhielt seinen heutigen Namen erst später. Es war nie, wie der Name vermuten läßt, Residenz der französischen Könige. Wie alte Pläne belegen, war die Anlage, ähnlich den Tuileriengärten, eine Kombination von Parterres und Bosketts, geordnet durch eine klare Längsachse und gefaßt durch Bebauung. Seine heutige bauliche Kontur erhielt der Garten erst durch die im Jahre 1781 ausgeführten Umbaumaßnahmen. Dabei wurde der Grünraum, der ursprünglich Abmessungen von 125 x 275 Metern besaß, durch eine in den Binnenbereich eingefügte Bebauung auf ein Maß von 95 x 220 Metern reduziert. Diese Umbaumaßnahme rief seinerzeit schärfste Proteste der gesamten Quartiersbevölkerung hervor.[156] Doch alle Proteste halfen nichts. Die Häuserzeilen wurden gebaut, und schon kurz nach Fertigstellung entwickelte sich der neue Gartenhof zu einem der lebhaftesten Treffpunkte von Paris, zu einem Ort, an dem in ganz ungewöhnlicher Weise alle Gesellschaftsschichten verkehrten – Aristokratie, Bürgerliche und die niederen Stände. In den Cafés trafen sich die Jeunesse dorée, alle möglichen spektakulären und zwielichtigen Gestalten und politische Aktivisten. Im Garten des Palais Royal stachelte der junge Anwalt Camille Desmoulin im Jahre 1789 mit feurigen Reden das Volk auf, rief zum bewaffneten Sturm auf die Bastille und löste damit die Französische Revolution aus.
Heute ist das Palais Royal unweit von Louvre und Oper einer der gepflegtesten und intimsten Grünräume im Herzen von Paris. Die einheitliche Randbebauung, die langen Reihen perfekt beschnittener Linden – insgesamt zählt man 464 Bäume, im Pflanzabstand von 3,20 Meter – erzeugen ein architektonisch sehr strenges Bild von großer Noblesse. Die Bäume wurden 1985 im Zuge einer Restaurierungsmaßnahme frisch gepflanzt. In ihrer Anordnung entsprechen sie mehr oder weniger dem Bild, das wir auf Graphiken des 19. Jahrhunderts und Photographien der ersten Jahrzehnte unseres Jahrhunderts wiederfinden.

Nordwestecke des Palais Royal. Die langen Reihen perfekt geschnittener Linden mit ihrer starken raumbildenden Wirkung geben diesem Hof ein unvergleichliches Erscheinungsbild.

Baum und Straßenraum

»Was die Stadt selbst anbelangt, so sind die Gassen breit und lang, die man gar sauber hält und stehen in vielen derselben Lindenbäume nacheinander.«
Matthäus Merian über die Stadt Antwerpen ca. 1640[157]

Der Renaissancetheoretiker Leon Battista Alberti bemerkte in seinen um 1485 verfaßten *Zehn Büchern über die Baukunst*[158] zur »Ausschmückung der Straßen«: »Manche Straßen sollen würdiger sein ... zum Beispiel die, welche zum Tempel, zur Basilika oder zum Schauspielhaus führen. Bei den Geschichtsschreibern findet auch jene Straße Lob, welche in der Stadt Bubastis in Ägypten zum Tempel führte, denn hier grünten zu beiden Seiten mächtige Bäume.« In der Tat sind schon im antiken Ägypten baumbestandene Prozessionswege nachzuweisen. Vom Beginn des Mittleren Reiches bis in ptolemäische Zeit waren die zum Tempeleingang hinführenden Prozessionsalleen ein immer wiederkehrendes Gestaltungselement. Zwar ist nichts mehr von diesen Alleen erhalten, doch Archäologen fanden die in regelmäßigen Abständen gereihten, ziegelummauerten Pflanzgruben. Sie waren mit fruchtbarem Nilschlamm gefüllt und an Bewässerungskanäle angeschlossen. So wissen wir nicht nur von der eingangs erwähnten Allee in Bubastis, sondern auch von der mehr als einen Kilometer langen Allee des Hatschepsut-Tempels in Deir el-Bahari und der etwa 500 Meter langen, einen Kanal säumenden Allee des Amun-Tempels in Karnak.[159] Die Bäume standen in Querrichtung zehn bis zwanzig Meter auseinander, in Längsrichtung reihten sie sich im Abstand von etwa sechs bis zwölf Metern – dies entspricht gängigen Abmessungen heutiger europäischer Alleen.

Die Tatsache, daß Alberti auf Beispiele der Antike zurückgreift, um die Schönheit von Alleen zu loben, beweist, daß es zu seiner Zeit keine grüngesäumten Straßen gab und die Allee als städtebauliches Element erst später eingeführt wurde.

Am Anfang der Geschichte der städtischen Alleen steht der *fürstliche Weg*, die Verbindung zwischen dem Stadtpalais und der außerhalb gelegenen Residenz. Für eine adäquate Gestaltung dieser Wegstrecke griff man auf das Motiv der baumgesäumten Achse zurück, das sich, ausgehend von Italien, bereits seit Ende des 16. Jahrhunderts in der Gartenkunst etabliert hatte. Der Cours de Vincennes, eine gut vier Kilometer lange und 84 Meter breite vierreihige Ulmenallee, die Ludwig XIV. Anfang des 17. Jahrhunderts als repräsentative Verbindung zwischen der Stadt und seinem Schloß im Bois de Vincennes ausführen ließ, war die erste Allee dieser Art. Sie wurde bald zum großen Vorbild. Die 1674 angelegte Allee – die später zur Straße Unter den Linden ausgebaut wurde – folgte dem französischen Beispiel. Sie schuf die Verbindung zwischen dem Stadtschloß und dem anderthalb Kilometer entfernten Tiergarten, dem Jagdrevier des brandenburgischen Fürsten.

Einen Höhepunkt fand das Motiv der Allee in den 1680 von Le Nôtre konzipierten Pariser Königsachsen. In Verlängerung der vor dem Stadtschloß gelegenen Tuileriengärten führte die gut zwei Kilometer lange und etwa neunzig Meter breite Avenue des Tuileries (die heutigen Champs-Élysées) zum Place d'Etoile, und von dort aus strahlten vier weitere Alleen in unterschiedliche Richtungen zu den Schlössern nach Neuilly, St. Cloud, Marly und zum fünfzehn Kilometer entfernten Versailles. Diese städtebauliche Planung mit Alleen und Rundplätzen entsprach den Gestaltungsvorstellungen barocker Gartenanlagen. Hier wurden Konzeptionen der Gartenkunst zum Vorbild der Stadtbaukunst.

Im 17. Jahrhundert wurden die Festungsanlagen, die Paris umgaben, geschliffen und statt dessen baumgesäumte Boulevards angelegt. Ende des 18. Jahrhunderts bildeten sie einen vollständigen Ring um die Pariser Innenstadt. Zwischen 1850 und 1870, unter Napoleon III., wurde das Stadtbild von Paris noch einmal gründlich umgestaltet. Es ist Verdienst des Präfekten Georges-Eugène Haussmann und seines Architekten Alphonse Alphand, daß innerhalb von zwanzig Jahren mehr als 100 Kilometer weiterer Boulevards sowie Dutzende baumbestandener Plätze und Parks entstanden. Hintergründe dieser Umgestaltungsmaßnahmen waren nicht nur stadtgestalterische Belange, sondern auch stadthygienische und politische Aspekte.[160]

Auch in anderen französischen Städten entstanden baumgesäumte Boulevards. Besonders im Süden weiß man den schattenspendenden Baumbestand sehr zu schätzen. Zu den schönsten Boulevards in Südfrankreich gehört der Cours Mirabeau in Aix-en-Provence, die Rue de la République in Avignon, die Allée de Tourny in Bordeaux, die Avenue Jean Jaurès in Nîmes und die Allée Jules Guesde in Toulouse. Aber auch in vielen weniger bekannten südfranzösischen Kleinstädten gehören platanengesäumte Einkaufs- und Flanierstraßen zu den immer wiederkehrenden städtebaulichen Standards.

Königsallee Düsseldorf

Die Pariser Boulevards wurden überall in Europa und Amerika zum Vorbild genommen. Die Königsallee in Düsseldorf – vor Ort nur kurz *Kö* genannt – ist sicherlich eine der wenigen europäischen Stadtalleen, die sich noch heute mit den Pariser Boulevards messen können. Trotz Kriegszerstörungen und mancherlei Veränderungen konnte sie etwas vom Flair eines eleganten Boulevards bewahren. Die 812 Meter lange und 85 Meter breite Straße, die als zentrale Achse den Graf-Adolf-Platz mit dem Hofgarten verbindet, wurde um 1803 von dem Hofbaumeister Caspar Anton Huschberger und dem Hofgärtner Maximilian Weye konzipiert. Nach dem Zweiten Weltkrieg gelang es den Stadtplanern, die Kö durch Parallelstraßen, unter anderem die neu ausgebaute Berliner Allee, vom Verkehr zu entlasten. Die gesichtslosen Fassaden des Wiederaufbaus ließen sich indes ebensowenig vermeiden wie die Rückläufigkeit der Wohnnutzungen und die Entwicklung zur reinen Geschäftsstraße. Läden und gastronomische Betriebe bestimmen heute das Bild auf der Westseite, und auf der Ostseite sind es Banken und Versicherungen mit Büros in den Obergeschossen. Das Überangebot an Mode- und Schmuckgeschäften, Twen-Shops, Haute-Couture-Vertretungen, Kaffee- und Steakhäusern wirkt überzogen und aufdringlich. Doch der Düsseldorfer Kulturkritiker Karl Ruhrberg äußert dazu: »Man sollte diesen Luxus nicht verteufeln! Denn in ihm drückt sich – im Gegensatz zur nichtsnutzigen, gestaltlosen Un-Architektur heutiger Verwaltungspaläste – eine späte Zivilisation in ihrer sublimierten Form aus.«[161] Wie dem auch sei, jeder wird bestätigen, daß der Glanz der Kö nicht allein vom teuren Warenangebot, sondern auch von der Großzügigkeit des Gesamtensembles und von dem prächtigen Baumbestand herrührt. Denn der wahre Luxus dieser Straße liegt darin, daß es möglich war, die halbe Breite des Straßenprofils als Grünraum zu belassen. Die Wasserfläche des Grabens, die grünen Böschungen und die Bäume – Platanen und Kastanien – erzeugen eine für deutsche Städte ungewöhnlich kultivierte Atmosphäre.

Um 1985 wurde die Kö stadtgestalterisch überarbeitet. Die Beläge, Pflasterbänder und Baumscheiben wurden nach einer sorgsamen Planung neu ausgeführt. Auch die Einfassungen der Uferböschungen, die Poller, Kandelaber und selbst die Telefonzellen wurden gestalterisch auf eine Linie gebracht

Die 85 Meter breite Königsallee in Düsseldorf.
oben: Blick von der Ostseite über die Wasserfläche des Grabens zur belebten Westseite der Straße.
unten: Westliche Promenade mit sorgfältig konzipierten Belägen, Pflasterbändern und Baumscheiben.

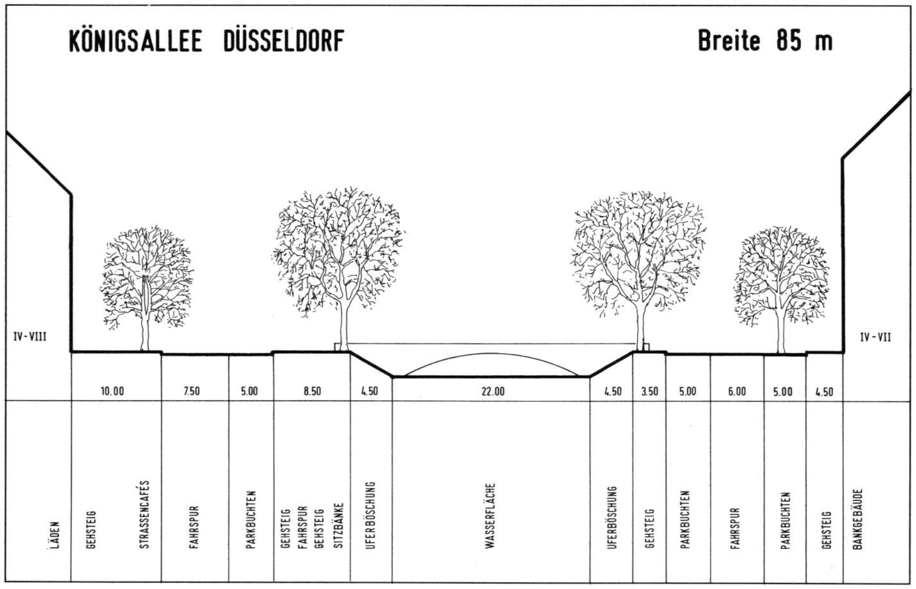
KÖNIGSALLEE DÜSSELDORF
Breite 85 m
IV-VIII
IV-VII
10.00
7.50
5.00
8.50
4.50
22.00
4.50
3.50
5.00
6.00
5.00
4.50
LÄDEN
GEHSTEIG
STRASSENCAFÉS
FAHRSPUR
PARKBUCHTEN
GEHSTEIG FAHRSPUR GEHSTEIG SITZBÄNKE
UFERBÖSCHUNG
WASSERFLÄCHE
UFERBÖSCHUNG
GEHSTEIG
PARKBUCHTEN
FAHRSPUR
PARKBUCHTEN
GEHSTEIG
BANKGEBÄUDE

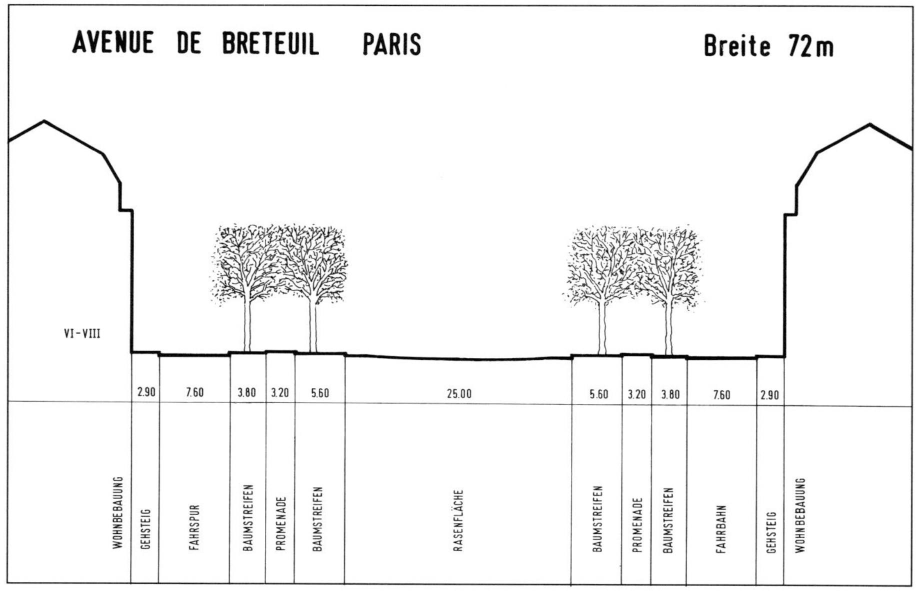
AVENUE DE BRETEUIL PARIS
Breite 72 m
VI-VIII
2.90
7.60
3.80
3.20
5.60
25.00
5.60
3.20
3.80
7.60
2.90
WOHNBEBAUUNG
GEHSTEIG
FAHRSPUR
BAUMSTREIFEN
PROMENADE
BAUMSTREIFEN
RASENFLÄCHE
BAUMSTREIFEN
PROMENADE
BAUMSTREIFEN
FAHRBAHN
GEHSTEIG
WOHNBEBAUUNG

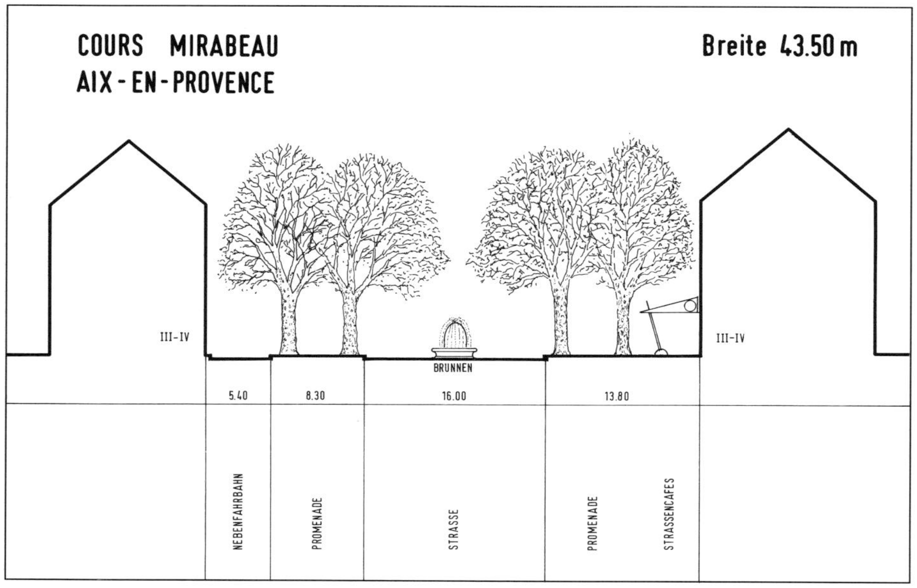
COURS MIRABEAU
AIX-EN-PROVENCE
Breite 43.50 m
III-IV
III-IV
BRUNNEN
5.40
8.30
16.00
13.80
NEBENFAHRBAHN
PROMENADE
STRASSE
PROMENADE
STRASSENCAFES

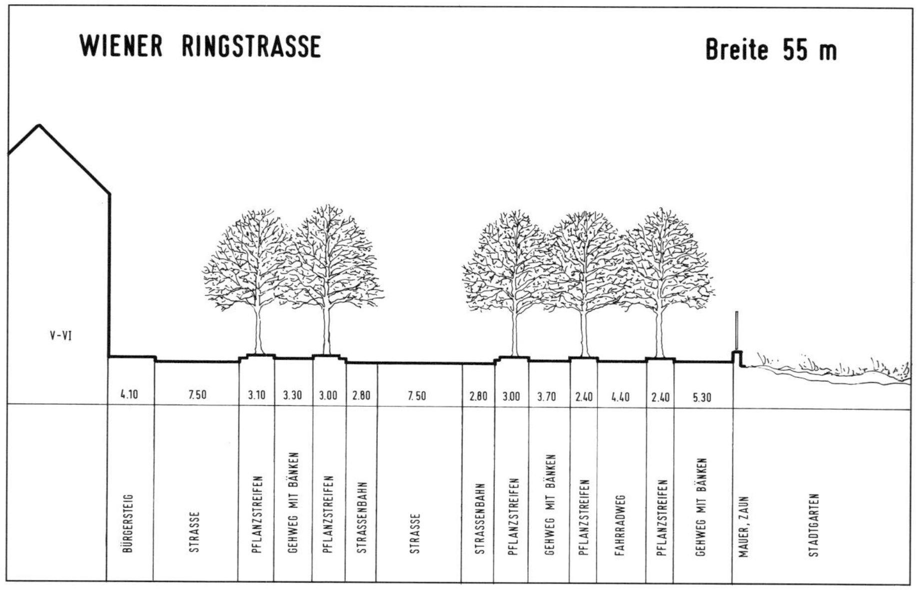
WIENER RINGSTRASSE
Breite 55 m
V-VI
4.10
7.50
3.10
3.30
3.00
2.80
7.50
2.80
3.00
3.70
2.40
4.40
2.40
5.30
BÜRGERSTEIG
STRASSE
PFLANZSTREIFEN
GEHWEG MIT BÄNKEN
PFLANZSTREIFEN
STRASSENBAHN
STRASSE
STRASSENBAHN
PFLANZSTREIFEN
GEHWEG MIT BÄNKEN
PFLANZSTREIFEN
FAHRRADWEG
PFLANZSTREIFEN
GEHWEG MIT BÄNKEN
MAUER, ZAUN
STADTGARTEN

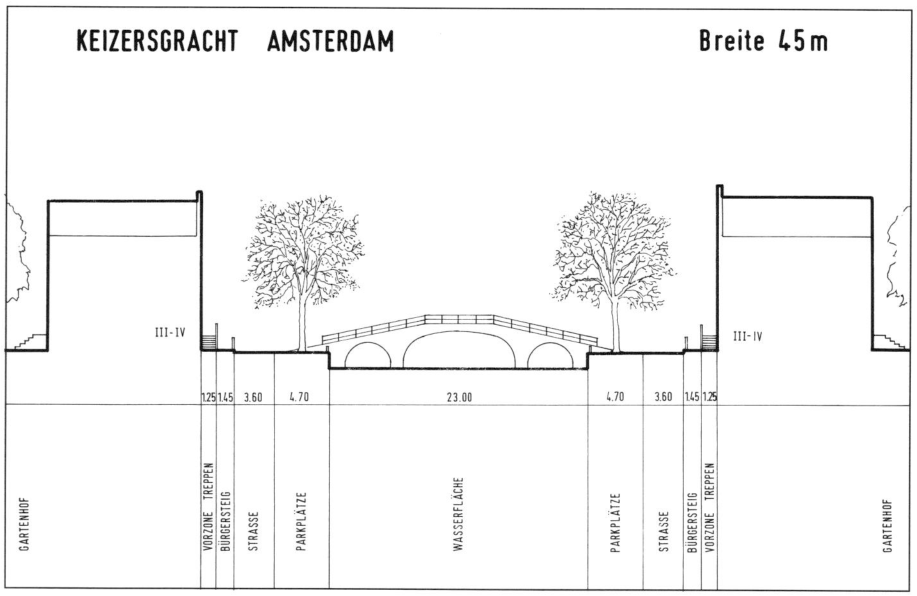
KEIZERSGRACHT AMSTERDAM
Breite 45 m
III-IV
III-IV
1.25
1.45
3.60
4.70
23.00
4.70
3.60
1.45
1.25
GARTENHOF
VORZONE TREPPEN
BÜRGERSTEIG
STRASSE
PARKPLÄTZE
WASSERFLÄCHE
PARKPLÄTZE
STRASSE
BÜRGERSTEIG
VORZONE TREPPEN
GARTENHOF

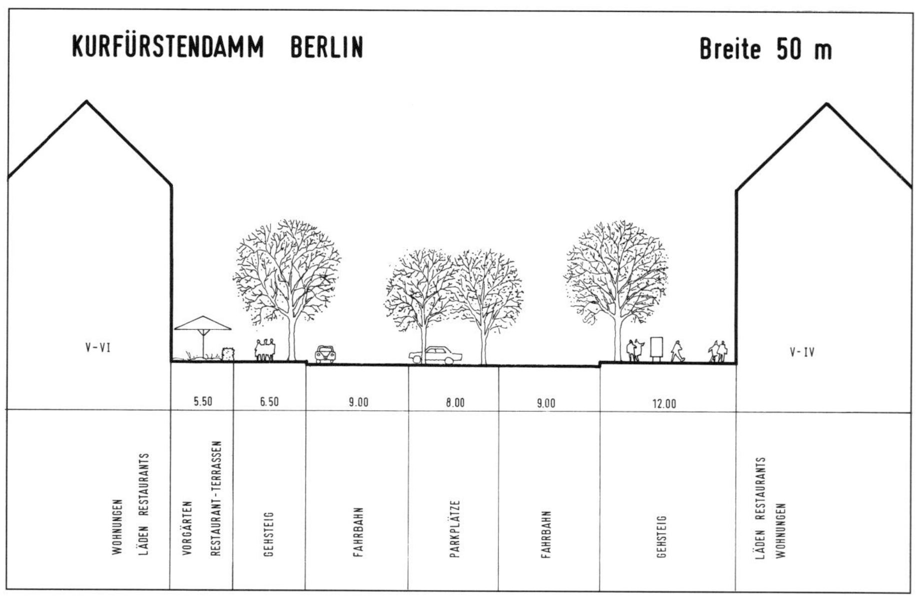
KURFÜRSTENDAMM BERLIN
Breite 50 m
V-VI
V-IV
5.50
6.50
9.00
8.00
9.00
12.00
WOHNUNGEN
LÄDEN RESTAURANTS
VORGÄRTEN
RESTAURANT-TERRASSEN
GEHSTEIG
FAHRBAHN
PARKPLÄTZE
FAHRBAHN
GEHSTEIG
LÄDEN RESTAURANTS
WOHNUNGEN

linke Seite: Profilschnitte der verschiedenen, in diesem Kapitel beschriebenen und mit Abbildungen dokumentierten baumbestandenen Straßen.

unten: Avenue de Breteuil. Diese Avenue ist die breiteste und längste im 7. Arrondissement. Sie wurde unter Ludwig XIV. zusammen mit dem Bau des Invalidendomes konzipiert.

Wiener Ringstraße beim Stadtgarten. Um 1860 wurden in Wien die Stadtmauern und Bastionen abgebrochen, und als Bindeglied zwischen dem alten Stadtkern und den Vorstädten entstand eine von fünf Baumreihen gesäumte Prachtstraße.

Maria-Viktoria Straße in Baden-Baden. Der Ginkgobaum, der in Japan der meistgepflanzte Straßenbaum ist, wurde in den letzten Jahren auch bei uns immer häufiger gepflanzt. Seine Widerstandsfähigkeit, der schlanke Wuchs und die intensive Herbstfärbung machen ihn als Straßenbaum besonders wertvoll.

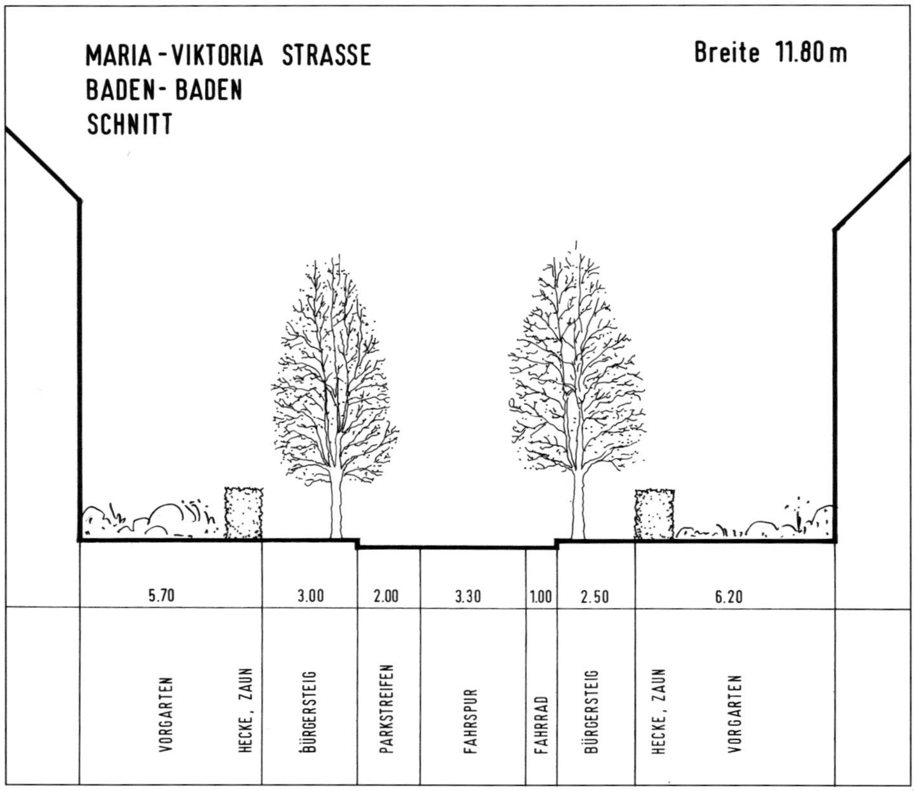

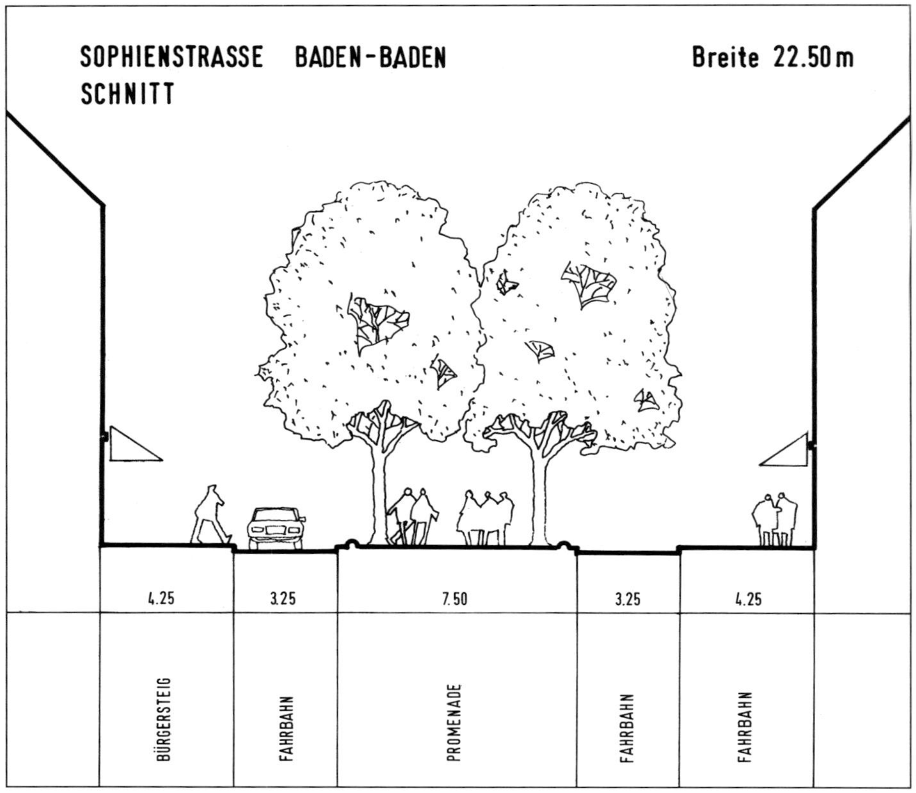

Profilschnitte der Maria-Viktoria-Straße und der Sophienstraße in Baden-Baden.

Kurfürstendamm Berlin

In Berlin wurde um 1885 auf Anregung Bismarcks die als Reitweg bestehende Verbindung zwischen dem Tiergarten und dem Jagdschloß im Grunewald zur Prachtallee ausgebaut. Der 3,5 Kilometer lange und 50 Meter breite Kurfürstendamm wurde bald zur renommierten Promenade. Von der Jahrhundertwende bis in die Zeit vor dem Zweiten Weltkrieg durfte der *Kudamm* mit den berühmten Pariser Boulevards in einem Atemzug genannt werden. Mit seinen vornehmen Geschäften, Cafés, Restaurants, Theatern, Kinos und den Nobelwohnungen in den Obergeschossen war er das Glanzstück der Reichshauptstadt. Doch heute ist von dieser Atmosphäre nur wenig geblieben. Die Straße einschließlich ihres Baumbestandes besteht zwar noch, aber sie hat viel von ihrem Stil verloren. Der Kulturkritiker Wolf Jobst Siedler klagt, daß der Kurfürstendamm nach dem Krieg »zur banalen Meile degenerierte«. Er sieht die Ursachen in einer veränderten Gesellschaft und kommentiert: »Heute ist es jene Menge, die ihre Bedürfnisse in Fast-Food-Ketten und in Discountläden befriedigt. Die Turnschuh- und Stretchhosenwelt hat Einzug gehalten. Niemand würde mehr auf die Idee kommen den Kurfürstendamm den Salon Berlins zu nennen … Die Banalisierung seiner architektonischen Gestalt ist jedoch nur der ästhetische Ausdruck seines geistigen Untergangs. Aber darin teilt der Kurfürstendamm vielleicht das Schicksal vieler großer Boulevards. Der Kurfürstendamm war repräsentativ für die bürgerliche Welt. Mit ihr wurde er geboren, und mit ihr starb er.«[162] Dieses harte Urteil ist nur für ein Teilstück der Straße zutreffend. Dort, wo die kleinteilige Struktur nicht durch große Kaufhäuser zerstört wurde und die ursprüngliche Architektur erhalten ist, entwickelten sich in den letzten Jahren ein Niveau und eine Lebendigkeit, die das Ansehen des Kurfürstendamms rehabilitieren.

Der Baumbestand – vorwiegend Platanen und Ahorn – ist in vielen Bereichen erfreulich üppig und macht einen vitalen Eindruck. Die Mittelpromenade wird derzeit leider nur als Parkierungsfläche genutzt.

Sophienstraße Baden-Baden

Baden-Baden besaß im 19. Jahrhundert den Ruf eines Weltbades und wurde in einem Atemzug mit Karlsbad und Marienbad genannt. Auch heute noch zählt die Stadt zu den bestangesehenen deutschen Kurorten. Gemäß einer von der Stadtverwaltung unter den Kurgästen erhobenen Umfrage macht vor allem der Bestand an ausgezeichneten Parks und Grünräumen Baden-Baden so anziehend und läßt viele Gäste jahrelang wiederkehren. Ein wichtiges Glied im Gefüge der innerstädtischen Grünstruktur ist die Sophienstraße, eine etwa 300 Meter lange und 22 Meter breite Promenadenallee, die den Kurhausbereich mit der Altstadt und den Kurbädern verbindet.

Die Sophienstraße wurde 1833 auf dem ehemaligen Stadtgraben angelegt; 1840 erhielt sie ihren Namen nach der Großherzogin Sophie von Baden. Mit ihren eleganten Läden, Cafés und Hotels war sie immer schon eine der Leitlinien des kurstädtischen Lebens von Baden-Baden. Die letzten fünf Jahrzehnte zeigten allerdings eine etwas wechsel-

Sophienstraße in Baden-Baden. Die Mittelpromenade wird vom schattenspencen Blätterdach zweier Kastanienreihen überwölbt. Auf halbem Weg bildet der von Thermalwasser gespeiste Reiherbrunnen, ein Werk des Jugendstilkünstlers Karl Albiker, eine optische Zäsur.

volle Geschichte. Nach dem Zweiten Weltkrieg hatte man den richtigen Umgang mit einer Badpromenade verlernt. Jahrelang parkten Autos unter den Kastanien, und dann – Kehrtwende um 180 Grad – hätschelte man Frühlingsbeete unter den Alleebäumen.
Angesichts des unübersehbar geschädigten Baumbestandes – Kastanien sind als Stadtbäume immer etwas problematisch – begann man um 1970 über Umgestaltungsmaßnahmen nachzudenken. Sowohl die ersatzlose und vollständige Beseitigung der Bäume, eine nur einseitige Neupflanzung als auch die Anlage einer breiten Mittelfahrbahn standen zur Debatte.
Die Diskussionen zogen sich fast über ein ganzes Jahrzehnt hin. Die Anlieger, die Ladeninhaber, das Gartenamt, die Kurverwaltung, das Denkmalamt: Alle pochten auf ihr Mitspracherecht. 1979 schließlich konnte die Neuplanung verabschiedet werden. Abgesehen von einer geringfügigen Fahrbahnreduzierung, zugunsten breiterer Trottoirzonen, entschied man sich, das ursprüngliche Straßenprofil wiederherzustellen. Nachdem die Bürger durch entsprechende Öffentlichkeitsarbeit über die beabsichtigte Vorgehensweise informiert worden waren, begann man im Frühjahr 1980 mit den Fällarbeiten, tauschte die Erde aus und pflanzte umgehend neue, etwa zwanzigjährige Kastanien nach. Heute präsentiert sich die Allee damit wieder in ihrer alten klassischen Form: eine 7,5 Meter breite Mittelpromenade mit einem wasserbindenden Belag, überwölbt vom schattenspendenden Blätterdach der Kastanien und mit weißlackierten Holzbänken ausgestattet. Auf halbem Weg bildet der von Thermalwasser gespeiste Reiherbrunnen, ein Werk des Jugendstil-Bildhauers Karl Albiker aus dem Jahre 1912, eine optische Zäsur.

London Terraces

Im Rahmen der 1812 von John Nash ausgeführten Planung für den Regents Park und die ihn umgebenden Bereiche entstanden längs des Circle Road mehrere monumentale Wohnzeilen, *Terraces* genannt: Cambridge Terrace, Chester Terrace, Cumberland Terrace, Gloucester Terrace und Hanover Terrace. Auf den ersten Blick wirken sie wie prächtige Schlösser und bilden mit ihren weißen, theatralisch aufgebauten Fassaden eine dem Regents Park angemessene architektonische Raumbegrenzung. Die Besonderheit dieser Anlagen besteht darin, daß sie durch einen breiten, mit Bäumen bepflanzten Grünstreifen von der Verkehrsstraße abgetrennt sind. So liegt zum Beispiel zwischen dem stark befahrenen Circle Road um den Regents Park und der leicht angehobenen Bebauung ein etwa 20 Meter breiter Grünraum. Er bildet eine repräsentative Vorzone und trennt zugleich den fließenden vom Erschließungsverkehr. In der Art der von John Nash angelegten Terraces wurden in der Folgezeit zahlreiche ähnliche, wenn auch weit weniger monumentale Anlagen gebaut. Ein besonders schönes Beispiel ist die um 1820 gebaute Alexander Terrace. Hier trennt ebenfalls ein mit Bäumen bestandener Grünraum die Wohnbebauung von der Hauptstraße. Die vor den Häusern gelegene schmale *private road* wird nur von den Anwohnern benutzt.

Gartenstädte

Anfang des 20. Jahrhunderts führte die von England ausgehende Gartenstadtbewegung zu neuen städtebaulichen Idealvorstellungen, die schnell auch in Deutschland und den Niederlanden großen Einfluß gewannen. Baumbestandene Straßen und ein sehr großer Anteil an öffentlichem Grün gehörten zu den Grundideen der Gartenstadt. Noch heute besitzen diese Siedlungen aufgrund ihrer intensiven Durchgrünung eine sehr hohe Wohnqualität. Baumgesäumte Straßen sind selbstverständlich. Typisch für die Gartenstädte ist auch der Gedanke, den Straßen durch unterschiedliche Baumarten Identität zu verleihen. Da die Wohnstraßen relativ schmal sind, bevorzugte man kleinkronige Bäume wie Birken, Rotdorn, Erlen, rotlaubige Zierpflaumen, Zierkirschen oder weiß panaschierten Ahorn.

Stadtsanierungen

Im Zuge von Stadtsanierungsmaßnahmen der siebziger und achtziger Jahre wurden die Fußgängerzonen der Innenstädte vielfach durch Bäume aufgewertet. Sie waren ein willkommenes Mittel, die gesichtslosen Nachkriegsarchitekturen zu überspielen und den Straßen durch das Grün eine neue Einheitlichkeit zu geben. Als Beispiele können die Königstraße in Stuttgart, die Kaiserstraße in Karlsruhe und die Frankfurter Zeil angeführt werden. Die Pflanzmaßnahmen waren meist mit sehr großem Aufwand verbunden, weil in einem dichten Netz von Versorgungsleitungen nur unter Schwierigkeiten ausreichend Platz für die Wurzeln der Bäume geschaffen werden konnte.
Auch in den Kleinstädten entdeckte man bald die gestalterischen Möglichkeiten, das Stadtbild durch Bäume aufzuwerten. Vor allem kleinkronige Bäume wie Kugelrobinien, Kugelahorn, Crataegus und Kirschapfel wurden auf verkehrsberuhigten Straßen und Plätzen neu angepflanzt. Die Stadteinfahrten wurden vielfach mit Linden oder Platanen gesäumt. Gerade diese Pflanzmaßnahmen erwiesen sich als sehr positiv für das Gesamterscheinungsbild eines Ortes. Häufig wurden sie in Verbindung mit Landesgartenschauen, Stadtsanierungs- oder Kurortentwicklungsmaßnahmen durchgeführt.
Auch im Bereich der mit Landesmitteln geförderten Dorfentwicklung in den achtziger und neunziger Jahren war das Anpflanzen von Bäumen ein ausdrücklich definiertes Planungsziel.

Grachten

In den alten Stadtkernen der Niederlande, in Amsterdam, Delft, Haarlem und Leiden, findet man eine besondere Form baumbestandener Straßenräume. Der typische Stadtraum hier ist die Gracht, ein von schmalen Bürgerhäusern eingefaßter und beidseitig von Bäumen gesäumter Kanal. Der um 1615 als erste große Amsterdamer Stadterweiterungsmaßnahme entstandene *Grachtengordel* zeigt das Modell der Gracht in seiner größten Pracht und Vollendung.[163] Vier breite Grachtenzüge umschließen als konzentrische Halbkreise den mittelalterlichen Kern der Stadt. Grundbaustein des Grachtengürtels ist das giebelstellige 5 bis 8 Meter breite, drei- bis fünfgeschossige Grachtenhaus. Die kleinteiligen Renaissancefassaden reihen sich zu Straßenabwicklungen von außerordentlicher Schönheit. Aber nicht nur der architektonische Reichtum, sondern auch der Baumbestand hat daran seinen Anteil. Wie zahlreiche Gemälde des 17. Jahrhunderts belegen, waren die Grachten von Anfang an mit Bäumen gesäumt.[164]
So gab es in den Niederlanden und Frankreich eine zeitlich parallel verlaufende Entwicklung des Stadtgrüns. Auch die eingangs zitierten Aussagen von Matthäus Merian über Antwerpen deuten darauf hin, daß baumbestandene Straßen im niederländisch-flandrischen Kulturraum eine eigene Tradition hatten. Neben Linden und Ahorn gehörten früher auch Ulmen vielfach zum Baumbestand.

Sloten in der niederländischen Provinz Friesland. In vielen niederländischen und belgischen Kleinstädten werden Straßen und Grachten von beschnittenen Linden gesäumt.

Cours Mirabeau in Aix-en-Provence. Erst durch das Blätterdach der Platanen werden die Straßencafés im Sommer zu angenehmen Aufenthaltsorten.

Wohnstraße in Oxford. Wegen ihres frischen Grüns und ihrer Anspruchslosigkeit haben sich Robinien seit etwa zwanzig Jahren zu bevorzugten Straßenbäumen entwickelt.

oben: Prinsengracht in Amsterdam.
unten: Blick vom Turm der Westerkerk auf die Prinsengracht.

rechte Seite: Luftbild des Grachtengordel, von links nach rechts: Prinsengracht, Keizersgracht, Herengracht und Singel.

Baum und Ufer

»Für Städte, die an großen Flüssen liegen, ist Grünpolitik unlösbar mit dem Strom verbunden.«
Fritz Schumacher, 1923[165]

Fast alle historischen Stadtgründungen stehen in enger Beziehung zum Wasser, sei es zu einem Flußlauf, zu einem See oder zur Meeresküste. Rom liegt am Tiber, Mailand am Po, Lyon an der Rhône, Köln am Rhein und Dresden an der Elbe. Lindau, Konstanz, Zürich, Luzern und Genf liegen an Seeufern. Diese Reihe ließe sich endlos fortsetzen.
Seit Menschengedenken machen Flüsse, Seen und Küsten Geschichte. Als Wirtschaftswege einerseits, als Grenzlinien andererseits schaffen sie geographische Konturen. Jeder, der die Bilder von Prag, Florenz, Dresden und anderen Städten vor Augen hat, wird bestätigen, daß Uferzonen und Brücken in ganz besonderer Weise zu den Wesensmerkmalen einer Stadt werden können.
Aber nicht nur die Flußläufe, sondern auch die Uferpromenaden vieler Seen sind sehr oft von schönem, kultiviertem Baumbestand gesäumt. Beispiele finden sich an allen Seen des nördlichen und südlichen Alpenrandes: Genfer See, Bodensee, Gardasee, Lago Maggiore, Comer See, Vierwaldstätter See.
Viele Meerespromenaden sind ebenfalls baumgesäumt, man denke an Nizza, Cannes oder Barcelona. Wegen des ausgeglichenen Klimas sind es hier sogar Palmen. Immer wieder bestätigt sich, daß die große Anziehungskraft von Uferzonen sich in idealer Weise mit dem Reiz von Baumreihen verbinden läßt.
In Paris ist es die Seine, die der Stadt ihr unverwechselbares Gepräge gibt. Die Stadtteile im Zentrum werden alle unterschieden nach *Rive gauche* oder *Rive droite* – Louvre rechtes Ufer, das Einkaufsviertel St. Germain linkes Ufer. Der älteste Teil und innerste Kern der Stadt, die Ile de la Cité mit der Kathedrale Nôtre Dame liegt sogar mitten in der Seine – als Insel, die über zehn Brücken mit den Stadtquartieren an den jenseitigen Ufern verbunden ist. Einen Steinwurf flußaufwärts liegt die zweite Seineinsel, die Ile St. Louis, die über sechs Brücken angebunden ist. Die Ufergestaltungen von Paris zählen zu den schönsten in ganz Europa. Einige Meter unterhalb des üblichen Straßen- und Wegenetzes, abgerückt von der Hektik der Großstadt, bestehen Fußwegeverbindungen mit ganz eigenem Erscheinungsbild. Hier gönnt man sich Muße, entfernt sich eine Weile von der nie zur Ruhe kommenden Geschäftigkeit der Metropole. In der milden Frühlingssonne oder im Sommer im Schatten der Bäume nimmt man Platz auf gußeisernen oder marmornen Bänken oder sitzt einfach auf dem Pflaster, angelehnt an die Kaimauer. Ein Ort für Liebespaare, aber auch ein Ort für Einzelgänger, für lesende Studenten, für tagebuch- oder postkartenschreibende Touristen. Das ruhig dahinfließende Wasser scheint förderlich für die Konzentration. Die geduldig wartenden Angler, die auf den Kaimauern watschelnden Enten – Bilder der Ruhe inmitten der tosenden Metropole. Man verfolgt die Bahn des Joggers am anderen Ufer. Gelegentlich bringen vorbeischippernde Lastkähne oder Touristenboote Abwechslung ins Bild.

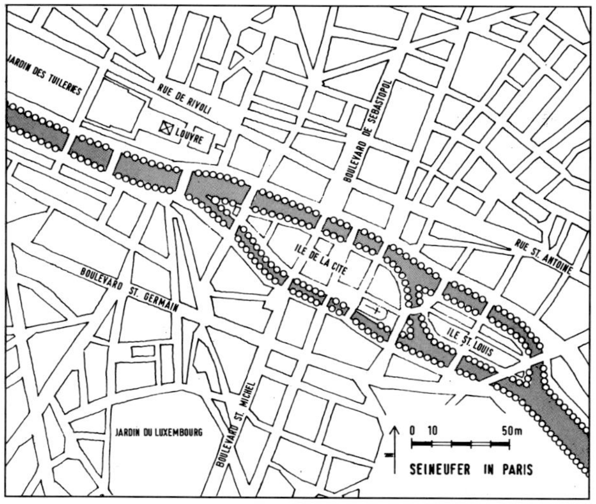

Der Stadtkern von Paris mit baumgesäumten Seineufern im Bereich zwischen Pont de Sully und Pont Royal.

Beim Gang entlang der Kaimauern wird man natürlich auch hier und da mit den sozialen Problemfällen konfrontiert: Rotweinbrüder suchen vor den Kaimauern einen Platz für die Nacht. Mißlicher Geruch drängt sich hier und da auf, vor allem unter den Brücken, doch insgesamt sind die Uferzonen nicht stärker vom Vandalismus bedroht als andere öffentliche Bereiche. An den Wänden finden sich kaum Schmierereien und nur an wenigen Stellen muß man sich über herumliegenden Unrat ärgern.
Das schönste Element der Pariser Seineufer ist der gepflegte Baumbestand, der den Fluß als grüne Bordüre säumt. Meist sind es Pappeln – im Frühjahr mit der Fülle frischen Grüns, im Herbst leuchtend gelb gefärbt. An vielen Stellen wurden aber auch Platanen gepflanzt, der für ganz Paris typische Stadtbaum. Vereinzelt findet man auch Trauerweiden, Linden, Ahorn oder Kastanien.
Wenn man die Standorte der Bäume genauer betrachtet, wird man überrascht feststellen, wie nahe die Bäume an die Kaimauern gesetzt wurden. Abstände von 1,20 Meter vor sechs bis sieben Meter hohen Mauern sind nicht ungewöhnlich. Obgleich die Bäume sehr stark eingebaut sind – die Baumscheiben sind nur selten größer als 1,40 Meter mal 1,40 Meter –, zeigen sie keinerlei Mangelerscheinungen. Durch die Nähe zum Fluß ist der Wasserbedarf allemal sichergestellt. Bemerkenswert ist, daß weder beim Bodenbelag noch an den Kaimauern Schädigungen durch Wurzeldruck zu erkennen sind.
Wer die Geschichte der Pariser Ufergestaltungen aufspüren möchte, wird als erstes alte Karten und Stiche befragen. Zwar zeigt Paris bereits im Zeitalter des Absolutismus, also im 17. und 18. Jahrhundert, eine ausgeprägte Vorliebe für öffentliches Grün, aber der Flußlauf war noch nicht in das Stadtgrün einbezogen. Vergeblich sucht man in den Stadtplänen und Dokumenten des 18. Jahrhunderts nach Hinweisen auf baumgesäumte Seineufer. Die meisten historischen Stiche zeigen uns die Kais als belebte Schiffsanlege- und Warenumschlagsplätze, also alles andere als verträumte Uferzonen. Hier verlangte niemand nach Grün, Bäume wären nur als hinderlich empfunden worden. Erst im Rahmen der zwischen 1853 und 1870 unter Napoleon III. und seinem Stadtpräfekten Georges-Eugène Haussmann durchgeführten Umgestaltungsmaßnahmen wurden die Anlegeplätze für die Transportschiffe verlegt und die Seineufer verändert. Stadtgestalterisches Ziel war ein *grünes Paris*.
In den sechziger Jahren unseres Jahrhunderts fielen die Uferzonen stellenweise den Bemühungen um eine autogerechte Stadt zum Opfer – statt baumbestandener Promenaden entstand eine Entlastungsspur für den zunehmenden Verkehr. In den achtziger Jahren erfolgte eine Rückbesinnung auf die großen städtebaulichen Traditionen, und der Pariser »Großputz« im Jahre 1989 zur 200-Jahr-Feier der Französischen Revolution bescherte vielen Uferpartien die notwendige Instandsetzung.
Mit den Brücken, Rampen, Kaimauern und Treppen sind die Pariser Seineufer gewiß ein bemerkenswertes Gesamtbauwerk, und völlig zu Recht wurde der etwa vier Kilometer lange Seineabschnitt zwischen Pont Sully und Pont d'Iéna im Jahre 1992 in die Unesco-Liste des Weltkulturerbes aufgenommen.

oben links und rechts: Die westliche Spitze der Ile St. Louis in Paris.
unten links: Beschnittene Kastanien in Zug am Zuger See in der Schweiz.
unten rechts: Platanenreihe in Radolfzell am Bodensee.

unten: Grundrisse und Schnitte einiger baumgesäumter Seine-Quais.

rechte Seite: Quai de Béthune auf der Ile St. Louis. Mit ihrem gepflegten Baumbestand gehören die Pariser Seineufer zu den schönsten Uferpromenaden Europas. 1992 wurden sie in die Unesco-Liste des Weltkulturerbes aufgenommen.

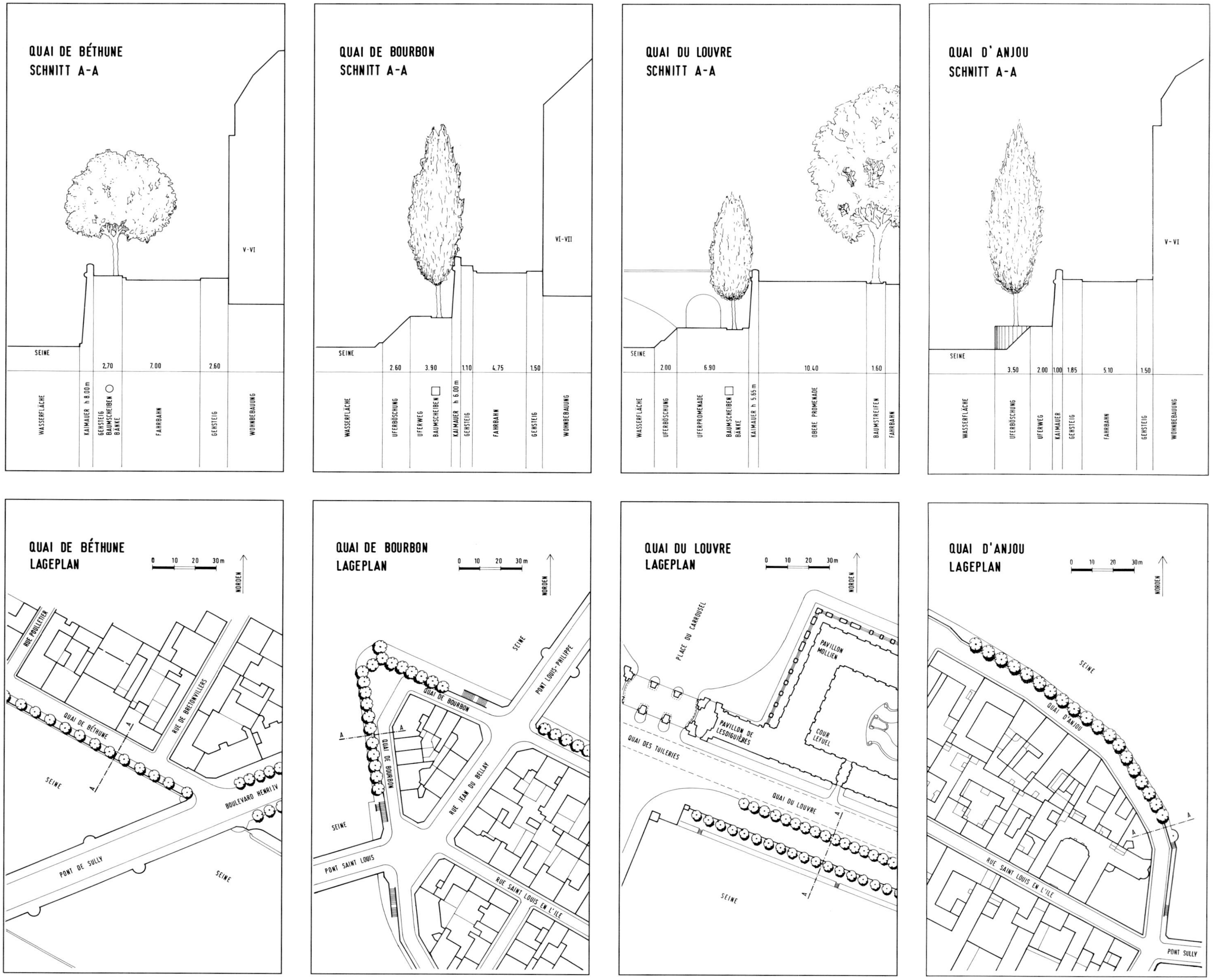

Stadtpark und Volksgarten

»Alle gelangen hier ungehindert zu ihrem Rechte, sich an der Natur zu freuen.«
Christian C.L. Hirschfeld 1779[166]

Öffentliche Grünräume in der Stadt gehören für uns heute zu den Selbstverständlichkeiten des urbanen Lebensraumes. Ihren Ursprung haben sie in den herrschaftlichen Gärten Frankreichs und Englands, die bereits Mitte des 16. Jahrhunderts auch für Besucher, die nicht zur Hofgesellschaft gehörten, geöffnet wurden. An den Toren standen Schildwachen, die das »gemeine Volk« fernhielten, doch dem Bürgertum wurde Zutritt gewährt, und die Promenade in den herrschaftlichen Gärten erfreute sich schnell großer Beliebtheit. Im Laufe des 18. Jahrhunderts wurden überall in Europa die feudalen Parks und stadtnahen Jagdreviere für die Stadtöffentlichkeit zugänglich gemacht. In Berlin wurde der Tiergarten zum Stadtpark, in Rom wurde das Gelände der Villa Borghese auf dem Monte Pincio freigegeben, in Wien der Prater und in Madrid der Retiro.
Christian C.L. Hirschfeld widmete schon 1779 in seiner vielbeachteten Schrift *Theorie der Gartenkunst* ein ganzes Kapitel den *Volksgärten.*[167] Seine Ausführungen erfassen die für das 18. und 19. Jahrhundert gültigen Ideale dieses Gartentyps treffend:
»Diese Volksgärten sind ... als ein wichtiges Bedürfnis der Stadtbewohner zu betrachten. ... sie erquicken nach der Mühe des Tages mit anmutigen Bildern und Empfindungen ... Die Lage der Volksgärten muß, so viel als möglich, Freiheit der Luft und Heiterkeit der Aussichten haben. Nächstdem ist der Schatten hier in allen Stunden des Tages Bedürfnis, obgleich der Abend am meisten den Bürger zum Spaziergang einlädt. Denn diese Orte müssen zugleich dem Fremden, dem Siechen, dem Brunnentrinker, dem Mann ohne Geschäfte, dem Geselligen in jeder Stunde offenstehen. Zu der Bepflanzung schicken sich vornehmlich Bäume, die mit der Größe ihres Laubes einen reichen Schatten verbreiten und ein dichtes Obdach wölben. ... Die Gänge müssen breit, bequem, vielfältig und ausweichend sein. Gerade Alleen sind hier nicht allein zulässig, sondern verdienen selbst einen Vorzug, indem sie die Aufsicht der Polizei, die an solchen Plätzen oft untentbehrlich ist, erleichtern. ... Man will sich finden, sich sehen, miteinander umherwandeln, sich unterhalten. Bequeme Gänge in einer geraden Linie stimmen diesen Absichten mehr zu als lauter schmale sich immer krümmende Pfade. Doch kann ein Volksgarten von einem beträchtlichen Umfang, außer seinen geraden Wegen, auch schlängelnde Gänge in Waldstücken und Lustgebüschen enthalten, und er bedarf ihrer selbst zur Abwechslung. Die Bequemlichkeit und selbst die Sicherheit erfordert, daß die Wege für Fahrende und Reitende von Pfaden der Fußgänger abgesondert werden.
Bänke und Ruhesitze müssen nicht bloß unter dem Schatten der Gebüsche und Bäume, und an Stellen, wo sich anmutige Aussichten eröffnen, sondern auch nach dem Verhältnis der Menge der Spaziergänger in der nötigen Anzahl und in bequemen Entfernungen angelegt werden. Auch grüne schattige Lauben und bedeckte Schirmhäuser, wohin man bei einem Überfall von Regen und Gewitter seine Zuflucht nehmen kann, gehören in die Anlage eines Volksgartens. Gebäude dieser Art müssen abwechselnd an Form, von leichter und einfacher Architektur sein. Volksgärten bei großen Städten, zumal wenn sie von diesen in einiger Abgelegenheit liegen, erfordern noch Häuser, wo Erfrischungen gereicht werden, und diese können zugleich durch ihre Bauart anmutige Gegenstände für das Auge werden.
Liegt der Garten an einem See, oder strömt ein Fluß oder ein anderes laufendes Gewässer durch seinen Bezirk, so mögen Boote und andere Fahrzeuge zu Lustfahrten und zum Fischfang einladen.
Die Musik in einem Gehölz ist nicht wenig reizend, ... Man kann hier Musikhäuser anlegen, deren Architektur zugleich die Szene ziert.
... Doch lassen sich hier Kunstwerke aufstellen, die nützliche Eindrücke auf die Menge verbreiten. Hier scheint der Ort zu sein, wo man leicht dem Volk mitten auf den Weg seiner Vergnügungen eine gute Lehre hinstreuen und seine Aufmerksamkeit durch wichtige Erinnerungen anhalten kann. Gebäude mit interessanten Gemälden aus der Geschichte der Nation, Bildsäulen ihrer verstorbenen Wohltäter, Denkmäler von wichtigen Vorfällen und Begebenheiten mit lehrreichen Inschriften können hier mit Geschmack an schicklichen Plätzen zu sehr vorteilhaften Wirkungen angeordnet werden. Nur keine Urne, noch andere Monumente des Schmerzes gehören in diese Gärten.«
Hirschfeld bezieht sich im folgenden ausdrücklich auf die Gärten und Parks in Paris und London, den Wiener Prater, den Tiergarten in Berlin und die Karlsaue zu Kassel. Das von Hirschfeld so treffend formulierte Programm bestand für fast 200 Jahre als Grundsatzpapier.
Die Bäume in den Volksgärten wurden zwar in erster Linie als Schattenspender angesehen, aber auch als Objekte der Betrachtung, in denen man den sinnlichen Reizen der Natur begegnete.
Der 1823 auf Geheiß von Kaiser Franz I. und nach Plänen von Ludwig von Remy fertiggestellte Wiener Volksgarten war eine der ersten, eigens für die Öffentlichkeit neugeschaffenen Gartenanlagen.[168] Heute ist dieser, unmittelbar an der Wiener Ringstraße gelegene Garten eine der wichtigsten zentrumsnahen Grünanlagen der Stadt Wien. Üppige Kastanien- und Lindenalleen bilden die Grundstruktur des Gartens. Besondere Anziehungspunkte sind das Rosarium mit seinen über 4000 Rosensorten, der mit Eibenhecken gestaltete Jugendstilgarten vor dem Elisabethdenkmal und der Theseustempel. In den Sommermonaten wird der Restaurantgarten der Meierei zum Herzstück des Volksgartens.
In Deutschland wurde der erste Volksgarten 1829 nach Plänen von Peter Josef Lenné in Magdeburg fertiggestellt. Der 32 Hektar große Volksgarten Klo-

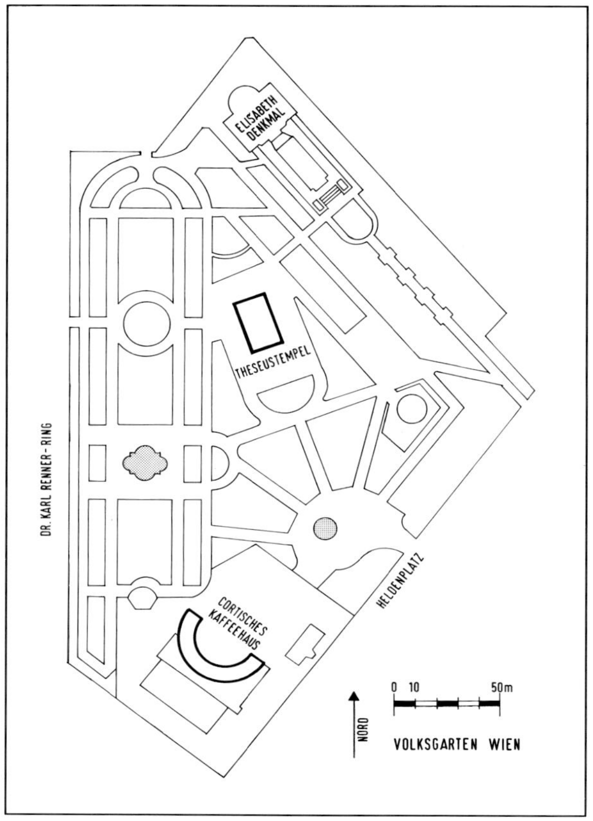

Strukturplan des Volksgartens in Wien.

Ballonaufnahme des Volksgartens in Wien, links begrenzt durch das Parlamentsgebäude, rechts durch das Burgtheater. Der 1823 auf Geheiß von Kaiser Franz I. nach Plänen von Ludwig von Remy fertiggestellte Wiener Volksgarten war die erste, eigens für die Öffentlichkeit neu geschaffene Gartenanlage.

sterberge sollte nach Vorstellung von Lenné ein Garten sein, »in dem sich jeder nach vollbrachtem Tagewerk ergehen und erholen kann ... und die allgemeine Freude einer geschmückten Natur genießen kann ...«[169]
Eine Besonderheit in der Geschichte der Stadtparks und Volksgärten ist der Bremer Bürgerpark. Die Stadtgeschichte Bremens berichtet, daß die traditionsreiche, bereits im Mittelalter als *pascua civitatis nostrae* verbriefte Bürgerweide im Sommer 1865 als Austragungsort des Deutschen Bundesschießens diente. Diese Veranstaltung wurde durch übermäßige Hitze erheblich beeinträchtigt – so sehr, daß der Senat noch im gleichen Jahr den Beschluß faßte, schattenspendende Bäume zu pflanzen. Eine Bürgerinitiative konstituierte sich und wurde als *Comité zur Bewaldung der Bürgerweide* tätig. Der Landschaftsgärtner Wilhelm Benque, der fast zwanzig Jahre in New York gelebt hatte und dort im Büro von Frederick Olmsted an der Gestaltung des Central Park mitgearbeitet hatte, wurde mit der Planung beauftragt. Innerhalb von fünf Jahren pflanzte man Hunderte von Laubbäumen, die waggonweise aus ganz Niedersachsen herbeigeschafft wurden. Man ordnete sie zu lockeren Gruppen im Stil des englischen Landschaftsgartens. Auch ein See wurde angelegt. Das notwendige Geld für all diese Maßnahmen kam nicht aus städtischen Mitteln, sondern durch Spenden aus der Bürgerschaft. Noch heute wird die Parkpflege aus Spenden und Mitgliedsbeiträgen des Bürgerparkvereins bestritten. Die lange Namenliste der Spender findet man alljährlich zu Silvester in der Tageszeitung abgedruckt.
Zu Beginn unseres Jahrhunderts war das Thema Volksgarten von besonders großer Aktualität, vor allem in Berlin, Frankfurt, Hamburg, Köln und Leipzig. Erwin Barth, Fritz Encke, Carl Heicke, Alfred Lichtwark, Harry Maasz, Leberecht Migge und Fritz Schumacher waren um 1920 mit Planungen für Volksgärten befaßt.
Nach einigen Jahrzehnten des Stillstands entstanden dann erst wieder seit Mitte der sechziger Jahre neue Parks in den Städten. Vor allem im Rahmen von Gartenschauen wurden zentrumsnahe Brachflächen zu öffentlichen Parkanlagen umgestaltet.

Die Tuilerien-Gärten in Paris

Die Tuileriengärten wurden von Katharina de' Medici in der zweiten Hälfte des 16. Jahrhunderts als Ergänzung des 1564 begonnenen Tuilerienschlosses angelegt. Die Gartenanlage im italienischen Stil befand sich an der Westseite unter den Wohnräumen der Königin. Das Schloß wurde nie ganz fertiggestellt, genoß jedoch in ganz Europa den Ruf eines märchenhaften Prachtbaus. Ein Stich von Matthäus Merian aus dem Jahre 1614 dokumentiert sehr anschaulich die architektonische Konzeption, zeigt aber auch, daß die nach Osten orientierte Eingangsfassade des Schlosses in der mittelalterlichen Stadtmauer ein äußerst unbefriedigendes Gegenüber hatte.[170] Alle Herrscher von Katharina de' Medici bis Napoleon III. bemühten sich, hier eine angemessene bauliche Verbindung zwischen dem Schloß und der dahinterliegenden alten Stadtburg, dem Louvre, herzustellen. Daß dies niemals richtig gelang, zeigt ein Stich von Etienne Turgot aus dem Jahre 1739.[171] Die Zerstörung des Schlosses durch einen Brandanschlag der Pariser Kommune im Jahre 1871 ließ schließlich völlig neue Planungsvorgaben zustande kommen. Man entschied, die Ruine ganz abzutragen und das Schloß nicht wiederaufzubauen; seit 1682 residierte die Monarchie ohnedies in Versailles. Anstelle des alten Schlosses wurde der mit einem Triumphbogen geschmückte Jardin du Carrousel angelegt, der sich nahtlos mit den Tuileriengärten verbindet und das Gelenk zum offenen U des Louvre-Hofes bildet – ganz so, wie wir es heute kennen.
Der von Katharina de' Medici angelegte Renaissancegarten wurde 1660 unter Ludwig XIV. von Le Nôtre im Barockstil neu komponiert. Als Begrenzung an den Längsseiten baute man erhöhte Promenaden, an der Nordseite die Terrasse des Feuillants und an der Südseite, parallel zur Seine, die Terrasse Bords-de-l'Eau. Vor dem Schloß legte Le Nôtre Broderieparterres und drei runde Wasserbecken an. In westlicher Richtung schlossen sich ausgedehnte Boskett-Gärten an, die gut die Hälfte der gesamten Gartenanlage einnahmen. Den Abschluß bildete ein achteckiges großes Wasserbecken und eine zu beiden Seiten in elegantem Bogen ansteigende Rampe. Die Längsachse unterstrich Le Nôtre durch eine 300 Meter lange und 33 Meter breite Allee, die er außerhalb des Gartens weiterführte und damit die Ansätze für die spätere Prachtstraße der Avenue des Champs-Élysées lieferte. In seinen Strukturen ist der barocke Garten noch heute erhalten, und mit seinen 25 Hektar Grün im Herzen der Metropole ist er nicht nur der bedeutendste Garten von Paris, sondern der prominenteste Stadtgarten Europas.
Im Themenzusammenhang dieses Buches verdienen die im acht Meter Raster bepflanzten Bosketts besondere Beachtung. Im Schatten der Bäume entwickeln sich alle nur denkbaren Aktivitäten. Die unprätentiösen leichten Stahlrohrstühle, die in größerer Zahl bereitstehen, laden zur Muße ein. Keine bunten Architekturfollies wie im Parc de la Vilette, keine künstlichen Wasserfälle wie im Jardin André Citroën, nur das grüne Blätterdach, Vogelgezwitscher, der Blick auf die spiegelnden Wasserflächen und – bestätigt durch die Ausblicke auf den Louvre, die gewölbten Dächer der Rue de Rivoli und in der Ferne den Arc de Triomphe – das Bewußtsein, an einem der geschichtsträchtigsten Orte Europas, im grünen Zentrum einer zehn Millionen Einwohner zählenden Agglomeration zu sein.
Im Rahmen des 1985 begonnenen Projektes *Grand Louvre* werden Louvre, Jardin du Carrousel und Tuileriengärten seit 1990 saniert und umgestaltet. Die Fertigstellung dieser Arbeiten ist für 1997 vorgesehen. Während die von der französischen Planergruppe Cribier, Benech, Rombaud betreuten Arbeiten in den Tuilerien-Gärten im wesentlichen Sanierungsarbeiten sind und die Anlage strukturell unverändert bleibt, geht es beim Jardin du Carrousel um eine vollständige Neuschöpfung. Mit Taxushecken, beschnittenen Linden und einem ausgetüftelten Bodenrelief entwickelt Jacques Wirtz einen spannenden Gartenraum, der das Bindeglied zwischen dem Louvre-Hof mit seiner markanten Glaspyramide und den lebenerfüllten Bosketts der Tuilerien bilden wird. Die besondere Schwierigkeit der Aufgabe besteht darin, daß sich unter dem Garten drei Tiefgeschosse mit Parkebenen, Restaurants und Boutiquen befinden, die dem Louvre zugeordnet sind.

Isometrie und Grundriß des aktuellen Gestaltungsplanes der Pariser Tuilerien-Gärten.

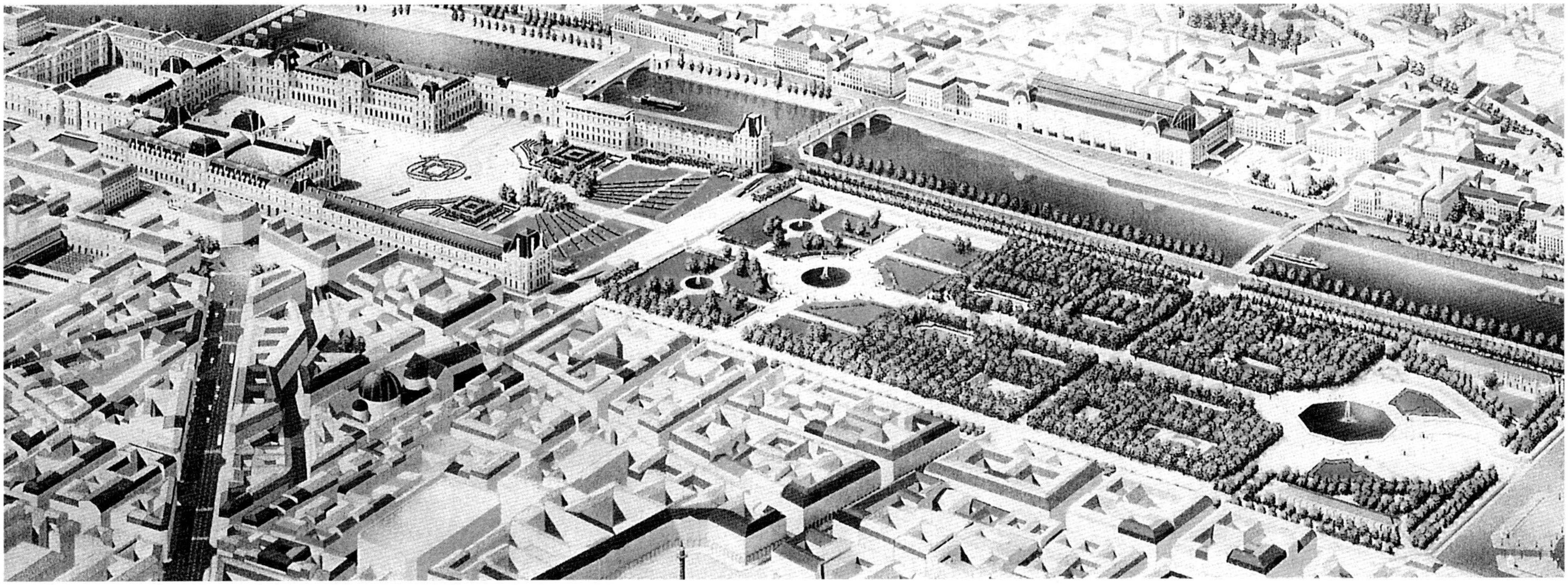

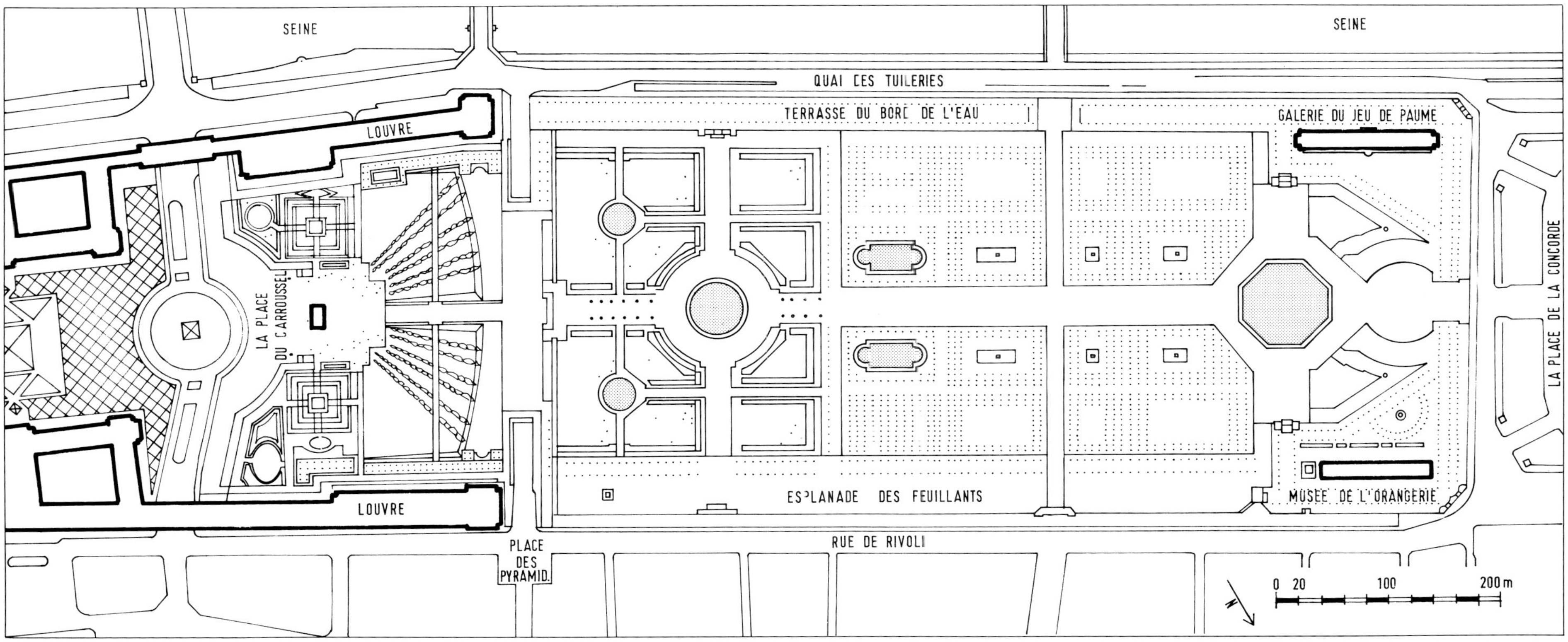

oben: Tuilerien-Gärten in Paris. In den dichten Bosketts sind einzelne rechteckige Lichtungen ausgespart. Hier sind Skulpturen aufgestellt, und an zwei Stellen ziehen stille Wasserbassins den Blick auf sich.
unten links: Das alte Kinderkarussell im Schatten hoher Bäume.
unten rechts: Beschnittene Linden begrenzen den Gartenraum zur stark befahrenen Rue de Rivoli hin und schirmen ihn ab.

Die von Jacques Wirtz geplante Neugestaltung des Jardin du Carrousel ist das Bindeglied zwischen den Boskettgärten der Tuilerien und dem Louvre-Hof. Mit Taxushecken, beschnittenen Linden und einem ausgetüftelten Bodenrelief schafft das Büro Wirtz einen spannenden, völlig neuartigen Gartenraum, der dennoch die Tradition der französischen Gartenkunst fortschreibt. Die vollständige Fertigstellung des Projekts ist für 1997 vorgesehen.

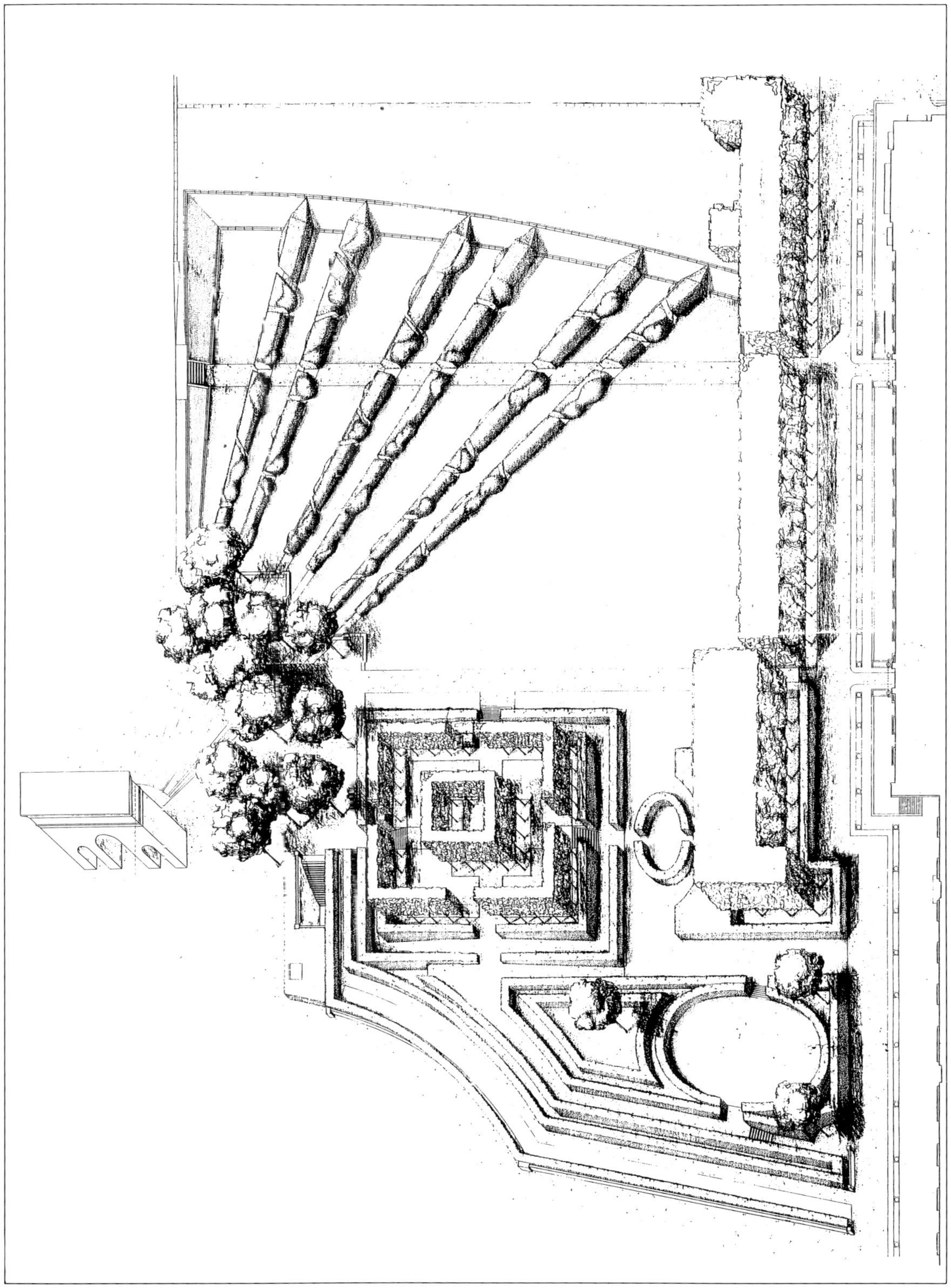

Jardin du Luxembourg

1611 erwarb Maria de'Medici, die Gemahlin Heinrich IV., das Palais Luxembourg und wollte es durch ihren Architekten Salomon de Brosse nach dem Vorbild des Palazzo Pitti und des Boboli Gartens in Florenz umgestalten. Doch de Brosse gab dem Garten in den Jahren 1615–1630 eine deutlich französische Prägung. Maria de'Medici selbst befaßte sich auch intensiv mit der Gestaltung. Sie ließ über 2000 Ulmen pflanzen, plante Parterres und Springbrunnen. Der Garten war kaum vollendet, als sie aus Frankreich fliehen mußte und 1642 im Exil in Köln starb.
Anfang des 19. Jahrhunderts, nach der Säkularisierung, wurde dem Jardin du Luxembourg das Gelände des benachbarten Karthäuserklosters hinzugefügt. Hier wurde eine bis zum Observatorium führende Kastanienallee von fast einem Kilometer Länge gepflanzt. Im Rahmen von Umbaumaßnahmen wurde der Jardin du Luxembourg Mitte des 19. Jahrhunderts etwas verkleinert. Damals wurden die Rue de Médicis und der Platz Edmond Rostand im Osten sowie die Rue Auguste Comte im Süden angelegt.[172] Seit diesen Umgestaltungsmaßnahmen beträgt die Gesamtfläche des Parks 26 Hektar. Die Kastanienallee blieb nur noch auf der halben Länge erhalten. Dennoch ist diese Partie, die von Süden, vom Boulevard du Montparnasse, auf den Jardin du Luxembourg führt, besonders eindrucksvoll. Im unteren Teil der Allee sind die Kastanien zu grünen Wänden beschnitten und rahmen eine gepflegte Rasenfläche, auf der man bei schönem Wetter die Sonne genießen kann und sich ganze Familien zum Picknick lagern.
Unmittelbar vor dem Palais, heute Sitz des Senats, liegt ein Parterregarten mit einem großen Wasserbecken, das von Springbrunnen belebt wird. Dieser Bereich des Jardin du Luxembourg besitzt eine besondere Anziehungskraft, einerseits weil er von einer erhöhten Terrasse umschlossen wird, andererseits weil man ihn von hier gut überblicken und dem abwechslungsreichen Parkleben zuschauen kann. Am westlichen Terrassengrund reiht sich die *Galerie der Königinnen,* eine Folge von Statuen, die vor dem grünen Hintergrund dichten Kastanienlaubes auf das heute überhaupt nicht mehr höfische Treiben blicken.
Östlich und westlich des Parterres schließen sich schattige, größtenteils mit Linden bepflanzte Boskettgärten an. Im Schatten der Bäume entfalten sich die unterschiedlichsten Aktivitäten. Hunderte von leichten, ganz nach Belieben zu verrückenden Blechstühlen laden zum Verweilen ein. Man findet unendlich vielfältige Formen der Muße. Hier sitzt man beim Schachspiel, dort übt man sich in den bizarren Bewegungen des Schattenboxens. Junge Mütter und Väter schieben Kinderwagen. Kindermädchen schauen geduldig den Sandkastenspielen ihrer Schützlinge zu. Großeltern spendieren den Enkelkindern eine Fahrt auf dem schönen altmodischen Karussell. Es erinnert an das hier entstandene Gedicht von Rainer Maria Rilke.[173] Unter den Bäumen versteckt gibt es auch Tennisplätze, Boulespielbahnen und Gartencafés. Den ganzen Tag herrscht in allen Teilen des Jardin du Luxembourg große Geschäftigkeit. Auch die alten Leute gehören zum täglichen Bild des Gartens. Sie kommen und füttern die Tauben und Spatzen. Und wenn ein unerwarteter Regenguß die Aktivitäten jäh unterbricht, stehen alle unter den großen Schutzdächern zusammen und warten auf das Ende des Schauers.

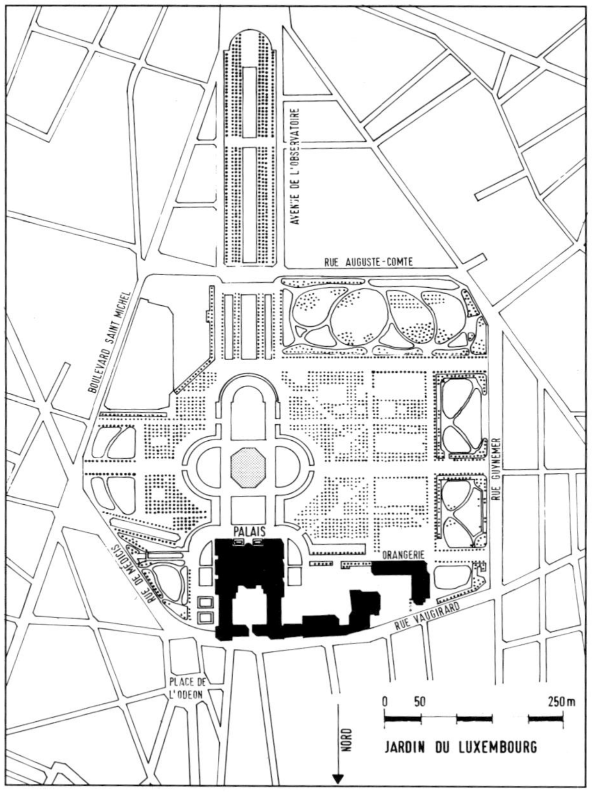

Strukturplan des Jardin du Luxembourg im 6. Arrondissement von Paris.

Die südlichen und westlichen Randbereiche des Gartens sind weniger belebt. Sie sind landschaftsgärtnerisch gestaltet, und hier findet man riesige alte Solitärbäume und gepflegte Staudenrabatten.
Der Jardin du Luxembourg ist Erholungsraum der Bürger aus den benachbarten Wohngebieten, Ruheort trottoirmüder Touristen und Treffpunkt der Studenten von den nahen Universitätsinstituten. Eilige Leute benutzen ihn als Abkürzung, zum Atemholen, bevor sie in die lange Schlucht der Rue de Vaugirard tauchen.
Als innerstädtischer Park war er immer schon einer der wichtigsten Grünräume von Paris und ist dadurch mit unendlich vielen Geschichten verbunden. Die Atmosphäre, die André Gide 1925 beschrieb, hat sich nur wenig verändert. »Was ich nun gerne täte, wäre nicht etwa die Geschichte einer Persönlichkeit, sondern die eines Ortes zu erzählen – nimm zum Beispiel mal solch eine Allee wie diese hier – erzählen, was hier geschieht – vom Morgen bis zum Abend. Zunächst kämen einmal die Kindermädchen, die Ammen mit ihren Schleifen. Nein, nein... Zuallererst kommen die grauen Leute, ohne Geschlecht und Alter und fegen die Allee, sprengen den Rasen, tauschen die Blumen aus, richten also die Bühne und die Ausstattung, bevor die Gittertore geöffnet werden, verstehst du? Dann der Auftritt der Kindermädchen. Die Kleinen formen Sandkuchen, zanken sich; die Kindermädchen hauen ihnen eine runter. Dann kommt der Auftritt der unteren Klassen – und dann die Arbeiterinnen. Da gibt es die Armen, die hierher kommen und auf einer Bank essen. Später die jungen Leute, die einander suchen; andere, die voreinander fliehen; andere, die sich absondern, Träumer. Und dann die Menge, sobald die Musik spielt und die Geschäfte schließen. Die Studenten, wie jetzt gerade. Am Abend die Liebenden, welche, die sich küssen; andere, die sich weinend trennen. Schließlich, wenn sich der Tag neigt, ein altes Paar... Und plötzlich, ein Trommelwirbel; es wird geschlossen. Alle gehen hinaus. Das Stück ist zu Ende.«[174] Nicht viel anders als vor siebzig Jahren beschrieben, sieht auch heute ein schöner Tag im Jardin du Luxembourg aus. Und noch immer werden die Tore nach Sonnenuntergang geschlossen – aus vielen guten Gründen.

Jardin du Luxembourg in Paris
oben links: Der Spielplatz wird von Lindenbosketts umschlossen.
oben rechts: Eine Besonderheit ist das mit Blauglockenbäumen (Paulownia tomentosa) bepflanzte Boskett. In ihrem Schatten laden Hunderte von leichten Blechstühlen zum Verweilen ein.
unten links: Am westlichen Terrassenrand liegt die Galerie der Königinnen, eine Reihe von Statuen, die vor dem Hintergrund dichten Kastanienlaubes besonders wirkungsvoll aussieht.
unten rechts: Die zum Palais hinführende Hauptachse des Gartens, eine Allee beschnittener Kastanien.

Die Londoner Parks

»Ein wunderbarer Augenblick Natur innerhalb einer Großstadt, wie man ihn anderswo kaum noch findet, ein helles unvergeßliches Bild ist das, eines der schönsten Erlebnisse in London.«
Stefan Zweig über den Hyde Park 1939 [175]

Da für London nie durchgreifende Stadterweiterungs- und Stadtumbaupläne wie in Amsterdam, Wien und Paris entwickelt wurden, fehlen die großen, den Stadtkörper gliedernden Strukturen. Städtebauliche Akzente und Orientierungspunkte liefern vor allem die ausgedehnten Parks. Die Ortsangaben »südlich des Hyde Park«, »nördlich des Regents Park« oder ähnliches gehören in London zur gängigen Verständigung.
Abgesehen vom Regents Park, der Ende des 18. Jahrhunderts entstand und mit 220 Hektar der größte Londoner Park ist, gehen alle anderen Anlagen auf bereits im 16. Jahrhundert bestehende Grünräume zurück, die der Krone gehörten.
Der zwischen Whitehall, Trafalgar Square und Buckingham Palace gelegene St.James's Park ist der traditionsreichste Londoner Park. Ähnlich wie der Tuileriengarten in Paris war auch der St.James's Park ursprünglich Teil des königlichen Schloßgartens. Wie die strenge zum Buckingham Palace hinführende Achse The Mall vermuten läßt, war der Garten früher im französischen Stil angelegt. Erst um 1830 wurde er als Landschaftsgarten umgestaltet. Die Längsachse des Parks bildet eine große Wasserfläche, an deren Ufer sich bequeme Ruhebänke reihen. Hier sitzend, kann man die in ihrer Vielfalt schön anzuschauenden Vögel auf dem Wasser mit Muße betrachten.
An der Nordwestecke des St.James's Park, unmittelbar neben dem Buckingham Palace, schließt sich der Green Park an. Dies ist ein relativ bescheiden angelegter Park, aber auch hier sind die wichtigsten Gestaltungsmittel üppige Baumgruppen – vorwiegend Platanen, Buchen und Ulmen – und weite Rasenflächen, die Ruhesuchenden im Sommer als Liegestuhlwiesen eine fast ländliche Atmosphäre bieten. Der Baumbestand zeigt sich trotz den Belastungen der Metropole überall recht gesund und läßt auch im Hochsommer an Frische nichts vermissen. Ein weiteres Gestaltungselement ist die Platanenallee, die über den Constitution Hill zum Queens Walk führt. Nordwestlich des Green Park folgt der Hyde Park, der nahtlos in Kensington Gardens übergeht. Er ist mit 147 Hektar einer der wichtigsten und attraktivsten Grünräume in London. Die Anlage hat ihren Namen von Hyde Manor, einem ehemaligen Landgut von Westminster Abbey, das sich Heinrich VIII. nach Aufhebung der Klöster aneignete. Im Jahre 1660, kurz nach der Restauration, wurde das Areal öffentlich zugänglich. Zur Regierungszeit Georg II., um 1735, wurde das Gelände als Landschaftsgarten umgestaltet. Im Rahmen dieser Maßnahme wurde auch die große, heute als Ruderbootsee genutzte Wasserfläche – Serpentine Water – angelegt.
Der Hyde Park war schon oft und ist immer wieder das Zentrum von großen Demonstrationen. Bereits im 19. Jahrhundert gab es hier Massenkundgebungen und Protestversammlungen von über 150 000 Menschen. Zu den besonderen Anziehungspunkten im Hyde Park zählt Speakers Corner, ein nach wie vor lebendiges Zeichen für die verbriefte Gedanken- und Redefreiheit der Bürger. Hier ist jeder eingeladen, öffentliche Rede zu führen und politische ebenso wie gesellschaftliche Mißstände anzuprangern. Untersagt sind allerdings Obszönitäten, Blasphemien, Anstiftungen zum Gesetzesbruch, Volksverhetzungen und Verunglimpfungen des Königshauses. In der Nordostecke des Hyde Park liegt Marble Arch, ein für Georg IV. gebauter Triumphbogen. Ursprünglich stand dieses von John Nash entworfene Bauwerk beim Buckingham Palace, wurde dann aber im Jahre 1851 an den heutigen Standort Park Lane, Ecke Oxford Street versetzt. In der Südostecke des Hyde Park befindet sich Apsley House, ein 1778 von Robert Adam für den Herzog von Wellington konzipiertes Gebäude, in dem heute das Wellington Museum untergebracht ist. Der markanteste Punkt innerhalb des Hyde Park ist wohl die 1965 von Patrick Gwynne entworfene Cafeteria, die neben großen Trauerweiden unmittelbar an der Wasserfläche des Serpentine Water gelegen ist. Auch der bereits von Hirschfeld als Bereicherung der Volksgärten empfohlene Musikpavillon fehlt im Hyde Park nicht. In den Sommermonaten spielen fast täglich unterschiedliche Kapellen, und die Engländer lassen sich auch bei Regen nicht um ihren Musikgenuß bringen.
Am Südrand des Hyde Park befindet sich eine sehr breite und etwa zweieinhalb Kilometer lange Reitbahn. Wer glaubt, sie hätte nur dekorativen Wert, wird überrascht feststellen, daß die Londoner ihre Reitleidenschaft nicht nur am Wochenende auf dem Lande ausleben, sondern daß sie auch mitten in London nicht auf ihren Lieblingssport verzichten möchten und die Reitbahn intensiv nutzen.

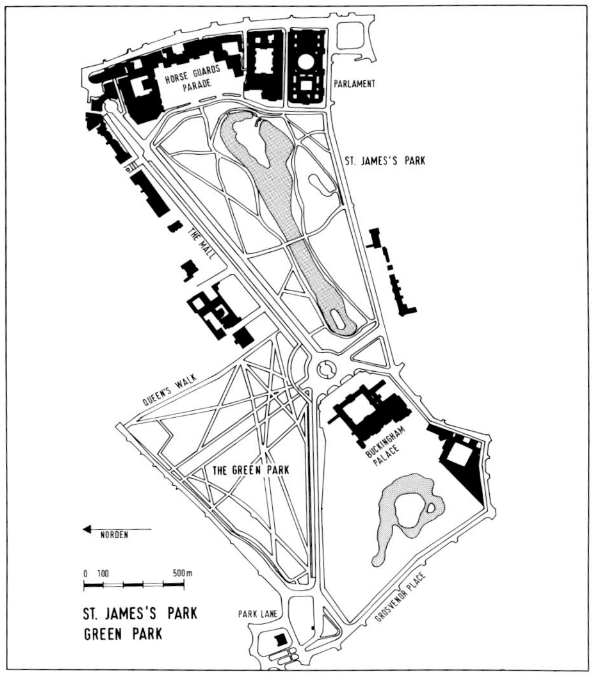

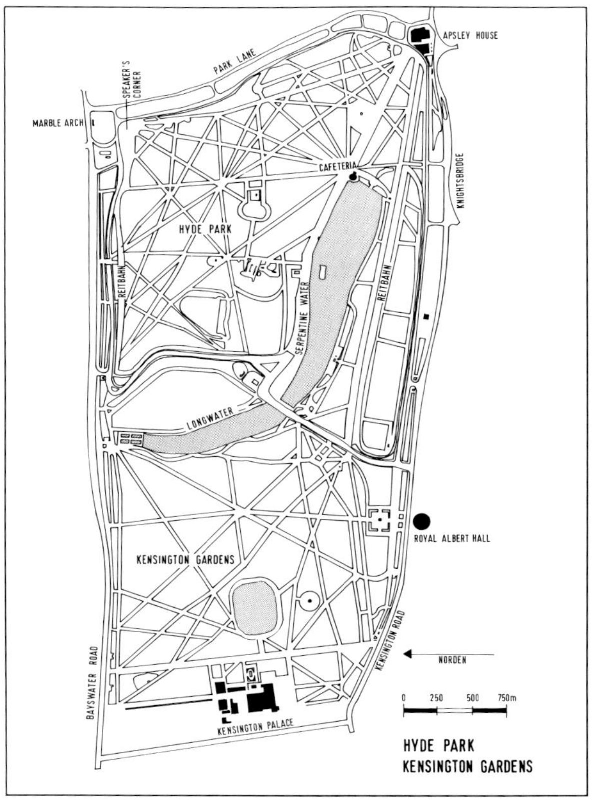

St.James's Park und Green Park im Zentrum von London. Wie die geradlinigen, zum Buckingham Palace hinführenden Alleen vermuten lassen, war der königliche Schloßgarten früher im französischen Stil angelegt. Erst um 1830 wurde er als Landschaftsgarten umgestaltet.

oben: Reitbahn im Londoner Hyde Park.
unten: In der Mitte des Hyde Park liegt eine langgezogene Wasserfläche. Auf den Uferwiesen stehen Liegestühle zum Ausruhen bereit. Hier kann man fast vergessen, daß man sich im Zentrum einer Metropole mit acht Millionen Einwohnern befindet.

oben: Platanenallee im Londoner Green Park.
unten: Einer der markantesten Punkte des Hyde Park ist die 1965 von Patrick Gwynne entworfene Cafeteria, die im Zusammenspiel mit einer großen Trauerweide ein einprägsames Ensemble bildet.

Biergärten

Biergärten sind eine besondere Form der Volksgärten, die vor allem für Süddeutschland und ganz besonders für Bayern typisch ist. Die Stadt München hat allein etwa sechzig Biergärten mit üppigem Baumbestand. Der berühmteste, größte und schönste ist der *Biergarten am Chinesischen Turm*. Er liegt mitten im 272 Hektar großen Englischen Garten, der 1789 von Kurfürst Karl Theodor »zur allgemeinen Ergötzung und als gemeinnütziges Kunstwerk« an die Münchner Bürger übergeben wurde.[176] Im Laufe seiner zweihundertjährigen Geschichte wurde dieser Garten zum Inbegriff des Stadtparks und ist in Deutschland wohl unübertroffen.

Bereits 1790 wurden hier der Chinesische Turm und die Chinesische Wirtschaft errichtet. Dies war Ausdruck der allgemeinen Chinoiserie-Mode und zugleich Referenz an die Great Pagoda in den Londoner Kew Gardens. 1792 nahm der Biergarten seinen Betrieb auf und wurde schnell zu einem der wichtigsten Anziehungspunkte des Englischen Gartens. Im Juli 1944 wurde der Turm durch Brandbomben zerstört. Da er den Münchnern sehr am Herzen lag, wurde er sehr bald rekonstruiert, so daß er im September 1952 wiedereröffnet werden konnte.

Der Biergarten am Chinesischen Turm bietet mehr als 6000 Besuchern Platz. Von den ersten warmen Tagen im April bis in den Herbst hinein sitzen hier dichtgedrängt auf schmalen Holzbänken Bayern und Preußen, Touristen aus aller Welt, Studenten der nahen Universität, Rentner, Hausfrauen, Punks und Yuppies. Man trinkt seine Maß Bier und vespert seine Jause. Das allgemeine Stimmengewirr wird von dem Blasorchester, das im ersten Stockwerk des Chinesischen Turms aufspielt, übertönt. An einem schönen Wochenendtag kommen um die 20 000 Besucher. Dann werden etwa 130 Hektoliter Bier und 13 Hektoliter Limonade umgesetzt.[177]

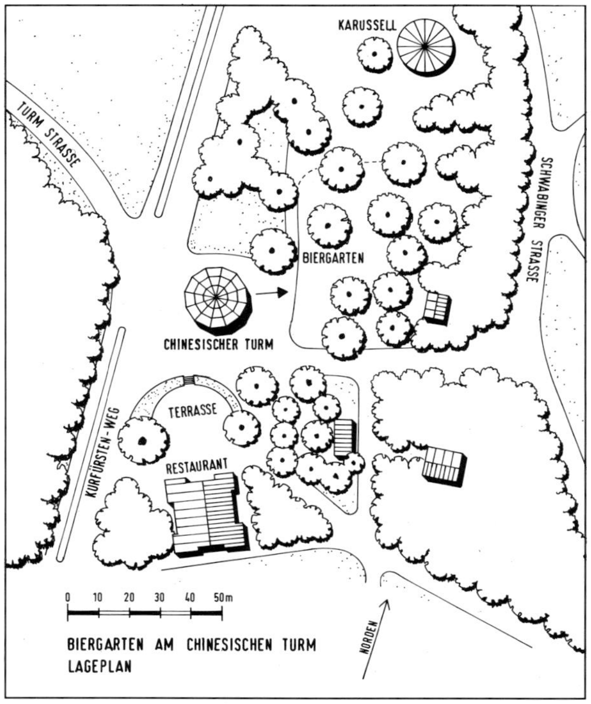

Lageplan des Biergartens am Chinesischen Turm im Englischen Garten. Der Pfeil rechts des Turmes kennzeichnet die Blickrichtung der nebenstehenden Abbildung.

Am schönsten ist der Biergarten im Mai, wenn die Kastanien blühen. Die Blütenkerzen der mächtigen alten Bäume geben ein sehr festliches Gepräge.

Die Volksmenge der Biergärten wurde immer wieder von Malern als Sujet gewählt, und auch der Biergarten am Chinesischen Turm ist Gegenstand vieler Bilder. Die schönsten Darstellungen stammen von Friedrich Kaiser und Fritz Schider. Die zwischen 1845 und 1873 entstandenen Werke, die heute im Lenbachhaus in München, im Kunstmuseum Düsseldorf und im Kunstmuseum Basel ausgestellt werden, sind betitelt »Zum traulichen und geselligen Umgang aller Stände«, »Wo liebliche Farbtöne, Licht und Schatten angenehm wechseln« und »Die sich im Schoße der Natur erquicken«.[178]

Auch für die französischen Impressionisten war die fröhliche Volksmenge unter dem Blätterdach der Ausflugslokale ein beliebtes Bildthema. Seit Edouard Manet 1867 ein Gartenlokal in den Tuileriengärten und Auguste Renoir 1876 die »Moulin de la Galette« im Bois de Boulogne gemalt hatte, wurden diese baumbestandenen Volksgärten zum immer wiederkehrenden Motiv.[179] Unter den Impressionisten in Deutschland hat vor allem Max Liebermann Biergärten gemalt. Über mehr als zwanzig Jahre waren sie für ihn ein Thema.[180] Im Jahre 1883 entstand sein Gemälde »Münchner Bierkonzert«, 1893 das Bild »Biergarten in Brannenburg«, 1902 das »Restaurant Jacob« und schließlich 1905 »De Oude Vink«, das Gemälde eines baumbestandenen Restaurantgartens im niederländischen Leiden. Max Liebermann ist es in großartiger Weise gelungen, die Gesamtstimmung wiederzugeben: die Menschen in ihrer Vielfalt von Charakteren, die über allem liegende Blechmusik des Orchesters, das Gewoge der Volksmenge unter den Bäumen, halb im Schatten, halb im durchbrechenden Licht. Die Baumstämme sind die statischen Elemente, sie verkörpern Ruhe und Ordnung, sie formulieren den Raum. Die Menschen hingegen bringen die Bewegung und die Farbenvielfalt.

Die Malereien zeigen sehr deutlich, daß die Biergärten im 19. Jahrhundert von der ganzen Familie aufgesucht wurden. Nicht nur alle Stände, sondern auch alle Generationen waren vertreten. Heute sind die Biergärten zwar nach wie vor volkstümlich, aber nur selten wird man ganze Familien an den Tischen vereint sitzen sehen. Vor allem Kinder, die von den Malern so gern ins Bild gerückt wurden, sieht man heute nur vereinzelt. Auch ein anderes Detail verraten die Malereien: Früher gab es meistens Stühle mit Rückenlehnen statt der heute gebräuchlichen, recht spartanischen Biergartenbänke.

Blick vom Chinesischen Turm auf einen Teilbereich des riesigen Biergartens, der mehr als 6000 Besuchern Platz bietet. Am schönsten ist der Biergarten im Mai, wenn die Kastanien blühen. Die weißen Blütenkerzen der mächtigen alten Bäume schaffen eine sehr festliche Atmosphäre.

Baumbestandene Parkplätze

Ein heißer Sommer weckt auch bei völlig naturentwöhnten Autofahrern die Erinnerung an die schattenspendenden Wohltaten der Bäume. Bei starker Sommerhitze lassen auch Menschen, die ansonsten Straßenbäume nur als Quelle lästigen Herbstkehrichts betrachten, bei der Parkplatzsuche ihre Blicke sehnsuchtsvoll nach großen Baumkronen schweifen.
Baum und Auto – gemeinhin als absolut unversöhnlich betrachtet – findet man oft in erstaunlich schöner »Symbiose«. In Deutschland sind baumbestandene Parkplätze zumeist ein Ergebnis von Stadtentwicklungs- und Sanierungsmaßnahmen der letzten zwanzig Jahre. Auch im Zusammenhang mit dem Neubau großer Verwaltungsgebäude, Freibädern und Sportstätten wurden immer wieder vorbildliche, mit Bäumen bepflanzte Parkplätze ausgeführt. Ein besonders gelungenes Beispiel ist der für 5000 Fahrzeuge ausgewiesene Parkplatz des Münchner Olympiastadions. Die um 1970 gepflanzten Kastanien haben sich inzwischen zu prächtigen Bäumen entwickelt und zeigen ein sehr schön geschlossenes Bild. Von den angrenzenden Schnellstraßen ist dieses Grün täglich für Tausende ein erfreulicher Anblick, insbesondere bei der phantastischen Frühjahrsblüte und der intensiven Herbstfärbung.
Der Gartenarchitekt Gunnar Martinsson überraschte mehrfach mit bemerkenswerten Lösungen für Parkplätze vor Verwaltungsgebäuden. 1975 gestaltete er in Karlsruhe den Parkplatz eines Versicherungsgebäudes, indem er den 3000 Quadratmeter großen Vorplatz gleich einer französischen Esplanade in einem regelmäßigen Raster von 3,75 Meter mit etwa siebzig Kugelrobinien bepflanzte. Einzelne Parkfelder sind nicht ausgewiesen. Dennoch ist die Benutzbarkeit in keiner Weise erschwert. Zum Schutz gegen Beschädigung durch die Fahrzeuge sind die Bäume mit 15 cm angehobenen, runden Baumscheiben von 1,50 Meter Durchmesser eingefaßt. Die Bäume werden alljährlich zurückgeschnitten und behalten dadurch ihre kleinen kugeligen Kronen.
In Frankreich fallen immer wieder besonders schöne baumbestandene Parkplätze auf. In Burgund parkt man unter Linden, im Périgord unter Pappeln, in der Provence, im Bordelais und Midi unter Platanen und an der Côte d'Azur unter Pinien. Zwar sieht es auf den Parkplätzen vor französischen Supermärkten nicht besser aus als bei uns, doch die öffentlichen Parkplätze besitzen zumeist einen gut entwickelten Baumbestand. Auch die Belegschafts-Parkplätze vor Fabriken und Verwaltungsgebäuden überraschen immer wieder mit langen Reihen knackig frischer Bäume. Der Baumbestand in den französischen Städten ist Ausdruck einer bis in die Barockzeit zurückreichenden Tradition. Was in Deutschland sorgsam planerisch vorbereitet wird, handhabt man in Frankreich ganz gewohnheitsmäßig und mit Nonchalance. Schaut der gewissenhafte Freiraumplaner auf die Fußpunkte der Bäume, wird er sich fragen, ob es wohl für den Begriff »Baumscheibe« eine Übersetzung in der französischen Sprache gibt. Häufig sieht man ausgewachsene Platanen, die fast nahtlos von der Asphaltdecke umschlossen sind. Das empört uns zu Recht, doch allem Anschein nach lassen sich die Platanen dadurch in ihrem Grünen kaum beeinträchtigen; ein stiller Triumph ihrer gewaltigen Wuchskraft.
Neben dem Vorteil des Sonnenschutzes bieten baumbestandene Parkplätze auch noch den Vorzug, daß das bunte Blech dezent unter Grün verborgen wird. Vor allem im Umfeld von Altstadtzentren und historischen Bauwerken ist dies ein unschätzbarer Vorteil. Gegenüber der vielbesuchten romanischen Kathedrale von Paray le Monial in Burgund zum Beispiel ist Parkraum für einige hundert Fahrzeuge ausgewiesen. Eine Beeinträchtigung des historischen Ambientes ist nicht zu beklagen, denn die Autos stehen alle unter beschnittenen Linden. Diese besitzen eine Noblesse, wie wir sie sonst nur aus barocken Gartenanlagen kennen. Die Anlage wirkt so angenehm, daß man sie geradezu als eine Bereicherung des Gesamtensembles empfindet.
Im Zentrum von Bordeaux liegt die 1843 von dem berühmten Pariser Boulevard-Baumeister Haussmann geplante Esplanade des Quinconces, eine 300 mal 400 Meter große Platzanlage. Sie ist größtenteils mit Bäumen bestanden und weist eine Parkfläche für fast tausend Fahrzeuge aus. Die mächtigen Platanen geben einen vollendeten Sonnenschutz. Hinter dem Namen *Quinconces* verbirgt sich eine traditionsreiche grünplanerische Besonderheit. Bereits im 16. Jahrhundert ging man in der französischen Gartenkunst der Frage nach, welches die beste Anordnung für einen flächendeckenden Baumbestand sei. Bei einer Pflanzung im Quadratraster bleibt in der Mitte immer eine Fläche frei. Rein rechnerisch, unter der Annahme kreisrunder Kronenbildung, ergibt sich eine 80prozentige Flächendeckung. Die Anordnung nach dem Fünfpunkt-Raster (lateinisch quincunx, französisch quinconce) ergibt hingegen eine 90prozentige Flächendeckung. Dieses Pflanzraster wurde nicht als »Reihung auf Lücke« oder Schrägstellung gelesen, sondern wie die Anordnung der fünf Augen eines Spielwürfels. In Frankreich wurden Bosketts und Esplanaden immer wieder in dieser Weise bepflanzt. Als man jedoch 1974 auf der Esplanade in Bordeaux den kranken Ulmenbestand entfernte, die Parkplatzflächen neu organisierte und mit Platanen bepflanzte, wählte man ein rechteckiges Pflanzraster, und so erinnert heute nur noch der Name des Platzes an die alte Form der Bepflanzung.
Selbst den oft anzutreffenden rasterförmigen Pappelpflanzungen ist ein besonderer Reiz nicht abzusprechen. Oft werden solche Pappelplantagen als Camping- oder Parkplätze benutzt. Umgeben von kerzengeraden, regelmäßig gereihten Stämmen fühlt man sich hier geradezu in eine gotische Kathedrale versetzt. Die Geräusche des vom Wind umspielten Blattwerks und das gestreute Licht erzeugen einen sehr angenehmen Raumeindruck, den man von einem Parkplatz absolut nicht erwartet.
Aus planerischer Sicht ist bei der Neuanlage von baumbestandenen Parkplätzen unbedingt eine sorgfältige Ausführung von Baumscheiben oder Pflanzstreifen notwendig. Der von den Fahrzeugen verursachte Erddruck muß möglichst ferngehalten werden, weil er den Wurzeln schadet, die Bodenbelüftung stört und damit das Leben der Mikroorganismen beeinträchtigt. Außerdem müssen die Bäume vor Abschürfungen und Anfahren geschützt werden. Die Baumscheiben bieten den sichersten Schutz, wenn sie gegenüber der befahrenen Fläche um wenigsten 15 Zentimeter angehoben sind und mindestens einen Durchmesser von zwei Metern aufweisen.

Lagepläne und Strukturskizzen der verschiedenen in diesem Kapitel erwähnten und mit Abbildungen dokumentierten baumbestandenen Parkplätze.
oben: Olympia-Parkplatz am Sapporo-Bogen in München. Entwurf Günter Behnisch und Partner.
unten, von links nach rechts: Parkplatz in Paray le Monial/Burgund, Parkplatz in Karlsruhe, Parkplatz in Les Eyziés/Périgord, Parkplatz in Le Creusot/Burgund.

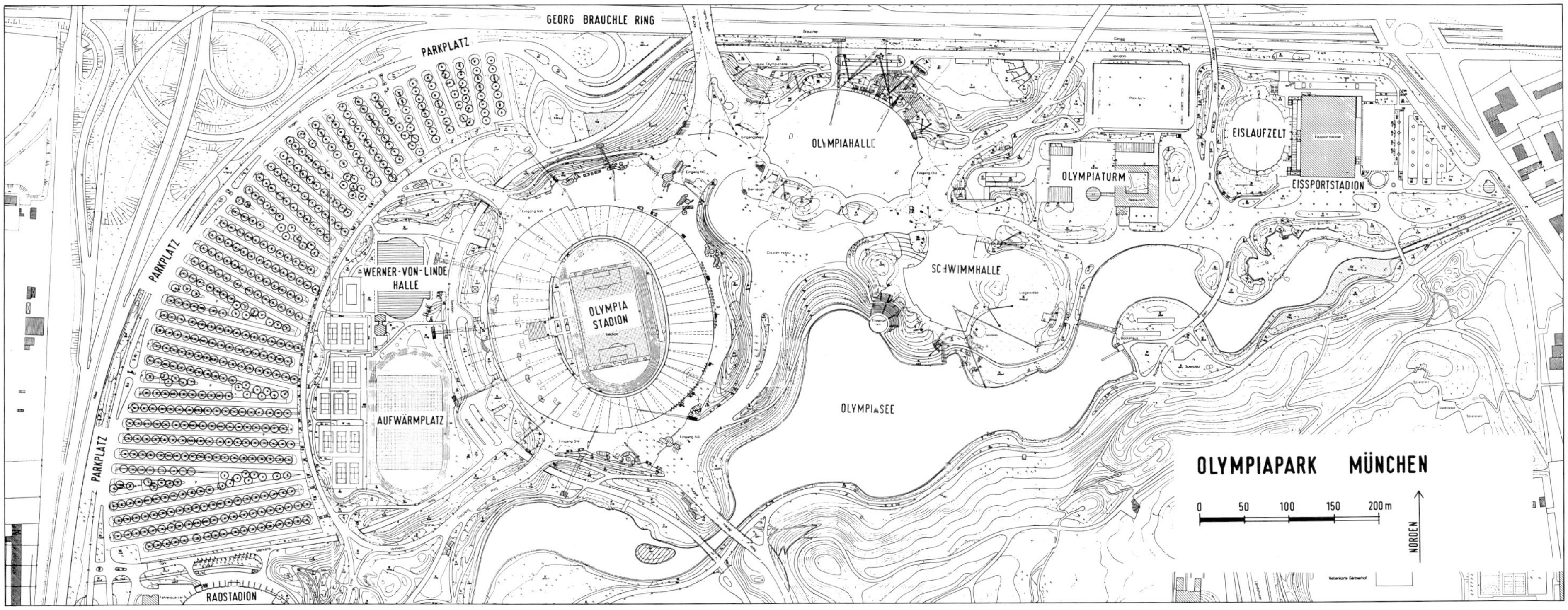

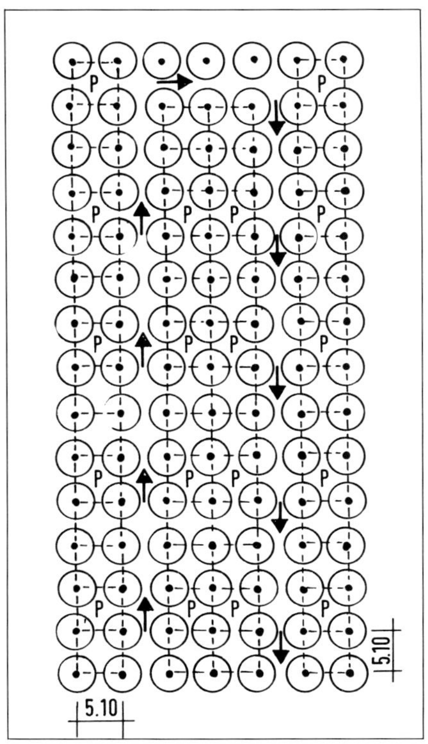

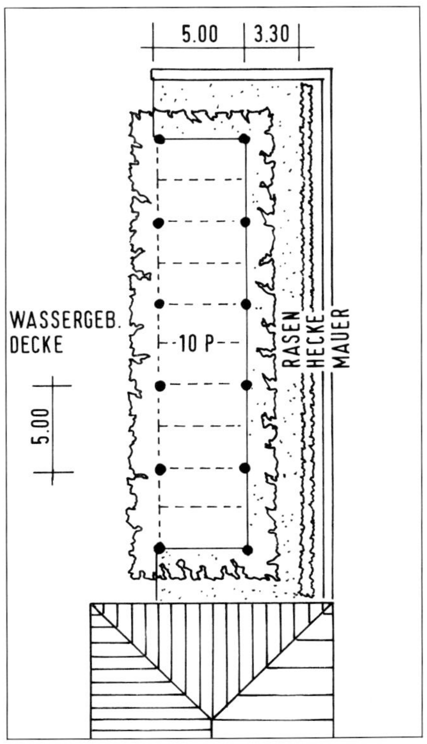

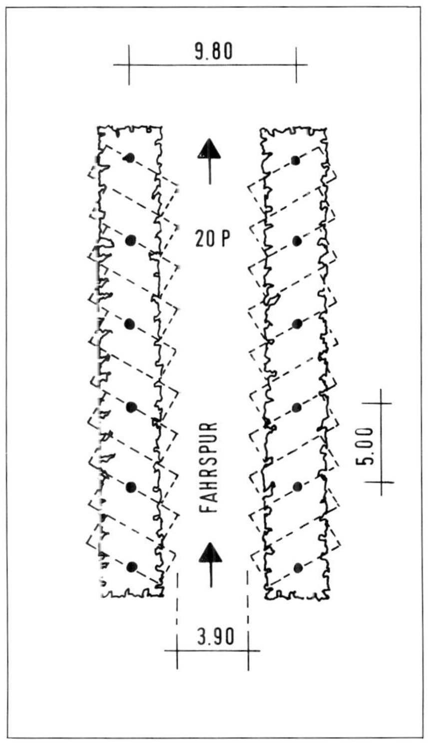

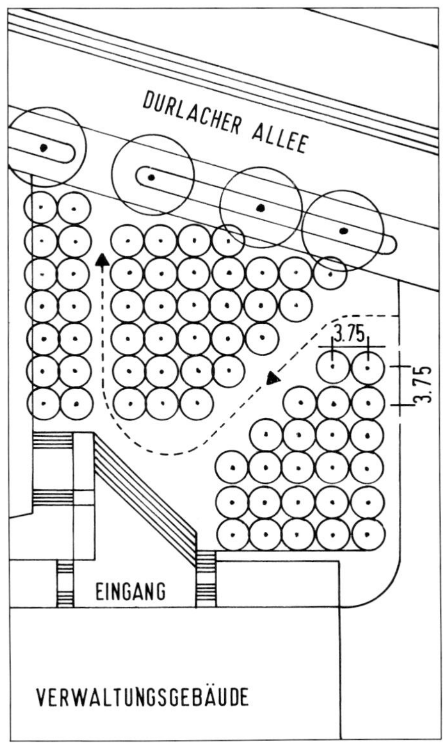

oben links: Parkplatz mit langen Reihen prächtiger Kastanien auf dem Olympiagelände in München.
unten links: Parkplatz unter Pappeln in Les Eyziés im Perigord.

oben rechts: Parkplatz unter geschnittenen Linden, vor der Kathedrale von Paray le Monial in Burgund.
unten rechts: Besucherparkplatz eines Karlsruher Verwaltungsgebäudes. Planung Gunnar Martinsson und Karl Bauer.

Parkplatz unter geschnittenen Linden in Le Creusot in Burgund. Die Äste der alten Bäume sind zu einem dichten Geflecht zusammengewachsen.

Grünkonzepte der Gesamtstadt

»Auf den Wällen sind Alleen mit schattigen Bäumen gepflanzt, die gegen Abend, sowohl von vornehmen als geringen Leuten, Gesundheit und Vergnügen halben besucht werden.«

Jonas Apelblad 1785 in einer Reisebeschreibung über Stralsund [181]

Die Grenzen zwischen Stadt und Land haben sich in den letzten 300 Jahren in allen Siedlungsgebieten weltweit so sehr verwischt, daß man sich heute kaum noch vorstellen kann, welch klare Trennungslinien in früheren Epochen bestanden.
Sowohl die antiken als auch die mittelalterlichen Städte waren von Stadtmauern umschlossen und nur durch eine begrenzte Zahl von Stadttoren zugänglich. Im 16. und 17. Jahrhundert boten einfache Stadtmauern keinen ausreichenden Schutz mehr, und man baute ausgeklügelte Befestigungsanlagen. Sie bestanden aus massiven Wällen, vorgelagerten Bastionen, Wassergräben und einem freien Vorfeld, dem Glacis. Fast alle großen Städte Europas besaßen derartige Fortifikationen, wie die Stadtansichten von Matthäus Merian anschaulich belegen. Besonders eindrucksvolle Darstellungen gibt es von den Befestigungsanlagen der Städte Mannheim, Frankfurt, Augsburg, Ulm und Regensburg. Die Stiche zeigen, daß die Wallanlagen deutscher Städte ursprünglich nicht mit Bäumen bestanden waren. Die Festungswerke vieler niederländischer Städte bilden hier eine Ausnahme. Um 1700 entstandene Stadtansichten von Groningen, Utrecht, Haarlem und Leiden zeigen lückenlos baumbepflanzte Befestigungsanlagen.
Im Laufe des 18. Jahrhunderts verloren die Bastionen ihre militärische Funktion, und überall in Europa entdeckte man ihre Eignung als Promenade. Die Städte, eingeschnürt durch Bollwerke und Verteidigungsanlagen, hatten sich im Inneren immer mehr verdichtet, und die Bürger suchten nach Freiraum. Das Vorbild der Niederlande machte Schule. Zwischen 1705 und 1725 wurden die Wallanlagen vieler deutscher Städte mit Bäumen bepflanzt, so in Braunschweig, Bremen, Celle, Erfurt, Frankfurt, Hamburg, Hannover, Leipzig und Lübeck. In der Regel waren es Ulmen, Linden, Kastanien, Pappeln oder Ebereschen, gelegentlich auch Obstbäume oder Maulbeerbäume, deren Blätter für die Seidenraupenzucht verwendet wurden. Der Gartenhistoriker Dieter Hennebo geht davon aus, daß Promenaden auf den Wallanlagen seit Mitte des 18. Jahrhunderts zur üblichen Ausstattung der mitteleuropäischen Städte gehörten. Eine besonders anschauliche Darstellung bepflanzter Wallanlagen zeigt der von J.A. Baertels im Jahre 1758 gefertigte Kupferstich der kurpfälzischen Residenzstadt Mannheim. Wie aus zeitgenössischen Quellen hervorgeht, stand im Hintergrund dieser Maßnahmen sowohl die Absicht, die Stadt zu verschönern, als auch der Gedanke, dem Bürger einen Bereich für den Aufenthalt im Freien anzubieten. In zeitgenössischen Texten wird immer wieder auch die frische Luft und der schöne Ausblick in die Landschaft gelobt.
Einige kleinere Festungsstädte sind bis auf den heutigen Tag fast vollständig erhalten. In den Niederlanden sind Naarden bei Amsterdam sowie Brielle und Willemstad bei Rotterdam zu nennen, und in Italien ist die in der nördlichen Toskana gelegene Stadt Lucca ein besonders schönes Beispiel.
In Paris ging man völlig anders vor. Hier wurden die Befestigungsanlagen bereits 1676 geschliffen. Nach Plänen von Nicolas Blondel und Pierre Bullet ersetzte man sie durch dreißig bis fünfzig Meter breite Alleen, die mit vier bis sechs Reihen Bäumen bepflanzt waren. Ende des 17. Jahrhunderts war dieser Halbkreis der *Grands Boulevards* (Boulevard = Bollwerk) um das nördlich der Seine gelegene Stadtgebiet nahezu abgeschlossen. Die Ergänzung zur vollständigen Kreisform durch Baumaßnahmen südlich der Seine zog sich bis weit ins 18. Jahrhundert hinein. Zu dieser Zeit wuchs Paris über den Ring hinaus, und die ehemaligen Stadtrandboulevards wurden zu innerstädtischen Promenaden.
Dem Vorbild von Paris folgend, wurden im 19. Jahrhundert auch in vielen anderen europäischen Städten die Festungsanlagen komplett entfernt. Die sich ergebenden Freiflächen wurden zu Grünräumen und die Gräben zu Schwanenteichen umgestaltet. Noch heute bestimmen diese, meist im Stil des Landschaftsgartens angelegten Bereiche das Bild vieler Städte, in Deutschland zum Beispiel in Münster, Bremen und Lübeck.
Ein herausragendes Beispiel für die großmaßstäbliche Umgestaltung der Festungsanlagen ist die *Wiener Ringstraße,* die als Grüngürtel auf einer Länge von etwa 4 Kilometern die Wiener Innenstadt umschließt. Im Jahre 1857 entschied der knapp dreißigjährige Kaiser Franz Josef I.: »Es ist Mein Wille, daß die Erweiterung der inneren Stadt mit Rücksicht auf eine entsprechende Verbindung derselben mit den Vorstädten ehemöglichst in Angriff genommen und hierbei auch auf die Regulierung und Verschönerung meiner Residenz- und Reichshauptstadt Bedacht genommen werde. Zu diesem Ende bewillige Ich die Auflassung der Umwallungen und Fortifikationen der inneren Stadt sowie der Gräben um dieselbe.«[182] 1858 wurde ein internationaler Architekturwettbewerb ausgeschrieben. Das Interesse an diesem Wettbewerb übertraf mit über 500 Bewerbern alle Erwartungen. 85 Beiträge wurden schließlich eingereicht.[183]
Die Entwürfe der Architekten Friedrich Stache, Ludwig Förster und Eduard van der Nuell gemeinsam mit August von Siccardsburg wurden favorisiert, überarbeitet und in einem Grundplan festgeschrieben. 1859 wurde mit der Ausführung begonnen. Das mit seinen Vororten etwa eine halbe Million Einwohner zählende Wien wurde innerhalb von zwei Jahrzehnten zur glänzenden Metropole des Habsburgerreiches ausgebaut. Der Stadtgraben wurde zugeschüttet, die Stadtmauern und Bastionen abgebrochen. Als Bindeglied zwischen dem alten Stadtkern und den Vorstädten entstand eine 55 Meter breite, von fünf Baumreihen gesäumte Prachtstraße, an der sich eine Vielzahl repräsentativer Bauwerke reihte: Hofoper, Kunsthistorisches Museum, Naturkundemuseum, Hofburg, Parlament, Rathaus, Burgtheater, Universität und Börse. Doch nicht nur Bauwerke, sondern auch Parks begleiteten die Ringstraße: Stadtpark, Burggarten und der bereits seit 1823 bestehende Volksgarten sowie der Rathauspark.
1865 wurde mit einem Festakt der erste Abschnitt des Ringstraßenprojekts eingeweiht. 1873 fand die Weltausstellung in Wien statt, und die städtebaulichen Neuerungen erlebten internationale Anerkennung. Die Architekturgeschichte wertet das Wiener Ringstraßenprojekt als eines der bemerkenswertesten Gesamtkunstwerke des 19. Jahrhunderts und als eines der bedeutendsten Werke in der Geschichte des europäischen Städtebaus.[184] Im wesentlichen ist die Anlage heute komplett erhalten und prägt nach wie vor das Gesicht der Stadt. Das hohe Verkehrsaufkommen beeinträchtigt zwar die Promenadenqualität, dennoch bilden die Ringstraße und die zugeordneten Parkanlagen das grüne Rückgrat der Metropole Wien. Die Bedeutung dieser Grünräume ist um so wichtiger, da das Stadtzentrum von Wien nahezu baumlos ist.
1905 definierten die Wiener Stadtplaner einen zweiten grünen Ring: den *Wald- und Wiesengürtel.* Diese von Wäldern, landwirtschaftlichen Flächen und Weinbergen geprägte Zone umschließt das Stadtgebiet in einem Ring von etwa fünfzehn Kilometern Durchmesser. Im Hintergrund stand die pla-

Beispiele unterschiedlicher Grünkonzepte verschiedener Epochen
oben links: Wiener Ringstraße, 1858. Ein Grüngürtel von Alleen und Parks umschließt den Stadtkern und bildet die grüne Zäsur zu den Vorstädten.
oben rechts: Randstad Holland, die Konzeption wurde um 1930 entwickelt. Der Städtegürtel umschließt eine grüne Mitte.
unten links: Karlsruhe, eine grüne Achse beginnt beim Hauptbahnhof, führt durch den Stadtgarten über verschiedene andere innerstädtische Grünräume und endet im Schloßgarten, der nahtlos in den Hardtwald übergeht.
unten rechts: In Stuttgart realisierte Hans Luz anläßlich der IGA 1993 das Grüne U, einen acht Kilometer langen Grünzug.

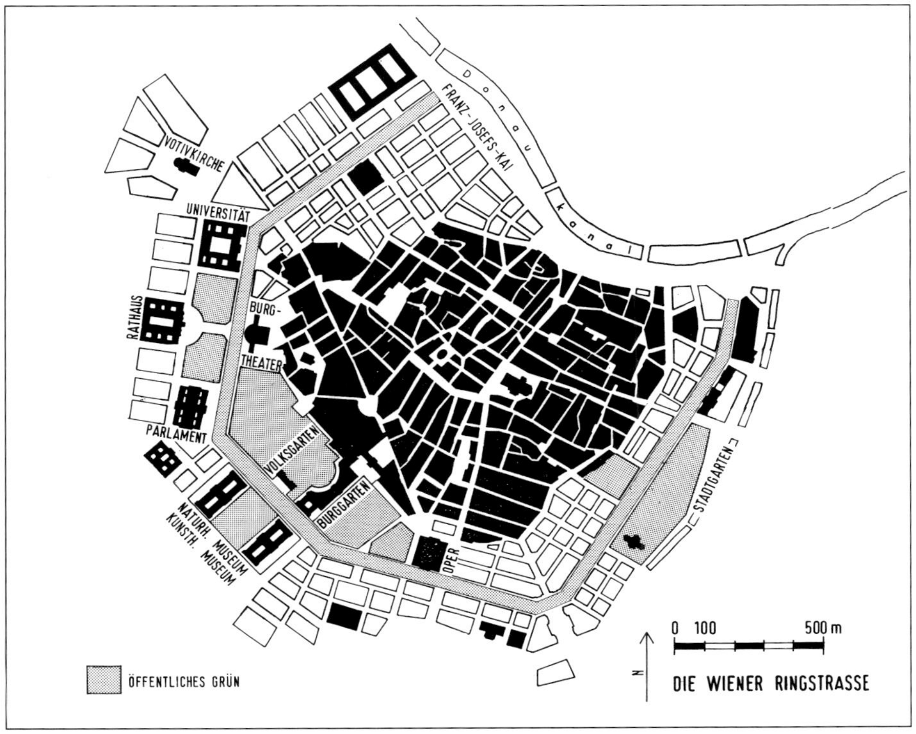

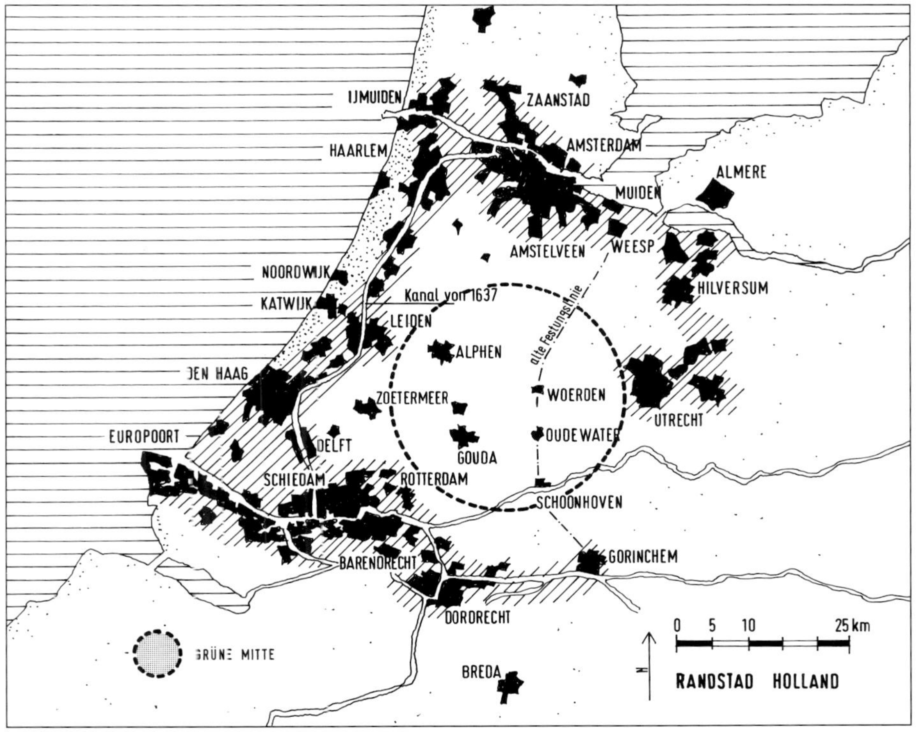

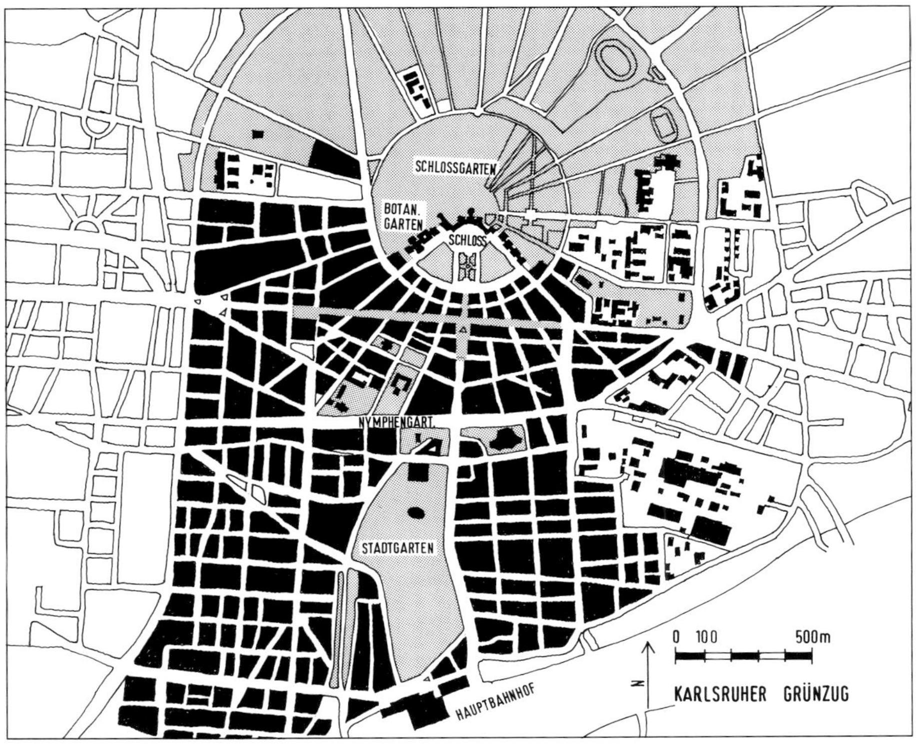

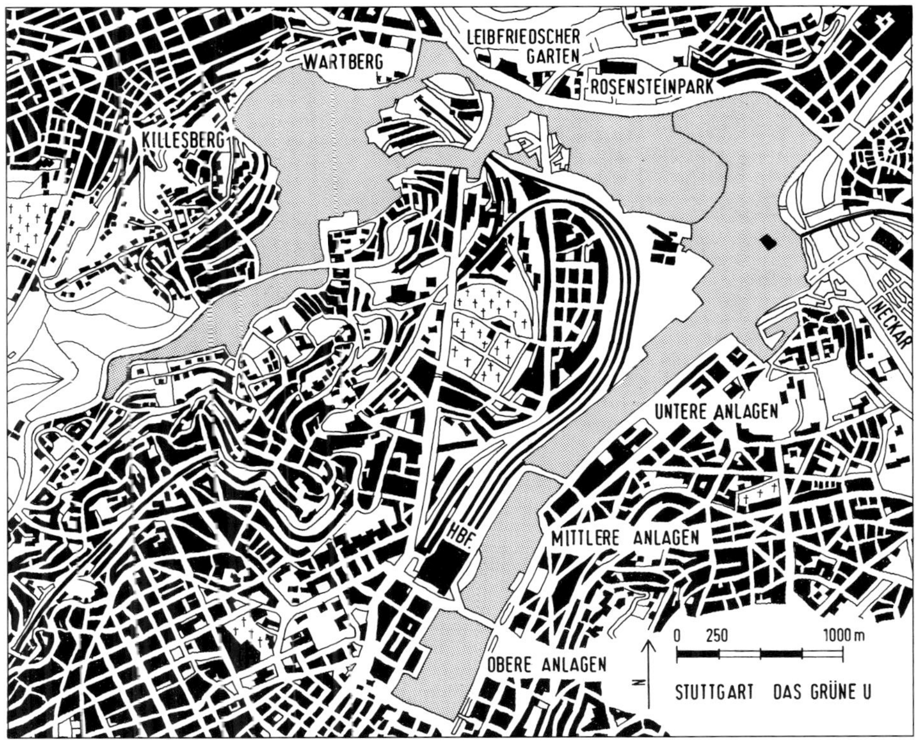

Der städtebauliche Rahmenplan für Dresden von Stephan Braunfels sieht vor, den Altstadtbereich mit einem Grüngürtel einzufassen.

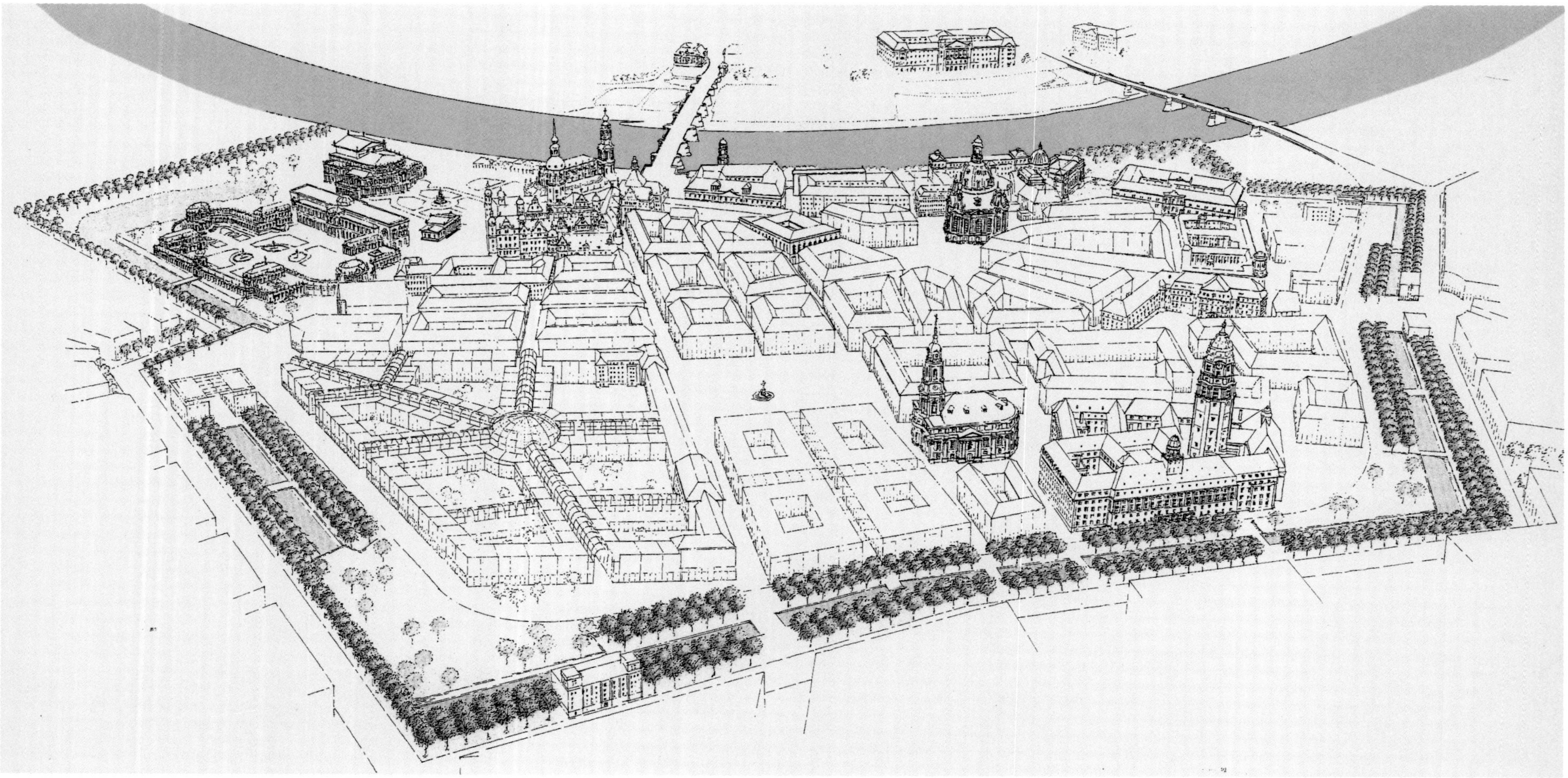

nerische Absicht, die Ausweitung der Besiedlung nach Westen, in den Naturraum des Wiener Waldes zu unterbinden.

Dem Beispiel Wiens folgend, wurden auch in anderen Großstädten Konzeptionen für Grüngürtel entwickelt. Zwischen 1919 und 1924 entwickelten Fritz Schumacher und Fritz Encke für Köln ein Grünsystem aus zwei konzentrischen Ringen, dem *Inneren und Äußeren Rayon,* sowie einer Reihe radialer Grünzüge. Leider wurde kaum etwas von diesen Planungen realisiert. Doch angesichts der erhaltenen Pläne und Modelle kommt man zu dem Schluß, daß diese architektonischen und grüngestalterischen Konzeptionen zu den herausragendsten Stadtplanungen unseres Jahrhunderts gehören.[185]

Das Bild der von einem Grüngürtel umschlossenen und durch grüne Ringe gegliederten Stadt hat auch heute noch große Anziehungskraft und ist als städtebauliches Leitbild gegenwärtig. In mehreren deutschen Großstädten bestehen Pläne, einen zusammenhängenden Grüngürtel zu schaffen.

Das spannendste Projekt dieser Art ist die städtebauliche Neufassung des knapp drei Kilometer langen *Dresdner Altstadtrings* zu einem etwa 85 Meter breiten, mit Wasserflächen ergänzten Alleengürtel. Stephan Braunfels, der Verfasser dieser 1991 entwickelten Rahmenplanung mit dem Titel *Leitbild Dresden,* benennt als Vorbilder ausdrücklich das Wiener Ringstraßenprojekt und die Düsseldorfer Königsallee.[186] Die Realisierung dieses Alleengürtels gilt als Jahrhundertchance. Die Innenstadt, oft genug als *Elbflorenz* und *Gesamtkunstwerk* apostrophiert, bekommt durch den Grüngürtel eine adäquate Rahmung. Nach Jürgen Paul wird »ein städtebauliches Kunstwerk von hoher urbanistischer und ästhetischer Qualität« entstehen.[187]

Auch in Osteuropa verfolgt man die Konzeption von Grüngürteln. In einer 1991 verfaßten städtebaulichen Rahmenplanung für Prag heißt es: »Die Prager Panoramen und das umgebende Landschaftsrelief sind zu erhalten, die grünen Hänge und der grüne Horizont dürfen nicht bebaut werden, die Grünräume sind statt dessen miteinander zu verbinden.«[188]

Auch in jüngeren Städten, die niemals Festungsanlagen besaßen, sind Grünzüge ein Hauptanliegen der Stadtplaner. So verfolgt die 1715 gegründete Stadt Karlsruhe seit den zwanziger Jahren die Idee eines linearen Grünzuges. 1967 war er das Leitmotiv der Bundesgartenschau. Die grüne Achse beginnt beim Hauptbahnhof, führt durch den Stadtgarten, den Nymphengarten, über den grünen Friedrichsplatz und endet im Schloßgarten. Dieser geht nach Norden nahtlos in den großen Naturraum des

Luftaufnahme der etwa zehn Kilometer östlich von Amsterdam gelegenen alten Festungsstadt Naarden. Die ehemaligen Bollwerke sind mit Bäumen bepflanzt und umschließen die Stadt als Grüngürtel.

Hardtwalds über. Man durchquert die Stadt und bleibt immer im Garten.
In Stuttgart realisierte der Gartenarchitekt Hans Luz das »Grüne U« zur Internationalen Gartenbau-Ausstellung IGA 1993, ein acht Kilometer langer Grünzug, der Killesberg, Wartberg, Leibfriedschen Garten und Rosensteinpark verbindet. Dieses Grünkonzept ist das Ergebnis einer seit fast siebzig Jahren zielstrebig weiterverfolgten Planung. Bereits in den zwanziger Jahren wurde die Idee eines durchgehendenden Parks vom Schloß bis auf die Höhen entwickelt. Mit der Reichsgartenschau 1939 entstand dann aus einem aufgelassenen Steinbruch der Höhenpark Killesberg. Dieser wurde zum ersten Segment der grünen Kette. Zur Gartenschau im Jahre 1950 konnten diese Anlagen erweitert werden. Im Zuge der Bundesgartenschau 1977 wurde dann der Untere Schloßgarten wiederhergestellt und mit dem Rosensteinpark sowie den Anlagen der Villa Berg verknüpft. Die IGA 1993 stellte schließlich mit der Einbeziehung und Neugestaltung des Wartberg-Geländes und des Leibfriedschen Gartens den Gesamtzusammenhang aller den Stadtkern rahmenden Grünräume her. Von den an der Planung beteiligten Ökologen wurde er auch als »Biotopverbundsystem Grünes U« proklamiert. Entsprechend der jeweiligen Entstehungszeit hat jedes Teilstück im »Grünen U« seinen eigenen Charakter.
Eine interessante Umkehrung des Modells Grüngürtel ist das Modell der *Grünen Mitte*, das in der Randstad Holland verwirklicht ist. Etwa ein Drittel der niederländischen Bevölkerung lebt in dem stark verdichteten Siedlungskranz, zu dem sich die Städte Utrecht, Hilversum, Amsterdam, Haarlem, Leiden, Den Haag, Delft, Rotterdam, Schiedam und Dordrecht aneinanderreihen. Der Ring umschließt eine etwa 50 km durchmessende, dünnbesiedelte und vorwiegend agrarisch genutzte grüne Mitte. Entsprechend der von dieser Stadtlandschaft gezeichneten kartographischen Figur wurde erstmals im Jahre 1930 von den holländischen Stadtplanern der Begriff *Randstad* geprägt. Die Randstad Holland gehört heute zu den größten Stadtagglomerationen der Welt. Sie ist gekennzeichnet durch ihren *polynuklearen* Aufbau, daß heißt der Vielzahl ihrer eigenständigen und unverwechselbaren Stadtkerne. Bemerkenswerte Besonderheit der Randstad ist die überall vorhandene Zuordnung von Freiräumen zwischen Wohngebieten. Von jedem Punkt der Randstad ist nach wenigen Kilometern ein größeres Naherholungsgebiet erreichbar, meist in einer Entfernung, die bequem mit dem Fahrrad zurückzulegen ist. Die Grüne Mitte und die zwischen allen Gliedern des Siedlungskranzes eingeschobenen Freiräume geben der Randstad ein für Ballungsgebiete völlig ungewöhnliches Erscheinungsbild. Die für andere europäische und erst recht außereuropäische Agglomerationen deutlichen Erscheinungen einer Überbesiedlung sind hier kaum zu beobachten. Die Erhaltung dieses Gleichgewichtes ist für Niederländer derzeit die schwierigste raumplanerische Aufgabe. Die Tendenz des Zusammenwachsens der einzelnen Glieder und Übergriffe in die freie *Grüne Mitte* drohen die Struktur der Randstad mit ihrer Abwechslung von städtischen Verbänden und Grünräumen aufzulösen.
Alle vorstehend beschriebenen Grünkonzepte beziehen sich auf ein Zentrum und sind hierarchisch organisiert. Ganz anders bei dem für das Ruhrgebiet entwickelten Grünkonzept *Emscher Park,* wo sich Bau- und Grünstrukturen netzartig überlagern. Um das Ruhrgebiet als Lebensraum wieder attraktiver zu machen, wurde 1988 vom Landesministerium für Stadtentwicklung ein Konzept für die *Internationale Bauausstellung Emscher Park* vorgestellt. Im Rahmen dieses Gesamtprojekts ist der »Emscher Landschaftspark« von zentraler Bedeutung. Er dient als Bindeglied aller baulichen Maßnahmen und soll der gesamten Region landschaftliche Attraktivität und städtebauliche Ordnung verleihen. Der Emscher Park erstreckt sich auf einer Länge von etwa siebzig Kilometern von Duisburg im Westen des Ruhrgebiets bis Kamen im Osten. Von Nord nach Süd ist das Gebiet etwa zwölf Kilometer breit. Von den insgesamt 800 Quadratkilometern sind nur 300 Quadratkilometer nicht besiedelt, aber diese Flächen können nicht ohne weiteres in Grünräume umgestaltet werden, denn sie werden von Autobahnen, Schnellstraßen, Abwasserkanälen oder Stromleitungen zerschnitten. Auf der Grundlage einer Planung aus den zwanziger Jahren, die zusammenhängende Grünzüge im hochindustrialisierten und dicht besiedelten Ruhrgebiet vorsah, entstand die Konzeption des Emscher Landschaftsparks, der die Entwicklung von Landschaft als Ziel definiert. Die belasteten Böden und Gewässer werden entgiftet und renaturiert. Weiter ist beabsichtigt, vorhandene Grünräume miteinander zu vernetzen und naturnahe Anbindungen an Siedlungsräume und Gewerbegebiete zu schaffen. Außerdem sollen ökologisch verträgliche Freizeitangebote geschaffen werden. Dazu gehört der Ausbau eines 120 Kilometer langen Wanderweges und eines 250 Kilometer langen Radwanderweges. Zwischen 1990 und 1995 wurden neunzehn Einzelprojekte verwirklicht und damit für die ansonsten wenig geordnete Stadtlandschaft sehr wichtige Strukturen geschaffen.
Die Stadt Hannover arbeitet zur Zeit an ihrem *Stadtprogramm 2001.* Hier werden Entwicklungsschwerpunkte über die Jahrtausendwende hinweg gesetzt.[189] Die Planungen stehen in Zusammenhang mit der Weltausstellung EXPO 2000, die in Hannover stattfinden soll. Das Leitmotiv dieser Ausstellung heißt *Stadt als Garten.* Umgebende agrarisch genutzte Landschaftsräume, der Stadtwald, die Leineaue, historische Gärten und Parks, Kleingärten und wohnungsnahe Grünanlagen sollen zu Grünstrukturen verflochten werden, die den baulichen Strukturen der Stadt gegenüberstehen.

In Lucca in der nördlichen Toskana sind die Festungsanlagen vollständig erhalten. Im Schatten der Bäume findet man sich allabendlich zur Promenade.

Gartenstadt und Villenkolonie

»Dichtung in Stein und Grün«
Hans G. Kösters 1981 über
die Siedlung »Margarethenhöhe«[190]

Im Umfeld der Mitte des 19. Jahrhunderts in England entstandenen *Arts and Crafts*-Bewegung mit ihrer ausgeprägten Abwendung von der Großstadt und ihrer Begeisterung für »das Leben auf dem Lande« entwickelten sich neue städtebauliche Idealvorstellungen. Sie gingen einher mit der Suche nach neuen Lebensformen für die unteren sozialen Schichten. Die um 1900 von Ebenezer Howard veröffentlichten Schriften *To-Morrow: A Peaceful Path to Real Reform* und *Garden Cities of Tomorrow* plädierten für die Neugründung von kleinen selbständigen Städten auf dem Lande. Diese Konzepte waren nur denkbar durch den in jenen Jahren durchgeführten Ausbau des Eisenbahnnetzes. Um 1905 wurden die von Howard propagierten Ideen erstmals in die Tat umgesetzt: Nördlich von London entstanden die Gartenstädte Letchworth, Hampstead Garden Suburb und Welwyn Garden City. Noch heute zählen sie zu bevorzugten Wohngebieten Londons. Die stilistische Harmonie der Bebauung und die sehr ausgeprägten Formen öffentlichen Grüns sind Hauptmerkmale dieser Städte.
Die *Gartenstadtbewegung* faßte sehr bald auch auf dem Kontinent Fuß, insbesondere in Deutschland und den Niederlanden. Zu den schönsten Gartenstädten in Deutschland zählt die zwischen 1909 und 1934 nach Plänen des Architekten Georg Metzendorf gebaute Siedlung *Gartenvorstadt Margarethenhöhe* in Essen. Margarethe Krupp hatte 1906 eine Stiftung für Wohnungsfürsorge ins Leben gerufen und das Gelände für den Bau einer Siedlung erworben. Nach dem Vorbild der englischen *garden suburbs* und der in Dresden geplanten *Gartenstadt Hellerau* wurde eine für 16 000 Bewohner ausgelegte selbständige Trabantenstadt geplant. Die Siedlung sollte mit allen öffentlichen Einrichtungen wie Schulen, Sportstätten, Kirchen, Kindergärten, Post und Polizeistation, Gaststätten und Geschäften versehen sein. Diese »Pionierarbeit des deutschen Städtebaus« gilt noch heute als »ein Beispiel vorbildlichen Städtebaus mit hohen sozialen Qualitäten«.[191] Die ungewöhnliche Wohnqualität und Schönheit dieser Siedlung begründet sich in der malerischen Straßenführung, der poesievollen Gruppierung der Häuser und den zahlreichen liebevollen architektonischen Details. Ganz entscheidend sind aber auch die vielfältigen Formen der Durchgrünung. Diese beschränken sich nicht allein auf die baumbestandenen Gärten hinter den Häusern. Die ganze Siedlung ist in einen ausgewachsenen Buchenwald eingebettet. Da dieser Wald ebenfalls im Besitz einer Stiftung ist und nicht bebaut werden darf, ist auf Dauer gewährleistet, daß die Margarethenhöhe als separater Siedlungsbereich erhalten bleibt. Wie der abgebildete Entwurf von Metzendorf zeigt, gehören neben der Architektur wirkungsvoll plazierte Einzelbäume, Baumpaare, baumbestandene Plätze und Höfe sowie Alleepflanzungen zu den konzeptionellen Bestandteilen der Planung. Pappelgruppen, einzelne Trauerweiden, Birken und Linden beleben das Stadtbild. Auch in einigen der Straßennamen – *Waldlehne, Grüner Weg, Am Gehölz* – kommt die Wertschätzung des Baumbestandes zum Ausdruck. Die ungewöhnliche und sehr wohltuende Einheitlichkeit, mit der sich die Margarethenhöhe noch heute zeigt, rührt vor allem daher, daß die meisten Häuser noch immer im Besitz der Margarethe-Krupp-Stiftung sind und dadurch allen willkürlichen und unkoordinierten Veränderungen vorgebeugt werden kann.
Ein erwähnenswertes Beispiel aus den Niederlanden ist das einige Kilometer südöstlich von Amsterdam gelegene Städtchen Amstelveen, das in den späten zwanziger Jahren zu einer ausgedehnten Gartenstadt erweitert wurde. Auch diese, in einfachen orthogonalen Strukturen angelegte Siedlung bezieht ihre räumlichen Qualitäten aus dem ungewöhnlich großen Anteil an öffentlichen Grünflächen, die in eindeutig definierte Zonen gegliedert sind. Besonders auffallend sind die großen, mit Seerosen und Sumpfpflanzen bewachsenen Wasserflächen, die immer wieder Zäsuren setzen und zur Atmosphäre dieser Gartenstadt beitragen. Die Wohnstraßen sind von Birken begleitet, die Wasserflächen von Pyramidenpappeln gesäumt, und Trauerweiden setzen als Solitärbäume immer wieder malerische Akzente. Die Architektur der zu lockeren Baublöcken gefügten Reihenhauszeilen ist sehr schlicht. Dennoch wirkt alles einladend und wohnlich; der Baumbestand schafft eine angenehme Wohnatmosphäre.
Noch stärker prägend ist der Baumbestand bei den *Wohnparks*, einer Siedlungsform, die in den ersten Jahrzehnten unseres Jahrhunderts in Europa und Nordamerika weite Verbreitung fand. Eine natürliche oder künstlich angelegte Waldlandschaft ist durchsetzt mit individuell gestalteten Einfamilienhäusern. Der Baumbestand und die meist naturnahe Gartengestaltung verbinden die vielfältigen Bauformen in wohltuender Weise und schaffen einen insgesamt sehr homogenen Umweltbereich. Die schönsten Beispiele für Wohnparks findet man in den Niederlanden, in der Umgebung von Hilversum, Zeist, Amersfort, Blaricum oder auch in Wassenaar bei Den Haag und in Bloemendaal bei Haarlem. In den Berliner Stadtteilen Grunewald, Zehlendorf, Nikolassee und Wannsee gibt es ebenfalls ähnlich angelegte Wohngebiete. Südlich von London in Surrey, Sussex und Kent sind ganze Landstriche in dieser Form besiedelt. Diese Wohngebiete wirken auf den ersten Blick sehr attraktiv und verkörpern wegen der beachtlichen Grundstücksdimensionen für junge Familien eine Idealvorstellung, doch unter den heutigen Gegebenheiten sind sie städtebaulich kaum mehr realisierbar. Die Wohndichte ist sehr gering, und die Infrastrukturaufwendungen sind dadurch sehr hoch. Die Bewohner sind auf das Auto angewiesen, weil alle Wege sehr weit und die Gebiete mit öffentlichen Verkehrsmitteln oft nur unzureichend erschlossen sind.
Nach dem Zweiten Weltkrieg hat man in den Randlagen verschiedener deutscher Großstädte versucht, das Modell der Gartenstädte und Wohnparks auf stärker verdichtete Wohnformen zu übertragen. In Karlsruhe wurde 1957 nach Plänen von Karl Selg mit dem Bau der *Waldstadt* begonnen, einer etwa drei Kilometer außerhalb des Stadtzentrums gelegenen Trabantenstadt für 20 000 Menschen. Neben kleinen Bereichen mit Einfamilienhäusern wurden hier Reihenhäuser, vier- bis fünfgeschossige Zeilen und Punkthochhäuser in den bestehenden Hardtwald hinein gebaut. Die Waldstadt hat zwar ein ausgeprägt grünes Erscheinungsbild, aber da die meisten Flächen undifferenziertes öffentliches Grün sind, bleiben sie anonym und verwahrlosen oft. Da bei den Geschoßwohnungsbauten der wirkliche Kontakt der Bewohner zum Grün fehlt, die hohen Bauten jedoch stark in die Grünräume hineinwirken, ist das Grün hier weder »Garten« noch »Natur«. Die sehr schematische Bebauung, der Verzicht auf individuelle architektonische Details und die mangelnde Vielfalt der Grünformen führen dazu, daß die Wohnqualität deutlich geringer ist als bei der Margarethenhöhe, trotz der fast gleichen Besiedlungsdichte. Das Attribut »Dichtung in Stein und Grün«, mit dem Hans Kösters zur 75-Jahrfeier die Margarethenhöhe apostrophierte, findet zwar nicht die ungeteilte Zustimmung und erscheint manchem Kritiker als zu verklärend, doch das darin ausgedrückte Lob auf die vorbildliche Durchdringung von Architektur und Grüngestaltung besteht zu Recht.

Zu den schönsten Gartenstädten in Deutschland zählt die zwischen 1909 und 1934 nach Plänen des Architekten Georg Metzendorf gebaute Siedlung Gartenvorstadt Margarethenhöhe in Essen.

In den Gartenstädten und Villenkolonien ist der Baumbestand eines der wichtigsten gestalterischen Elemente
oben links und oben rechts: Wohngebiet bei Apeldoorn.
unten links und rechts: Gartenstadt Amstelveen bei Amsterdam.

Bloemendaal bei Haarlem. Wohnparks und Villenkolonien sind eine Siedlungsform, die in den ersten drei Jahrzehnten unseres Jahrhunderts weite Verbreitung in der Umgebung der niederländischen Großstädte fand. Eine natürliche oder künstlich angelegte Waldlandschaft ist durchsetzt mit stark individuell gestalteten Einfamilienhäusern.

Robinia pseudoacacia,
ROBINIE, SCHEIN-AKAZIE
Etwa 20 Arten umfaßt diese Gattung. Es sind Bäume mit lockerem, malerischem Wuchs. Die Blätter sind unpaarig gefiedert. Bei einigen Arten intensiv duftende Blütentrauben.

Salix alba, KOPF-WEIDE,
SILBER-WEIDE, WEISS-WEIDE
Heimat Europa bis Mittelasien. Die bis 25 m hoch wachsenden Weiden sind wegen ihres Wuchses und ihrer silbrigen Belaubung sehr charakteristisch. Bevorzugt feuchte Lagen wie Fluß- und Seeufer, gedeiht aber auch in trockenen Lagen.

Sorbus aucuparia, GEMEINE EBERESCHE,
VOGELBEERBAUM
Heimat Europa bis Westasien und Sibirien. Bis 15 m hoher Baum mit lockerer Krone, gefiederten, bis 20 cm langen Blättern und herrlichen korallenroten Früchten von August bis Oktober.

Sorbus intermedia, MEHLBEERE,
OXELBEERE
Heimat Nordeuropa. Bis 10 m hoher, industriefester und starkfruchtender Baum. Blüten weißlich, Früchte orangerot, gelbe Herbstfärbung. Als kleinwüchsiger Straßenbaum sehr geschätzt.

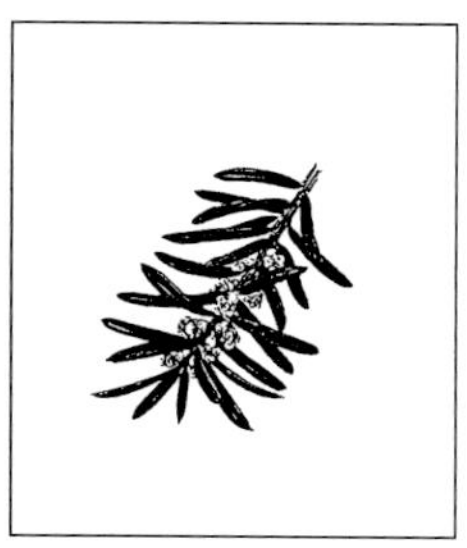

Taxus baccata, GEMEINE EIBE
Heimat Europa, Nordafrika, Vorderasien. 12-20 m hoher Baum oder Strauch mit breitem Wuchs und langen, abstehenden Zweigen. Borke rotbraun, Nadeln dunkelgrün, Früchte rot. Verträgt Schatten. Sehr schnittverträglich und als Heckenpflanze geeignet.

Thuja L.,
LEBENSBAUM, SCHEINZYPRESSE
Eine viele Arten und Sorten umfassende Gattung, die in Nordamerika und Ostasien beheimatet ist. Hohe Bäume mit pyramidalem Wuchs und abstehenden Ästen. Anspruchslos. Gerne für Hecken und als Windschutzpflanzungen verwendet.

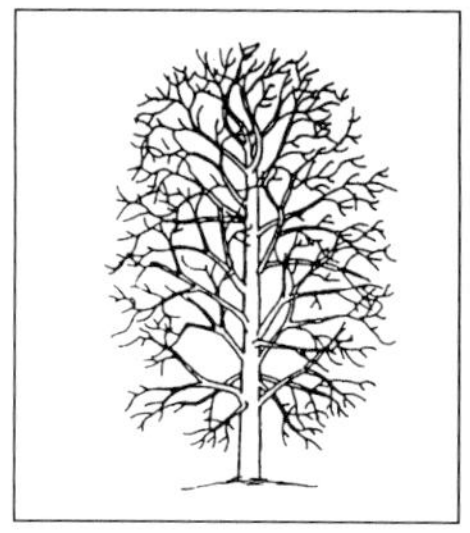
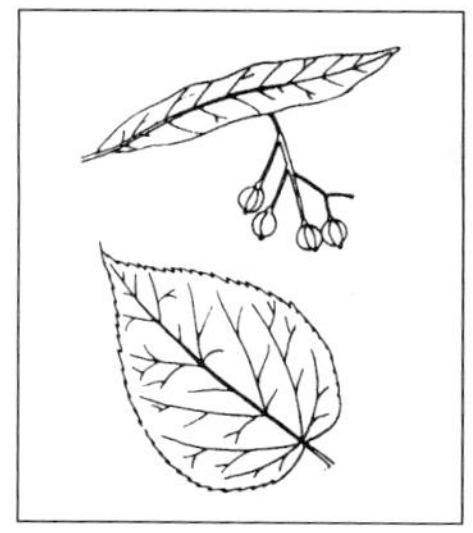

Tilia americana »Nova«,
RIESENBLÄTTRIGE LINDE
Ein 20-25 m hoher, eirunder Baum mit durchgehendem Stamm. Die Belaubung, die lange am Baum haftet, ist dunkelgrün und sehr widerstandsfähig gegen Hitze. Altbewährter Straßen- und Parkbaum, der stark von Bienen beflogen wird.

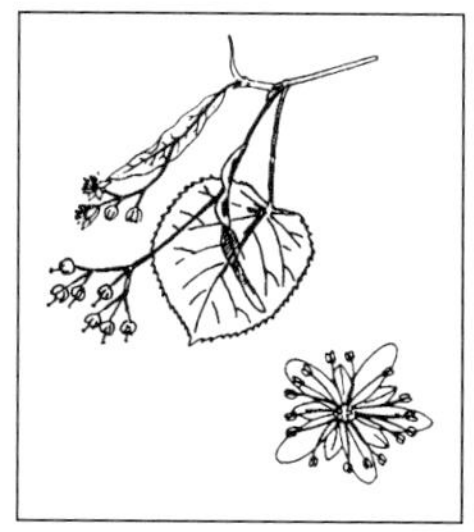

Tilia cordata, KLEINBLÄTTRIGE LINDE,
WINTER-LINDE
Heimat Europa. Breitsäulenförmig und regelmäßig wachsender, bis 30 m hoher Baum mit rundlich herzförmigen, dunkelgrünen Blättern. Reichblühend, duftend, widerstandsfähig und anpassungsfähig an den Boden.

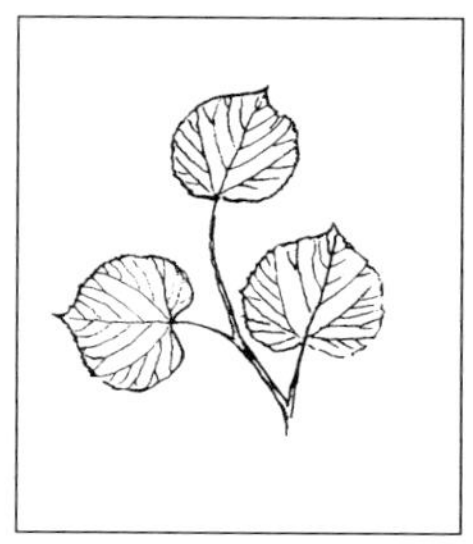

Tilia tomentosa, SILBERLINDE
20-30 m hoher Baum für trockene Lagen mit breit kugelförmiger, dichter Krone und aufrechten Zweigen. Die herzförmigen Blätter sind oben dunkelgrün und unten silbrig weiß. Herbstfärbung goldgelb. Park- und Straßenbaum. Verträgt Hitze und Trockenheit.

Ulmus glabra »Pendula«,
LAUBEN-ULME
Kleiner auffallender Baum mit flacher Krone. Äste breit schirmförmig und waagerecht abstehend, an den Spitzen hängend. Blätter 10-15 cm lang, eiförmig, gesägt, glänzend dunkelgrün.

Anmerkungen

1 Siehe Leon Battista Alberti *Zehn Bücher über die Baukunst* 6. Buch, 2. Kapitel, Seite 302. Platanen wurden übers Meer bis zur Insel des Diomedes verschifft, um dort ein Grundstück zu schmücken. Ein Relieffries in der Vorhalle des Hatschepsut-Tempels berichtet von der Expedition in das Land Punt und der Einführung des Weihrauchbaums. Man transportierte dreißig Bäume zuerst zu Schiff über das Rote Meer und dann etwa 400 Kilometer zu Land und pflanzte sie in den Garten des Amun-Tempels. Siehe Günter Mader, Laila Neubert-Mader *Ägyptische Gartenkunst* in der Zeitschrift »Damals«, Heft 7/94, Stuttgart 1994
2 Hierbei ist an ägyptische Säulenformen und griechische, romanisch und gotische Kapitelle sowie an mittelalterliche Buchmalereien gedacht
3 Hans Hilger *Das Geheimnis der Bäume*, Freiburg 1943, Seite 14
4 Gerda Gollwitzer hat 1980 in ihrem Buch *Bäume - Bilder und Texte aus drei Jahrtausenden* eine sehr schöne Sammlung von Baumdarstellungen zusammengetragen
5 Robert Matzek *Goldene Worte über Bäume*, Stuttgart 1983, S. 106
6 Günther Bittner, Paul-Ludwig Weinacht *Wieviel Garten braucht der Mensch*, Würzburg 1990, S. 8
7 Nach dem Biologiebuch für Gymnasien *Natura*, Band 2, S. 79, bearbeitet von Roland Herdtfelder und Dieter Schmidtke, Stuttgart 1984
8 *Natura* ebd., S. 81
9 Karl Bättig *Die hygienische Bedeutung des Waldes für die Volksgesundheit*, Bern 1961, S. 652
10 Dietrich Nährig in *Der Baum in Mythologie, Kunstgeschichte und Gegenwartskunst*, Heidelberg 1985, S. 25
11 Dietrich Nährig, ebd., S. 26
12 Zur Ausstellung erschien ein 430seitiger Katalog *Der Baum*, herausgegeben von Hans Gercke, Heidelberg 1985, Saarbrücken 1985/86
13 Joyce Kilmer (1886 - 1918) in dem Gedicht *Trees*, erstmals erschienen in *Poetry - A Magazine of Verse*, August 1913, zitiert nach Joyce Kilmer *Poems, Essays and Letters*, New York, 1914, 1917, 1918
14 Beobachtung der Photosynthese erstmals 1771 durch den englischen Chemiker Joseph Priestley und 1779 durch den holländischen Physiker Jan Ingenhouz
15 Ovid *Metamorphosen*, VIII. Buch, Vers 620 - 720, Philemon und Baucis
16 Ovid *Metamorphosen*, I. Buch, Vers 452 - 567, Daphne
17 Nach Gertrud Höhler *Die Bäume des Lebens*, Stuttgart 1985, S. 13
18 *Die Edda* II, Götterdichtung, übersetzt von Felix Genzmer, Ausgabe Jena 1932, S. 76
19 Kritik der Bibel an Baumkulten, Deuteronomium 16,21 »Du sollst dir keinen heiligen Baum von irgendeinem Holz neben den Altar des Herrn deines Gottes pflanzen.«
20 Psalm 1, 3
21 Hohelied 2, 3-5
22 Psalm 1, 1-6
23 Jesaja 11, 1-2
24 Markus 4, 30-34
25 Sirach 24, 17-19
26 Offenbarung des Johannes 22, 2
27 Jörg Zink *Himmlische Musik*, Gelnhausen und Berlin-Dahlem, 1965, S. 18; Jörg Zink *Komm in meinen Garten*, S. Eschbach/Markgräflerland 1988, S. 21
28 Hans Hilger *Das Geheimnis der Bäume*, Freiburg 1956, S.76
29 Meister von Hohenfurt, Paradiesgärtlein; Hausbuch der Cerutti; Paul Klee, Vogelgarten
30 1. Mose 8, 11, Sintflut-Taube; 5. Mose 22, 6; Hesekiel 17,23; Lukas 13, 19, Gleichnis vom Senfkorn; Psalm 104, 12-17; Ovid *Metamorphosen*, VIII. Buch, Vers 620-720, Philemon und Baucis
31 Hans Hilger *Das Geheimnis der Bäume*, Freiburg 1956, S.76
32 Gerda Gollwitzer *Bäume - Bilder und Texte aus drei Jahrtausenden*, Herrsching 1984, S. 76
33 Der Schwede Gunnar Martinsson hatte in den Jahren 1965 bis 1992 an der Universität Karlsruhe den Lehrstuhl für Garten und Landschaft inne
34 Valentin Hammerschmidt, Joachim Wilke *Entdeckung der Landschaft*, Stuttgart 1990, S. 50
35 Hermann Mattern *Gras darf nicht mehr wachsen*, Berlin 1964, S. 11
36 Jay Appleton *The Experience of Landscape*, London, New York, Sydney, Toronto 1975, S. 221
37 Erich Kästner *Gesammelte Schriften*, München 1958, Band II, S. 185
38 Harald Thomasius *Das Wesen des Waldes*, Leipzig 1985, S. 62
39 Robert Schäfern *Unser Wald stirbt*, in der Zeitschrift »Garten und Landschaft«, Heft 9/91, S. 9-12
40 *Neue Wälder braucht das Land - Aufforstung, die sinnvolle Alternative.* Eine Information des Bayerischen Staatsministeriums für Ernährung, Landwirtschaft und Forsten, herausgegeben von der Bayerischen Staatsforstverwaltung, 1993
41 Theodor Schütz *Mittagsgebet bei der Ernte*, 1861, Staatsgalerie Stuttgart; Malerei Caspar David Friedrich, Ludwig Richter
42 Entlang des »Prälatenweges« von Kloster Birnau nach Salem
43 Berner Oberland bei Thun, Zuger Oberland bei Menzingen
44 Hesekiel 17, 23 (Zedernbaum vom Herrn gepflanzt auf dem heiligen Berg Israels); Ölberg
45 Humberto Nagera *Vincent van Gogh - Psychoanalytische Deutung eines Lebens anhand seiner Briefe*, München 1973, Brief 242
46 Christian Morgenstern *Alleen*, Gedicht zitiert in Gerda Gollwitzer *Bäume - Bilder und Texte aus drei Jahrtausenden*, Herrsching 1984
47 *Belehrung über die zweckmäßigste Art der Anpflanzung von Alleen an Landstraßen*, München 1836, § 14, S. 19, Verfasser unbekannt
48 Merkblatt Alleen, Bundesministerium für Verkehr, Bonn 1992
49 Nach einer Chronik der Gemeinde Holzkirchen, verfaßt von Dekan Illminger 1929-1955, S. 112
50 Johann Kaspar Schiller, der Vater Friedrich Schillers, in seinen *Betrachtungen über landwirtschaftlich Dinge im Herzogtum Wirtemberg*, zitiert nach *Landschaftsprägender Streuobstbau*, Studie der Fachhochschule Nürtingen, Fachbereich Landschaftspflege, 1986, bearbeitet von Friedrich Weller, Klaus Eberhard, Hans-Martin Flinsbach, Willi Hoyler
51 Siehe Psalm 1; Jesaja 44, 3; Jeremia 17, 8; Offenbarung 22, 2
52 Z.B. das Naturschutzgebiet Taubergießen im Oberrheintal zwischen Freiburg und Lahr
53 Leon Battista Alberti *Zehn Bücher über die Baukunst*, 10. Buch, 9. Kapitel, S. 576
54 Jean-Denis Bergasse (Hrsg.) *Le Canal du Midi*, Band II, *Trois Siècles de Batellerie et de Voyages*, Cessonon 1983, S. 337 - 346
55 Joyce Kilmer (1886-1918) *Poems, Essays and Letters*, New York 1914, 1917, 1918, aus dem Gedicht *Trees*, 1913, »...and lifts her leafy arms to pray...«
56 Leon Battista Alberti *Zehn Bücher über die Baukunst*, 8. Buch, 6. Kapitel, S.434
57 Ovid *Metamorphosen*, VIII. Buch, S. 620-720, Philemon und Baucis
58 Gertrud Höhler *Die Bäume des Lebens*, Stuttgart 1985, S. 156
59 Hans Hilger *Das Geheimnis der Bäume*, Freiburg 1956, S. 174
60 Leon Battista Alberti *Zehn Bücher über die Baukunst*, 8.Buch, 2.Kap., Seite 422
61 Leon Battista Alberti, ebd., S. 419
62 *Die Gartenkunst*, München 1915, S. 40 ff.
63 Skizze von Otto Valentien, abgebildet in: Hans Schwenkel *Der Friedhof auf dem Lande*, Stuttgart 1955, S.29 ; Skizze von Gunnar Martinsson, abgebildet in KS-Neues, Karlsruhe, Hannover 1970
64 Gunnar Asplund in der Zeitschrift GA (Global Architecture), Tokio 1985
65 Hans Hilgers *Besinnliches Gartenbuch*, Freiburg 1943, S. 67
66 Günter Mader, Laila Neubert-Mader *Ägyptische Gartenkunst* in der Zeitschrift »Damals«, Heft 7/94, Stuttgart 1994, S. 32-39
67 Günter Mader, Laila Neubert-Mader *Italienische Gärten*, Fribourg, Stuttgart 1987, S. 20 ff.
68 *Renaissancevillen der Medici: Die Wiedergeburt der Gartenkunst*, in der Zeitschrift »Damals« 5/93, Stuttgart 1993, S. 56-63
69 Alexander Pope, zitiert in Hans Gerke (Hrsg.) *Der Baum*, Heidelberg 1985, Saarbrücken 1985/86, S. 157
70 Friedrich Ostendorf *Haus und Garten*, Erster Supplementband zu den *Sechs Büchern vom Bauen*, Berlin 1919, S.532
71 Günter Mader, Laila Neubert-Mader *Italienische Gärten*, Fribourg, Stuttgart 1987, S.20 ff.
72 Günter Mader, Laila Neubert-Mader ebd., S.124, S.134, S.150
73 Château de Vaux-le-Vicomte liegt in der Ortschaft Maincy, 6 km von Melun im Südwesten von Paris.
74 Friedrich Ostendorf *Haus und Garten*, Erster Supplementband zu den *Sechs Büchern vom Bauen*, Berlin 1919, S. 532
75 Werkbericht: *Les Jardins de Jacques Wirtz*, Brüssel 1993, S. 103
76 Werkberichte ebd., S. 59
77 Hugo von Hofmannsthal, aus *Das Inselbuch der Gärten*, Frankfurt/Main 1985, S. 115
78 Alexander Pope 1713 im *Spectator*, nach Eva-Maria Schroeter, *Geometrische Formen- malerische Konturen*, in *Der Baum*, Heidelberg 1985, S. 155
79 Christian C.L.Hirschfeld *Theorie der Gartenkunst*, Kiel 1779, Reprint Berlin, Stuttgart 1990, S. 178
80 Jean Claude Hugonot *Le jardin dans l'Egypte ancienne*, Frankfurt,Bern, New York, Paris 1989, S. 34
81 Paul Schmitthenner *Das deutsche Haus*, Stuttgart 1932, Reprint 1984, S.5
82 Friedrich Ostendorf *Haus und Garten*, Erster Supplementband zu den *Sechs Bücher vom Bauen*, Berlin 1919

83 Eberhard Fink in der Zeitschrift »Das Gartenamt« 3/55, Berlin 1955, S. 65 ff.
84 Jean-Claude Hugonot *Le jardin dans l'Egypte ancienne*, Frankfurt, Bern, New York, Paris 1989
85 Siehe Gemälde von Giusto Utens 1598, in Günter Mader, Laila Neubert Mader *Italienische Gärten*, Fribourg, Stuttgart 1987, S.18, 29, 37
86 Mottisfont Abbey in Wiltshire. Das beschriebene Ensemble ist abgebildet in Günter Mader, Laila Neubert-Mader *Der Architektonische Garten in England*, Stuttgart, Düdingen (CH), 1992, S.150 ff.
87 Günter Mader, Laila Neubert-Mader ebd., S.41
88 Marina Schintz, Gabrielle van Zuylen *The Gardens of Russel Page*, New York 1991, S. 58
89 Francis Bacon *On Gardens*, Essay, London 1625, deutsche Übersetzung nach Schücking, Leipzig 1940, S. 216
90 Plinius-Zitat nach Eberhard Fink, siehe Fußnote 83
91 Marie Louise Gothein *Geschichte der Gartenkunst*, Jena 1914, S. 221
92 Francesco Colonna *Hypnerotomachia Poliphili*, Venedig 1499
93 Monique Mosser, Georges Teyssot (Hrsg.) *Die Gartenkunst des Abendlandes*, Stuttgart 1993, S. 163
94 Monique Mosser, Georges Teyssot ebd., S. 164
95 Monique Mosser, Georges Teyssot ebd., S. 170
96 Clemens Alexander Wimmer *Geschichte der Gartentheorie*, Darmstadt 1989, S. 36
97 Clemens Alexander Wimmer ebd., S. 80
98 Christian C.L. Hirschfeld *Theorie der Gartenkunst*, Kiel 1779, Reprint Berlin, Stuttgart 1990, S. 190
99 Reginald Blomfield, Inigo Thomas *The Formal Garden in England*, London 1892, S. 62 und 67
100 Ditchley Park, siehe Günter Mader, Laila Neubert-Mader *Der Architektonische Garten in England*, Stuttgart, Düdingen (CH) 1992, S. 35
101 Monique Mosser, Georges Teyssot (Hrsg.) *Die Gartenkunst des Abendlandes*, Stuttgart 1993, S. 174
102 Günter Mader, Laila Neubert-Mader *Italienische Gärten*, Fribourg, Stuttgart 1987, S. 143
103 Günter Mader, Laila Neubert-Mader *Der Architektonische Garten in England*, Stuttgart, Düdingen (CH) 1992, S. 83
104 Christian C. L. Hirschfeld *Theorie der Gartenkunst*, Kiel 1779, Reprint Berlin, Stuttgart 1990, S. 202
105 Valentin Hammerschmidt, Joachim Wilke *Die Entdeckung der Landschaft - Englische Gärten des 18. Jahrhunderts*, Stuttgart 1990, S. 82
106 Christian C.L.Hirschfeld *Theorie der Gartenkunst*, Kiel 1779, Reprint Berlin, Stuttgart 1990, S.164
107 Christian C.L. Hirschfeld ebd., S. 164
108 Christian C.L. Hirschfeld ebd., S. 164
109 Christian C.L. Hirschfeld ebd., S. 164
110 Volker Hannwacker *Friedrich Ludwig von Sckell - Der Begründer des Landschaftsgartens in Deutschland*, Stuttgart 1992
111 Harri Günther *Peter Joseph Lenné - Gärten, Parke, Landschaften*, Berlin, Stuttgart 1985
112 Thomas Mawson *The Art and Craft of Garden Making* London 1907
113 Volker Hannwacker *Friedrich Ludwig von Sckell - Der Begründer des Landschaftsgartens in Deutschland*, Stuttgart 1992, S. 149
114 Siehe Anmerkung 33
115 Günter Mader *Ein Garten für Schloß Rastatt* in der Zeitschrift »Garten und Landschaft« 10/93, München 1993, S. 30-34
116 Werksanlagen auf den Pieggewiesen der Braun Melsungen AG, 1985 - 1992, Architekten James Stirling, Michael Wilford and Associates in Zusammenarbeit mit Walter Nägeli
117 Sven-Ingvar Andersson und Steen Hoyer *C.Th. Sørensen - en Havekunstner*, Kopenhagen 1993
118 Südwestliche Bau-Berufsgenossenschaft in Karlsruhe, Steinhäuserstraße
119 Cornus mas, Crataegus crus galli, Koelreuteria paniculata, Malus moerlandsii »Liset«, Malus »John Downie«
120 Else Lasker Schüler (1869-1945) *Die Ebereschen* in: *Gesammelte Werke*, München 1976
121 Günter Mader, Laila Neubert-Mader in der Zeitschrift »Damals« 7/94, Stuttgart 1994, S. 32-39
122 Paul Virey, *Le tombeau d'Amenemheb*, Paris 1899, S. 269
123 Günter Mader, Laila Neubert-Mader *Italienische Gärten*, Fribourg, Stuttgart 1987, S. 21
124 Marie-Louise Gothein *Geschichte der Gartenkunst*, Jena 1914, S.70f.
125 Dieter Hennebo in Monique Mosser, Georges Teyssot (Hrsg.) *Die Gartenkunst des Abendlandes*, Stuttgart 1993, S.188
126 *The Studio* London 1901 Heft 21, S. 92 ff
127 William Lawson *The Country Housewife's Garden*, London 1617; *A New Orchard and Garden*, London 1618 siehe auch: Clemens Alexander Wimmer *Geschichte der Gartentheorie*, Darmstadt 1989, S. 76 ff
128 Überarbeitung Horst Antes und Günter Mader
129 Christian C. L. Hirschfeld *Theorie der Gartenkunst*, Kiel 1779, Reprint Berlin, Stuttgart 1990, S. 82
130 Christian C.L. Hirschfeld ebd., S. 80
131 Christian C.L. Hirschfeld ebd., S. 82
132 Christian C.L. Hirschfeld ebd., S. 171
133 Sheffield Park Garden zwischen East Grinstead und Lewes in East Sussex
134 Westonbirt Arboretum bei Tetbury in Gloucestershire
135 Hidcote Manor, siehe Günter Mader, Laila Neubert-Mader *Der Architektonische Garten in England* Stuttgart, Düdingen (CH) 1992, S.174
136 Great Comp Garden bei Borough Green in Kent
137 Christian C. L. Hirschfeld *Theorie der Gartenkunst*, Kiel 1779, Reprint Berlin, Stuttgart 1990, S. 162 f.
138 Seneca, Epist. 41,3, zitiert nach Friedrich Muthmann, *Mutter und Quelle*, Basel 1975, S.25
139 Günter Mader, Laila Neubert-Mader *Italienische Gärten*, Fribourg, Stuttgart 1987, S.89
140 Horst Bredekamp und Wolfram Janzer *Vicino Orsini und der heilige Wald von Bomarzo - ein Fürst als Künstler und Anarchist*, Worms 1985
141 Günter Mader, Laila Neubert-Mader *Italienische Gärten*, Fribourg, Stuttgart 1987, S. 106 ff.
142 Christian C. L. Hirschfeld *Theorie der Gartenkunst*, Kiel 1779, Reprint Berlin, Stuttgart 1990, S. 162
143 Mea Allan *William Robinson 1838-1935*, London 1982, S.16
144 Es handelt sich um den Park Ca' Gianin der Familie Zegna. Die Anlage ist gut dokumentiert in Milena Matteini *Pietro Porcinai - architetto del giardino e del paessaggio*, Mailand 1991, S.108
145 Hans Scharoun *Städte sind Gärten* in der Zeitschrift »Bauwelt« Nr. 27, Berlin 1967; Hanns Adrian GALK-Symposiumsbericht *Pflanze und Stadt*, Frankfurt 1994
146 Christian C.L. Hirschfeld *Theorie der Gartenkunst*, Kiel 1779, Reprint Berlin, Stuttgart 1990, S. 192
147 Rheinischer Antiquarius, zitiert nach Dieter Hennebo *Geschichte des Stadtgrüns*, Hannover 1970, S. 136
148 Der Kupferstich von J.A. Baertels ist u.a. abgebildet in Dieter Hennebo *Geschichte des Stadtgrüns*, Hannover 1970, S.138
149 Friedrich Chr. Nicolai *Beschreibung der Königlichen Residenzstädte Berlin und Potsdam*, Berlin 1769, zitiert nach Dieter Hennebo *Geschichte des Stadtgrüns*, Hannover 1970, S.134
150 Nach Dorothée Nehring *Stadtparkanlagen in der ersten Hälfte des 19. Jahrhunderts*, Hannover, Berlin 1979, S. 131
151 Felix Barker, Peter Jackson *The History of London in Maps*, London 1990
152 Günter Mader *How to live with Green - Londoner Wohngebiete des 18. und 19. Jahrhunderts*, in der Zeitschrift »Stadtbauwelt« Heft 54, Berlin 1977, S. 822-829
153 Günter Mader *Beginenhöfe* in der Zeitschrift »Garten und Landschaft«, Heft 9/78, München 1978
154 Günter Mader, Laila Neubert-Mader *Hofjes - alte Wohnform mit neuer Zukunft* in der Zeitschrift »Bauwelt«, Heft 5/78, Berlin 1978, S. 156 - 160
155 Karl Eugen Schmidt *Sevilla*, Leipzig 1902, S. 56 - 57
156 Günther Bittner, Paul Ludwig Weinacht (Hrsg.) *Wieviel Garten braucht der Mensch*, Würzburg 1990, S.112
157 Matthäus Merian *Die Schönsten Europäischen Städte*, Faksimile Hamburg 1963 mit einer Einleitung von Friedrich Schnack, S. 23
158 Leon Battista Alberti *Zehn Bücher über die Baukunst*, 8.Buch, 6.Kap., S.434
159 Jean-Claude Hugonot *Le jardin dans l'Egypte ancienne*, Frankfurt, Paris, New York 1989, S.31
160 Bei Aufständen in den Jahren 1648-52 kam es in den verwinkelten Gassen der alten Pariser Quartiere zu dramatischen Barrikadenkämpfen. Man hoffte durch geeignete städtebauliche Eingriffe hier mehr Kontrolle zu gewinnen.
161 Karl Ruhrberg in der Zeitschrift »Merian« *Düsseldorf*, Heft 7/74, Hamburg 1974
162 FAZ Nr.19 vom 23. Januar 1993 in *Bilder und Zeiten*
163 Günter Mader, Laila Neubert-Mader *Wohnungsbau in den Niederlanden*, in der Zeitschrift »Deutsche Bauzeitung«, Heft 4/80, Stuttgart 1980, S. 9 - 50
164 Siehe Ausstellungskatalog Kunstsammlung Basel *Im Lichte Hollands - Holländische Malerei des 17. Jahrhunderts* von Petra ten-Doeşschate Chu, Zürich 198 , Gemälde von Gerrit A. Berckheyde (1686) und Abraham Beerstraten (1665). Im Rijksmuseum Amsterdam findet man die Darstellung von baumgesäumten Grachten auf verschiedenen, Ende des 17. Jahrhunderts datierten Gemälden, so von Pieter de Hooch, Johannes Vermeer, Jan van der Heyden. Allerdings findet sich auf einem 1672 von Gerrit Berckhyde gemalten Abschnitt der Herengracht kein Baumbestand. H.Vermeulen (Hrsg.) *Waardvolle Bomen in Amsterdam*, Amsterdam 1993, S. 12, Ed Taverne *In't Land van belofte: in de nieuwe stadt* Maarssen, Amsterdam 1980, S. 168
165 Fritz Schumacher *Köln - Entwicklungsfragen einer Großstadt*, München 1923, S.111
166 Christian C.L. Hirschfeld *Theorie der Gartenkunst*, Kiel 1779, Reprint Berlin, Stuttgart 1990, S. 192
167 Christian C.L. Hirschfeld ebd., S.192 ff.
168 Maria Auböck, Gisa Ruland *Stadt der Gärten. Grün in*

Ausgewählte Bibliographien

Wien - Gärten, Parks, Kulturlandschaften in der Zeitschrift »LA Landschaftsarchitektur« Heft 6/94, Braunschweig 1994, S.39-41

169 Harri Günther *Peter Joseph Lenné - Gärten, Parke, Landschaften*, Berlin, Stuttgart 1985, S. 127 u.130.

170 Jean Colson *Vie et Histoire de Paris par Arrondissements, 1er Arrondissement* (eine 16bändige Dokumentation über alle Quartiere von Paris), Paris 1988, S. 45

171 Jean Colson ebd., S. 83

172 Jean Colson ebd., S. 85

173 Rainer Maria Rilke *Das Karussell — Jardin du Luxembourg* 1907, in Ludwig Reiners (Hrsg.) *Der ewige Brunnen*, München 1955, S.19

174 André Gide »*Die Falschmünzer*«, Paris 1925, übersetzt von den Verfassern nach Jean Colson *Vie et Histoire de Paris par Arrondissements*, Paris 1988

175 Stefan Zweig, zitiert nach Gerda Gollwitzer *Bäume - Bilder und Texte aus drei Jahrtausenden*, Herrsching 1985

176 Pankraz Frh. v. Freyberg (Hrsg.) Festschrift *200 Jahre Englischer Garten München 1789 - 1989*«, S. 55

177 Pankraz Frh. von Freyberg ebd., S. 282

178 Pankraz Frh. von Freyberg ebd., S. 16, S. 96, S.99b

179 Edouard Manets *Tuileriengärten* hängt in der Londoner Nationalgalerie, Auguste Renoirs *Moulin de la Galette* im Musee d'Orsay in Paris

180 Karl Scheffler *Max Liebermann*, München 1922

181 Jonas Apelblad, zitiert nach Dieter Hennebo *Geschichte des Stadtgrüns*, Hannover 1970, S. 99

182 Kurt Mollik, Herrmann Reining, Rudolf Wurzer *Die Wiener Ringstraße - Bild einer Epoche*, Wien 1978, Band III *Planung und Verwirklichung der Ringstraße*, S. 113

183 Kurt Mollik, Herrmann Reining, Rudolf Wurzer ebd., S. 115

184 Hans Voss *Neunzehntes Jahrhundert*, Frankfurt 1970, S.103

185 Siehe: Fritz Schumacher *Köln - Entwicklungsfragen einer Großstadt*, München 1923; Heinz Wiegand *Geschichte des Stadtgrüns*, Band II, *Entwicklung des Stadtgrüns in Deutschland zwischen 1890 und 1925 am Beispiel der Arbeiten Fritz Enckes*

186 Siehe: Stephan Braunfels, Helmut Peuker *Entwürfe für Dresden* in Architektur Jahrbuch 1992, Frankfurt 1992, S. 52-59

187 Jürgen Paul *Was wird aus Dresden?*, Architektur Jahrbuch 1992, Frankfurt 1992, S. 35-44; Annette Friedrich, Jörn Walter *Leitlinien zur Innenstadtgestaltung* in der Zeitschrift »Arcus - Architektur und Wissenschaft«, Dresden 1992, S. 7-19

188 *Stadtentwicklung Prag* in der Zeitschrift »Bauwelt« 39/40, Berlin 1992

189 Kaspar Klaffke *Beiträge zur Diskussion 11, Weltausstellung EXPO 2000, Stadt und Region als Exponat, Stadt als Garten*, Hannover 1994

190 Titel der Festschrift zum 75jährigen Bestehen der Siedlung, nach Rainer Metzendorf »*Georg Metzendorf 1874-1934 Siedlungen und Bauten*«, Darmstadt und Marburg 1994, S. 61

191 Rainer Metzendorf »*Stadtbaugeschichte - 65 Jahre Margarethenhöhe*« in der Zeitschrift »Stadtbauwelt«, Heft 43, Berlin 1974, S.21 ff

Alberti, Leon Battista: Zehn Bücher über die Baukunst, Florenz 1455, übers. von Max Theuer, Darmstadt 1975

Andersson, Sven-Ingvar; Hoyer, Steen: C. Th. Soerensen – en Havekunstner, Kopenhagen 1994

Appleton, Jay: The Experience of Landscape, London, New York, Sydney, Toronto 1975

Ayuntamiento de Sevilla: Sevilla forma urbis, Sevilla 1992

Bacher, Alfons; Diemer, Kurt; Moser, Georg; Pape, Günther; Wolf, Karl: Heiligkreuztal 1227-1977 – Vergangenheit, Gegenwart, Zukunft, Rottweil 1977

Barker, Felix; Jackson, Peter: The History of London in Maps, London 1990

Beisner, Monika; Michaelis, Tatjana (Hrsg.): Von fliegenden und sprechenden Bäumen – alte und neue Baummärchen, München, Wien 1994

Bender, Hans (Hrsg.): Das Inselbuch der Gärten, Frankfurt 1985

Bergasse, Jean-Denis (Hrsg.): Le Canal du Midi (4 Bände), Cessenon 1982-1985

Bittner, Günther; Weinacht, Paul-Ludwig (Hrsg.): Wieviel Garten braucht der Mensch? Würzburger Universitätsvorträge, Würzburg 1990

Blomfield, Reginald; Thomas, Inigo: The Formal Garden in England, London 1892, Reprint London 1985

Boettger, Alfred; Pflug, Wolfram (Hrsg.): Stadt und Landschaft – Raum und Zeit (Festschrift für Erich Kühn), Köln 1969

Brauneis, Walther; Czeike, Felix: Wien und Umgebung – Kunst, Kultur und Geschichte der Donaumetropole, Köln 1977

Bundesminister für Verkehr: Merkblatt Alleen, Bonn 1992

Chevallerie de la, Hildebert: Stadtpark im Wandel der Zeit, in DBZ 10/93, S. 1649

Colonna, Francesco: Hypnerotomachia Poliphili, Venedig 1499; Faksimileausgabe London 1963

Colson, Jean (Hrsg.): Vie et Histoire de Paris, 16 Bände, geordnet nach Arrondissements, Paris 1988

Cresti, Carlo: I centri storici della Toskana, Mailand 1977

Czeike Felix: Wien – Kunst- und Kulturlexikon, München 1987

Dézallier d'Argenville, Antoine Joseph: La Théorie et la Pratique du Jardinage, Paris 1760, Reprint Hildesheim, New York 1972

Dutli, Peter; Esefeld, Jörg; Kreis, Pierre: Neue Stadträume in Barcelona, Institut für Orts-, Regional- und Landesplanung, ETH Zürich 1991

Evelyn, John: Sylva – or a discourse of forest trees, London 1664

Fink, Eberhard: Die Baumallee, ihre Entwicklung und Bedeutung in der Gartenkunst, in Das Gartenamt 3/55 u. 4/55

Fondation pour l'Architecture (Hrsg.): Les jardins de Jacques Wirtz, Brüssel 1994

Freyberg, Pankraz, Frh.von (Hrsg.): 200 Jahre Englischer Garten München 1789-1989, Offizielle Festschrift, München 1989

Garner, H.F.: The Origin of Landscapes, London, Toronto, New York 1974

Gercke, Hans (Hrsg.): Der Baum, Heidelberger Kunstverein 1985, Stadtgalerie Saarbrücken 1986

Goerss, H.: Unsere Baumveteranen, Hannover 1981

Gollwitzer, Gerda: Bäume – Bilder und Texte aus drei Jahrtausenden, Herrsching 1980

Gothein, Marie Luise: Geschichte der Gartenkunst, 2 Bände, Leipzig 1914

Grewe, Klaus (Hrsg.): Canal d'Entreroches – Der Bau eines Schiffahrtsweges von der Nordsee bis zum Mittelmeer im 17. Jahrhundert, Stuttgart 1987

Grzimek, Bernhard; Weinzierl, Hubert (Hrsg.): Die grüne Stadt – Naturschutz in der Großstadt, München 1980

Günther, Harry: Peter Joseph Lenné – Gärten, Parke, Landschaften, Berlin, Stuttgart 1985

Gutkind, Erwin A.: Urban Development in Western Europe, New York 1960

Hammerschmidt, Valentin; Wilke, Joachim: Die Entdeckung der Landschaft – Englische Gärten des 18. Jahrhunderts, Stuttgart 1990

Hannwacker, Volker: Friedrich Ludwig von Sckell – Der Begründer des Landschaftsgartens in Deutschland, Stuttgart 1992

Hansman, Wilfried: Gartenkunst der Renaissance und des Barock, Köln 1983

Hennebo, Dieter: Geschichte des Stadtgrüns, Hannover 1968

Hilger, Hans: Das Geheimnis der Bäume, Freiburg 1956

Hobhouse, Penelope: Plants in Garden History, London 1992

Höhler, Gertrud: Die Bäume des Lebens – Baumsymbole in den Kulturen der Menschheit, Stuttgart 1985

Höfle, Günther: Das Londoner Stadthaus – Seine Entwicklung in Grundriß, Aufriß und Funktion, Heidelberg 1978

Holzberger, Rudi: Der Wald zwischen Wildnis und Monokultur, Ravensburg 1989

Hoops, Johannes: Waldbäume und Kulturpflanzen im germanischen Altertum, Straßburg 1982

Hugonot, Jean Claude: Le jardin dans l'Egypte ancienne, Frankfurt, Bern, New York, Paris 1989

Huxley Anthony: An Illustrated History of Gardening, New York 1978

Jekyll, Gertrude: Wood and Garden, London 1896/97; deutsch: Wald und Garten, Leipzig 1907

Johnson, Hugh: Das Große Buch der Gartenkunst, Bern 1980

Johnson, Hugh: Das Große Buch der Wälder und Bäume, Stuttgart, Zürich, Wien 1983

Jones, Edward; Woodward, Christopher: A Guide to the Architecture of London, London 1983

Keller, Herbert: Kleine Geschichte der Gartenkunst, Berlin, Hamburg 1976

Kimpel, Dieter: Paris – Führer durch die Stadtbaugeschichte, München 1982

Knyff, Leonard; Kip, Jan: Britannia Illustrata, London 1707, Reprint London 1984, herausgegeben von Jon Harris und Gervaise Jackson-Stops

Kräftner, Johann: Der Architektonische Baum, Wien 1980

Küchli, Christian: Auf den Eichen wachsen die besten Schinken, Frauenfeld (CH) 1987

Kühn, R.: Die Straßenbäume, Hannover 1961

Kümmerly, Walter: Der Wald, Bern 1970

Laeuger, Max: Gärten von Max Laeuger, Katalog zur Ausstellung in Mannheim, München 1907

Lauer, Udo: Alleen in Brandenburg, Berlin 1992

Lottes, Gerd: Das Altmühltal und die Rhein-Main-Donau-Wasserstraße, Hamburg 1989

Mader, Günter; Neubert-Mader, Laila: Italienische Gärten, Fribourg, Stuttgart 1987
Mader, Günter; Neubert-Mader, Laila: Der Architektonische Garten in England, Stuttgart, Düdingen 1992
Mader, Günter; Neubert-Mader, Laila: Crescents – Englische Wohnhauszeilen, in md, Stuttgart, Heft 3/79
Mader, Günter; Neubert-Mader, Laila: Hofjes- Alte Wohnform mit neuer Zukunft, in Bauwelt, Berlin, Heft 5/78
Mader, Günter: Beginenhöfe, in Garten und Landschaft 9/78
Mader, Günter; Neubert-Mader, Laila: Eine kleine Nachbarschaft in der Stadt, in Deutsche Bauzeitung, Stuttgart, Heft 8/79
Mader, Günter; Neubert-Mader, Laila: Wohnungs- und Städtebau in den Niederlanden, in Deutsche Bauzeitung, Stuttgart, Heft 4/80
Mader, Günter: Beschnittene Linden – Bäuerliche Gartenkunst in den Niederlanden, in Garten und Landschaft, München, Heft 3/79
Mader, Günter; Neubert-Mader, Laila: Umgang mit Bäumen – Bilder aus den Niederlanden, in Stadtbauwelt, Berlin, Heft 48 /79
Mader, Günter; Neubert-Mader, Laila: Quais de Paris, in Deutsche Bauzeitung, Stuttgart, Heft 6/93
Mader, Günter: Schloßgarten Rastatt, in Garten und Landschaft, München, Heft 10/93
Mader, Günter; Neubert-Mader, Laila: Baum und Stadtraum, in Landschaftsarchitektur, Braunschweig, Heft 5/92
Mader, Günter; Neubert-Mader, Laila: Grüne Wege in Baden-Baden, in Landschaftsarchitektur, Braunschweig, Heft 3/ 93
Mader, Günter; Neubert-Mader, Laila: Ägyptische Gartenkunst in Damals, Heft 7/94, Stuttgart 1994
Malek, A.: Baumpflege, Pflanzung und Pflege von Straßenbäumen, Stuttgart 1985
Maschke, Erich; Sydow, Jürgen (Hrsg.): Die Stadt am Fluß, Sigmaringen 1978
Matteini, Milena: Pietro Porcinai- architetto del giardino e del paesaggio, Milano 1991
Matzek, Robert (Hrsg.): Goldene Worte über Bäume, Stuttgart 1983
Mecklenburg, Carl Gregor, Herzog zu: Garten und Landschaft gestern und heute – zur Geschichte der Gefühle in der Natur, Haigerloch 1984
Merian, Matthäus: Die Schönsten Städte Alt-Österreichs; aus der Archontologia Cosmica und den Topographien mit einer Einleitung von Bruno Grimschitz, Hamburg 1964
Merian, Matthäus: Schwaben 1643, Faksimile Kassel, Basel 1960
Merian, Matthäus: Die Schönsten Europäischen Städte, Hamburg 1963
Merian, Matthäus: Die Schönsten Städte Bayerns, Hamburg 1964
Merian, Matthäus: Die Schönsten Städte Niedersachsens, Hamburg 1964
Merian, Matthäus: Die Schönsten Städte Baden-Württembergs, Hamburg 1966
Meyer, Franz H. (Hrsg.): Bäume in der Stadt, Stuttgart 1982
Mollik, Kurt; Reining, Herrmann; Wurzer, Rudolf: Die Wiener Ringstraße – Bild einer Epoche, Band III, Planung und Verwirklichung der Wiener Ringstraße
Mosser, Monique; Teyssot, Georges: Die Gartenkunst des Abendlandes, Stuttgart 1994

Nehring, Dorothée: Stadtparkanlagen in der ersten Hälfte des 19. Jahrhunderts, Hannover, Berlin 1979
Neumann, Bernd: Das Verpflanzen großer Bäume, Hamburg 1984
N.N.: Belehrung über die zweckmäßigste Art der Anpflanzung von Alleen an Landstraßen, München 1836

Oldenburger-Ebbers, Carla S. u.a.: Nederland – Tuinenland, Rotterdam 1991
Ostendorf, Friedrich: Haus und Garten, Berlin 1919
Osterwold, Klaus (Hrsg.): Natur und Bauen, Württembergischer Kunstverein, Stuttgart 1977

Paturi, Felix: Der Wald, Stuttgart, München 1985
Paul, Anthony; Rees, Yvonne: Designing with Trees, London 1989
Paul, Jürgen: Dresden: Suche nach der verlorenen Mitte, in: Beyme, Klaus von (Hrsg.): Neue Städte aus Ruinen, Deutscher Städtebau der Nachkriegszeit, München 1992, S. 313-333
Phleps, Hermann: Vom Wesen der Architektur, Karlsruhe 1950
Pückler-Muskau, Hermann, Fürst von: Andeutungen über Landschaftsgärtnerei, Stuttgart 1834, Reprint Stuttgart 1987

Rainer, Roland : Gärten – Lebensräume, Sinnbilder, Kunstwerke, Graz 1982
Rainer, Roland: Für eine lebensgerechte Stadt, Wien, München, Zürich 1974
Rainer, Roland: Lebensgerechte Außenräume, Zürich 1972
Riese, Bettina (Hrsg.): Baumzeit – Bäume in der Stadt, Berlin 1982
Riha, Georg: Zauberspiel der Wirklichkeiten, Wien 1994
Rudofsky, Bernard: Streets for People – a primer for Americans, New York 1969

Schäfer, Robert: Unser Wald stirbt, in Garten und Landschaft, Heft 9/91
Schinz, Marina, Gabrielle van Zuylen: The Gardens of Rusell Page, New York 1991
Schnieper, Annemarie und Xaver (Hrsg.): Bäume – Mythos, Abbild, Sinnbild, München, Luzern 1981
Schwenkel, Hans: Der Friedhof auf dem Lande, Stuttgart 1955
Shigo, Alexander: Die neue Baumbiologie – Fachbegriffe von A-Z, Berlin 1990
Simon, Jacques: Paysages et formes végétales, herausgegeben vom Ministère de l'Urbanisme et du Logement, Paris 1982
Sinn, Günter: Berechnungen zur Statik von Parkbäumen, Wilnsdorf 1982
Sykes, Christopher Simon: Private Palaces, Life in the Great London Houses, London 1985

Tauchnitz: Alte Apfel- und Birnensorten, Arbeitskreis Stadtbäume der GALK, in Das Gartenamt 1991, S. 528 ff.
Thomasius, Harald: Waldbilder, Leipzig 1985

Wiegand, Heinz: Geschichte des Stadtgrüns, Band II, Entwicklung des Stadtgrüns in Deutschland zwischen 1890 und 1925 am Beispiel der Arbeiten Fritz Enckes, Berlin, Hannover o.J.
Wimmer, Clemens Alexander: Geschichte der Gartentheorie, Darmstadt 1988

Abbildungsnachweis

167 von den insgesamt 198 Photographien dieses Buches lieferte Günter Mader. Ergänzendes Bildmaterial verdanken wir folgenden Photographen und Photoagenturen:

Aerofilms / London S. 156, 159 drei
Luis Arenas / Sevilla S. 165 o.r.
Karl-Dietrich Bühler / Genua S. 65, 81 drei, 101, 113, 137
KLM aerocarto / Schiphol S. 41, 63, 181, 207, 213
Robert W. Cameron / San Francisco S. 195
Balthazar Korab / Troy, Michigan S. 111
Johann Kräftner / Wien S. 71 o.l.
Denis Lardo-Cornefert, Diagram Editeur / Toulouse S. 60
Fred J. Maroon / Washington S. 115
Marion Nickig / Essen S. 97
Pubbli-Aer-Photo / Mailand S. 107
Hans Reinhard / Heiligkreuzsteinach S. 11 o., 56, 67, 72
Dominique Repérant, Diagram Editeur / Toulouse S. 61
Georg Riha / Wien S. 187
Ulrike Schneiders / Breitbrunn S. 28
Mieke Vleeshouwers-Thiers/Antwerpen S. 94 u. l.

Die Zeichnungen stammen, sofern in der Bildunterschrift nicht anders erwähnt, von Günter Mader. Die dendrologischen Illustrationen auf den Seiten 22, 82, 140, 216 sind dem Katalog der Baumschule Dieter Lappen Nettetal-Kaldenkirchen entnommen.

Register